名师名著

教育中国·院士精品系列

"十二五"普通高等教育本科国家级规划教材

FOOD ADDITIVES

食品添加剂
第三版

孙宝国 主编

U0254093

化学工业出版社
·北 京·

内容简介

本书为《食品添加剂》第三版，编写内容根据教育部本科课程建设和教材编写要求，针对我国食品企业食品添加剂使用中出现的问题，以最新的GB 2760《食品安全国家标准 食品添加剂使用标准》等一系列标准、规定为基础，参考最新的研究成果及国际动态，在第二版相关内容的基础上进行大幅度修改补充，不仅力求保证内容的新颖性、科学性和实效性，还特别注重培养学生的应用能力。全书共分9章，按照食品调色、调香、调味、调质，食品保鲜防腐、抗氧化，食品酶制剂，食品营养强化剂的顺序，分别介绍了各类食品添加剂的基本性质、化学结构、功能特点、作用原理、使用方法，以及国内外食品添加剂管理办法、标准等不同层次的内容。

本书可作为食品科学与工程及相关专业本科教材，也可供相关专业研究生和技术人员参考。

图书在版编目（CIP）数据

食品添加剂 / 孙宝国主编. —3版. —北京：化学工业出版社，2021.6（2024.11重印）
"十二五"普通高等教育本科国家级规划教材
ISBN 978-7-122-38872-8

Ⅰ.①食… Ⅱ.①孙… Ⅲ.①食品添加剂-高等学校-教材 Ⅳ.①TS202.3

中国版本图书馆CIP数据核字（2021）第062199号

责任编辑：赵玉清
文字编辑：周 倜
责任校对：宋 夏
装帧设计：李子姮

出版发行：化学工业出版社
　　　　　（北京市东城区青年湖南街13号 邮政编码100011）
印　　装：大厂回族自治县聚鑫印刷有限责任公司
880mm×1230mm　1/16　印张16¼　字数430千字
2024年11月北京第3版第6次印刷

购书咨询：010-64518888
售后服务：010-64518899
网　　址：http://www.cip.com.cn
凡购买本书，如有缺损质量问题，本社销售中心负责调换。

定　　价：49.00元　　　　　　版权所有　违者必究

本教材的编写始于"三聚氰胺"事件引起公众对食品添加剂的疑虑的关键时期和食品安全事件的高发期。涉及食品添加剂的食品安全事件频发，与我国本科食品专业不重视食品添加剂相关内容的教育有密切关系，核心是不能规范、正确、有效使用食品添加剂。因此，食品添加剂课程在食品专业课程体系的地位显得尤其重要，而一本好的教材在教学中具有不可替代的作用。

2008年后国家加强了对食品中食品添加剂的监管，标准的更新频率和颁布速度也大大加快。使我们不仅能比较全面地了解食品添加剂使用的现状，并据此分析产生食品安全问题的原因，也促使我们加强对食品添加剂课程教学的改革，以跟上发展变化，满足社会期许。为此，本书始终根据发展和社会需要，适时更新内容。

本书以习近平新时代中国特色社会主义思想为引导，深入贯彻落实党的二十大精神，依据最新的GB 2760《食品安全国家标准 食品添加剂使用标准》等一系列标准、规定以及近十年食品添加剂最新的研究进展，结合作者团队数十年教学成果积淀，着眼知识实际应用，经过系统梳理、归纳、总结编写而成，同时，作者团队将持续创作，对教材不断修改完善，以体现内容的科学性和先进性。

为促进学习过程，引导学生开阔思路、积极思考、主动参与教学与讨论，培养创新型人才，本书力争突出以下特色：

·增加兴趣引导、问题导向和学习目标，提供相关主题讨论，聚焦学习要求；

·学习过程中，针对性设置概念检查和案例教学，帮助检测学生对知识的理解程度；

·提炼知识点，增加课后练习，调动学生思考的同时，进一步提高对知识的理解；

·设置工程设计问题，锻炼学生解决复杂问题的能力以及探究科学的思维习惯，进一步加强对能力和技巧的培养；

·提供学生学习（二维码链接）和教师参考（www.cipedu.com.cn）两类数字化资源，方便学习的同时，更有助于学生对所学知识的理解与应用。

本书由中国工程院院士、北京工商大学孙宝国教授主编，编写分工：第1章绪论，北京工商大学孙宝国教授编写；第2章调色类食品添加剂，浙江万里学院戚向阳教授编写；第3章调香类食品添加剂，北京工商大学陈海涛副教授编写；第4章调味类食品添加剂，北京工商大学曹雁平教授编写；第5章调质类食品添加剂，北京工商大学王静教授编写；第6章食品防腐剂，浙江大学叶兴乾教授编写；第7章食品抗氧化剂，中国海洋大学汪东风教授、董士远教授编写；第8章食品酶制剂，福州大学倪莉教授和叶秀芸教授编写；第9章食品营养强化剂，中国农业大学景浩教授编写。

食品添加剂涉及化学、化工、生物工程、食品科学、营养科学、食品安全等诸多学科，相关研究不断发展，由于作者知识面和专业水平的限制，书中疏漏与不妥之处在所难免，敬请专家、读者批评指正，作者不胜感谢。

主　编

目录

4 调味类食品添加剂 091

5 调质类食品添加剂 113

6 食品防腐剂   157

7 食品抗氧化剂   177

1 绪 论

我们国家对食品添加剂的法律法规是怎样构成的?

我国都有哪些机构涉及管理食品添加剂?它们承担哪些职责?

为什么说我国对食品添加剂的管理是最严格的?

全世界管理食品添加剂的机构有哪些?职责是什么?

 为什么要了解食品添加剂的作用与管理?

　　人类在寻找食物、保存食物的过程中发现许多物质的重要作用和价值，这些人类早期食品添加剂的雏形，为食品加工制造开拓了新天地。在历史的长河中人们用生命筛选和证明它们是否安全。现代科学方法不会再让人类的生命成为试金石。现代消费者对食品添加剂的认识存在误区，正确使用食品添加剂成为保障食品安全的重要方法之一。

👁 **学习目标**

○ 了解食品添加剂的起源，对食品的重要作用。
○ 了解为什么要对食品添加剂实施管理。
○ 了解食品添加剂安全评价的方法。
○ 了解国内外管理食品添加剂的不同。
○ 了解食品添加剂管理的特点。

　　食品添加剂是现代食品工业发展的产物。而人类为改善食物的品质和用于加工食品而使用功能性原料的历史相当久远。公元前1500年的埃及墓碑上就已经描绘有人工着色的糖果；葡萄酒在公元前4世纪就采用人工着色。

　　明代李时珍在《本草纲目》二五卷《谷部》中记载："豆腐之法，始于汉淮南王刘安。"公元前164年，刘安袭父封为淮南王，刘安好道，著书炼丹，炼丹未成却发明豆腐。随后豆腐技法传入民间。唐代鉴真和尚在天宝10年（公元757年）东渡日本后，便把豆腐技术传进了日本；在宋朝传入朝鲜，19世纪初传入欧洲、非洲和北美，逐步成为世界性食品。

　　公元6世纪北魏末年农业科学家贾思勰所著的《齐民要术》中记载了从植物中提取天然色素以及应用的方法，在《神农本草经》《本草图经》中即有用栀子染色的记载；在周朝时即已开始使用肉桂增香。

　　大约在800年前的南宋时就已经在腊肉中使用亚硝酸盐，作为肉制品防腐和护色技术于公元13世纪传入欧洲。

　　以现代的观点和概念，上述这些都是食品添加剂在食品加工制造中应用的典型范例。

　　红曲古代称丹曲（赤曲、福曲、红曲米），是我国先人巧夺天工的伟大发明，三国魏时（公元265年）魏人工粲《七释》有"瓜州红曲，参糅相半，软滑膏润，入口流散"，是最早的红曲文字记载，1637年明朝科学家宋应星《天工开物》详细记载了红曲制法，这是我国生物法制造食品添加剂的最早记载。

　　近代工业革命和科技的进步，为食品添加剂发展开创了新天地。1879年，俄国化学家法利德别尔格在美国巴尔的摩大学实验室进行芳香族磺酸化合物的合成研究时发现了一种特别甜的物质，经仔细排查发现，甜味来自一种叫邻磺酰苯酰亚胺钠的化学物质，即糖精；法利德别尔格立即宣布了他的发现，并在美国获得了专利；1886年迁居德国后建立了世界上第一个生产糖精的工厂。1908年日本人池田发现赋予海带鲜味的关键成分就是L-谷氨酸，数年后采用植物蛋白水解法实现工业化生产。1957年日本首先发表了发酵法L-谷氨酸生产的技术成果。1913年日本人小玉发现干松鱼的鲜味成分是肌苷酸的组氨酸盐，1957年发现了酶法生产呈味核苷酸。美国G. D. Searle & Company的化学家James M. Schlatter，1965年在合成制备抑制溃疡药物时，将L-苯丙氨酸先与甲醇酯化后再和L-天冬氨酸缩合酰胺化，发现具有甜味的物质，这就是著名的阿斯巴甜。

　　工业技术发展给食品加工带来巨大的变化。现代生活提高了人们对食品品种和质量的要求。人类对食品的要求有：营养、安全、美味、方便和功能等。食品不仅仅是人类赖以生存的物质基础，随着收入的增加和生活水平的提高，人类对食品品质的要求随之提高，因此，食品工业和餐饮业的发展对改善人类的食物品质、方便生活、提高体质具有特别重要的意义，其中食品添加剂担当着重要的角色。可以说，食品添加剂是食品工业的灵魂，没有食品添加剂就没有现代食品工业。食品添加剂在工业和科学技术的促进下迅速发展成为独立的领域。

1.1　食品添加剂在食品工业中的地位和作用

1.1.1　食品添加剂的定义

　　2009年6月1日起施行的《中华人民共和国食品安全法》第99条规定："食品添加剂，指为改善食品品质和色、香、味以及为防腐、保鲜和加工工艺的需要而加入食品中的人工合成或者天然物质。"2018年修订的《中华人民共和国食品安全法》第150条规定："食品添加剂，指为改善食品品质和色、香、味以及为防腐、保鲜和加工工艺的需要而加入食品中的人工合成或者天然物质，包括营养强化剂。"

　　受2008年三聚氰胺事件影响，我国2011年对GB2760进行了较大规模的修订，《食品安全国家标准　食品添加剂使用标准》将食品添加剂定义为："为改善食品品质和色、香、味，以及为防腐和加工工艺的需要而加入食品中的化学合成或者天然物质。营养强化剂、食品用香料、加工助剂也包括在内。"

　　我国台湾省规定："食品添加剂是指食品的制造、加工、调配、包装、运输、储存等过程中用以着色、调味、防腐、漂白、乳化、增香、稳定品质、促进发酵、增加稠度、强化营养、防止氧化或其他用途而添加于食品或与食品接触的物质。"

　　由于各自理解和管理体系的不同，国际上各国对食品添加剂的定义也有区别。美国规定：食品添加剂是"由于生产、加工、储存或包装而存在于食品中的物质或物质的混合物，而不是基本的食品成分"。日本规定：食品添加剂是指"在食品制造过程，即食品加工中为了保存的目的加入食品，使之混合、浸润及其他目的而使用的物质"。

　　一些国际组织为全球或地区食品安全管理和研究的方便，也对食品添加剂进行了规范。欧盟规定：食品添加剂是指"在食品制造、加工、准备、处理、包装、运输或储藏过程中加入到食品中，直接或间接地成为食品的组成成分。其本身不构成食品的特性成分，并且本身不能被当作食品消费的物质"。联合国粮食与农业组织（FAO）和世界卫生组织（WHO）联合组成的食品法典委员会（CAC）规定："食品添加剂是指本身不作为食品消费，也不是食品特有成分的任何物质，而不管其有无营养价值，它们在食品的生产、加工、调制、处理、装填、包装、运输、储存等过程中，由于技术（包括感官）的目的，有

意加入食品中或者预期这些物质或其副产物会成为（直接或间接）食品中的一部分，或者改善食品的性质。它不包括污染物或者为保持、提高食品营养价值而加入食品中的物质。"在1995年食品法典（Codex Alimentarius）再版时此定义仍被保留并收录在食品添加剂通用标准（Codex Stan 192 General Standard for Food Additives，GSFA）中。

随着专业化分工越来越细致，出现了复配食品添加剂。我国制定GB 26687—2011《食品安全国家标准　复配食品添加剂通则》对复配食品添加剂的制造和使用进行了严格规定。

食品添加剂中不包括污染物。污染物指不是有意加入食品中，而是在生产（包括谷物栽培、动物饲养和兽药使用）、制造、加工、调制、处理、装填、包装、运输和保藏等过程中，或是由于环境污染带入食品中的任何物质，但不包括昆虫碎体、动物毛发和其他外来物质。残留农药和兽药均是污染物。

从狭义的概念上，食品添加剂不是食品配料。淀粉、蔗糖、食盐等添加到食品中的物料称为配料。根据目前的习惯，食品配料的定义概括为：其生产和使用不列入食品添加剂管理的，其相对用量较大，而在这个范围内使用或食用被认为是安全的食品添加物。但是广义上的食品配料是指加入到食品中的所有添加物，需要在食品的标签配料项内列出。

不管是配料还是食品添加剂都要服从食品安全法及其他相关法规的管理和规范。

1.1.2　食品添加剂技术在食品科学技术学科中的地位

食品添加剂技术是食品科学技术学科的重要组成部分。食品添加剂的种类繁多，其制造技术涉及化学、化工、生物工程、农业、林业等多学科。因此，食品添加剂技术不是单一学科的技术，而是多学科、多领域交叉、聚集和集成的技术。

在工业革命后，首先是化学工业特别是化学合成工业的发展更使食品添加剂进入一个新的加快发展的阶段，许多人工合成的食用化学品如着色剂、防腐剂等相继大量应用于食品加工；进入20世纪后期，发酵工艺生产的和天然原料提取的食品添加剂也迅速发展起来。

食品添加剂的研究、生产和使用水平反映了食品工业的技术水平，是一个国家整体科技实力的缩影，也是一个国家现代化程度的重要标志之一。美国是食品添加剂品种最多、产值最高的国家。美国食品与药物管理局（FDA）所列食品添加剂有2922种。中国在允许使用的食品添加剂品种数量上以及能够生产的品种数量上与世界先进水平尚有较大差距。

近年来，我国食品添加剂研究成果转化速度加快，企业与研究单位的合作更加密切，食品添加剂整体技术实力得到了较大提升，味精、柠檬酸、木糖、木糖醇、低聚木糖、糖精钠、甜蜜素、分子蒸馏单甘酯、赖氨酸、牛磺酸、维生素C、D-异抗坏血酸钠、香兰素、乙基麦芽酚、杂环香料、含硫香料等品种的生产技术已经趋于世界先进或领先水平。

中国在含硫香料分子结构与肉香味关系规律研究方面已经取得可喜进展，首次提出了肉香味含硫化合物特征结构单元模型，用这一模型指导肉香味含硫新化合物的分子设计，可以大大提高肉香味化合物筛选的准确性，这一点已经被一系列研究所证实。2005年"重要含硫食用香料的研制"获国家技术发明二等奖，其核心技术已获得发明专利。该项目是中国香料领域获得的第一个国家技术发明奖，标志着中国含硫香料生产技术已处于世界先进水平。

中国食品工业已经进入了高速发展的轨道，与其配套的食品添加剂也将保持相应的发展速度，食品添加剂技术发展也赢来了新的发展机遇。未来几年中国食品添加剂技术研究的热点问题有如下几个方面：

① 食品添加剂安全问题。安全是食品添加剂永恒的主题，未来中国食品添加剂安全需要从健全法规、规范品种应用范围和用量、提高产品质量等方面加强研究、管理和监督。

② 食品添加剂新品种研究开发问题。中国食品添加剂在品种数量上与世界先进水平尚有较大差距，必须加大关键性品种的研究开发速度，同时要重视具有中国特色的新品种的开发。天然食品添加剂是今后研究的重点之一。这类食品添加剂涉及香料、甜味剂、酸度调节剂、防腐剂、抗氧化剂、乳化剂、增稠剂等类型。

③ 用现代科学技术提升传统食品添加剂生产技术和产品质量。许多食品添加剂可以用生物质原料通过生物工程方法制造，产品既满足了消费者越来越高的要求，又符合可持续发展战略，应该进一步加强这方面的研究和产业化工作。

1.1.3　食品添加剂在食品储存、加工制造中的作用

食品添加剂是食品的重要组成部分，它为食品工业的蓬勃发展提供了不可或缺的支持，它在食品加工中的功能作用可归纳成以下几个方面。

1.1.3.1　保证食品的品质

随着收入的增加和生活水平的提高，人们对食品的品质要求也就越高，不但要求食品提供维持机体正常活动的营养元素，更要在相当长的时间内具有良好的色、香、味、形，还要求食品具有一定的功能特性。食品添加剂对食品品质的影响主要体现在3个方面。

（1）获得优良的食品风味

食品的色、香、味、形态和质地等构成食品风味，也是衡量食品品质的重要指标之一。食品在加工过程中，以及储存期间，往往其颜色、气味和口感会发生变化，将风味的变化控制在要求的范围内是食品加工制造的关键技术之一。在食品加工制造过程中，适当使用着色剂、甜味剂、抗氧化剂、食用香料、乳化剂、增稠剂和鲜味剂等添加剂，可以在一定程度上实现对食品风味的控制，显著提高食品的感官性状质量。

（2）保证食品的储藏性，阻止食品变质

各种生鲜原料在植物采收或动物屠宰时，具有季节性和周期性，往往会因不能及时加工而导致腐败变质。食品的腐败变质，不仅会使其失去应有的食用价值，更为严重的是会产生有毒成分，不仅将造成很大的经济损失，还会对人体产生安全威胁。适当使用食品添加剂可防止食品的败坏，延长其保质期。

（3）满足营养和保健要求

营养价值是食品质量的重要指标之一。由于食品加工制造过程中常常会造成一定程度的营养损失，如粮食加工精制过程中B族维生素的大量损失，果蔬加工过程水溶性维生素的流失等。因此，在加工食

品中适当地添加某些属于天然营养素范围的食品营养强化剂，可以弥补加工过程的营养损失。

另外，社会上不同的人群，有不同年龄、不同职业岗位、不同常见病和多发病、不同生活环境的特点。因此，有必要研究开发可以满足不同人群的营养需要的食品，这就要借助于各种食品营养强化剂。例如，可用甜味剂如三氯蔗糖、纽甜、甜叶菊糖等甜味剂来代替蔗糖，用代盐代替食盐，为糖尿病患者加工专用食品。用碘强化剂生产碘强化食盐，供给缺碘地区，防止因缺碘而引起的甲状腺肿大。二十二碳六烯酸（DHA）是组成脑细胞的重要营养物质，牛磺酸会影响婴幼儿视网膜和小脑的发育，应该在乳制品、罐头、米粉等儿童食品中添加，保证儿童健康成长。

随着对亚健康状态与健康关系认识的不断深入，功能性食品成为持续的热点。大量的研究发现，天然着色剂中叶黄素具有护眼的功能，番茄红素消除自由基抗氧化活性比维生素 E 高 100 倍。甜味剂中糖醇类具有改善肠道功能、调节血糖、促进矿物质吸收、防龋齿等功能。增稠剂中，高甲氧基果胶不仅能带走食物中的胆固醇而且能抑制内源性胆固醇的生成，降解的瓜尔豆胶能调节血脂，黄原胶具有抗氧化和免疫功能，低分子化的海藻酸钾具有显著的降压作用，葫芦巴胶可控制胆固醇的吸收。防腐剂中的乳酸链球菌素在口腔中能抑制糖类发酵，具有防龋齿功能。功能性食品添加剂既是食品添加剂，又具有特殊的保健功能，可满足不同人群的特殊需要，其开发和研究受到广泛重视。

1.1.3.2　满足新产品、新工艺的要求

现在，超市已拥有多达 20000 种以上的加工食品供消费者选择。随着经济的发展，生活和工作发生深刻的变化大大促进了食品新品种的开发和发展。同时，许多天然植物都已被重新评价，尚有丰富的野生植物资源亟待开发利用。自然界中已发现的可食性植物有 80000 多种，我国的蔬菜品种就超过 17000 种，可食用的昆虫就有 500 多种，还有大量的动物、矿物资源。食品新产品开发和资源有效利用都离不开各种食品添加剂，以制成营养丰富、品种齐全的新型食品，满足社会发展的需要。

另外，在食品加工中使用食品添加剂，往往有利于实现不同的食品加工制造工艺。不同的膨松剂可以满足面包和饼干加工工艺的不同需要。用葡萄糖酸 -δ- 内酯代替盐卤作豆腐的凝固剂，可以实现豆腐生产的机械化和自动化。消泡剂可以避免豆腐中孔洞的形成，提高豆腐品质。采用酶水解蛋白质工艺可以避免酸碱水解的高温和污染。制糖过程中添加消泡剂，可消除泡沫，提高过饱和溶液的稳定性，使晶粒分散均匀，并降低糖膏黏度，提高热交换系数，从而提高设备效率和糖品的产量与质量，降低能耗和成本。

总之，食品添加剂在食品工业中的重要地位，体现在 4 个方面：
① 在食品的色、香、味、形等品质方面满足消费者的不断增长的需要；
② 赋予食品特殊的营养价值和保健作用，满足消费者不断提高的要求；
③ 保证原料和食品在储藏和货架期内的品质符合要求；
④ 满足食品加工制造过程中的工艺技术需要。

1.1.4 我国食品添加剂现状

由于食品添加剂在现代食品工业中所起的重要作用，为满足各种各样食品加工制造的需要，各国许可使用的食品添加剂品种都在千种以上，还在不断开发出新的食品添加剂。

美国食品与药物管理局（FDA）所列2922种食品添加剂，日本使用的食品添加剂约1100种，欧盟使用约1500种食品添加剂。

中国食品添加剂和食品配料工业曾以较高的速度增长，近几年增长速率在放缓，而且始终低于食品工业总产值增长率，食品添加剂工业销售额占食品工业总产值的比例在降低（见图1-1），国内食品添加剂市场缺口规模增加至近2000亿元。

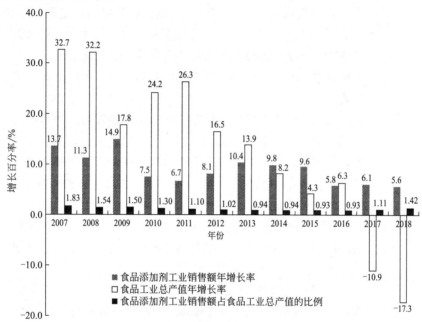

图1-1 中国食品添加剂工业和食品工业经济指标对比
（数据源于国家统计年鉴）

随着我国食品工业和食品添加剂技术的发展，我国许可使用的食品添加剂品种从1981年的213种，发展到1991年底共批准许可使用1044种；GB2760—2014《国家食品安全标准　食品添加剂使用标准》中规定许可使用的食品添加剂的品种数达到2314种。

图1-2和图1-3统计了2011年至2018年我国食品添加剂行业产量与销售额。

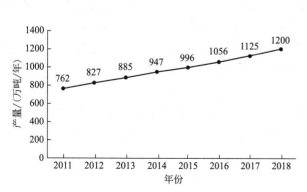

图1-2 近几年中国食品添加剂产量
（数据来源：中国食品添加剂和配料协会）

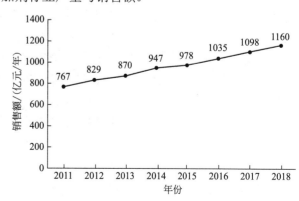

图1-3 近几年中国食品添加剂销售额
（数据来源：中国食品添加剂和配料协会）

柠檬酸是用发酵法生产的量最大的有机酸，可用于各类食品。中国是世界最大的柠檬酸生产和出口国，产量和欧美相当，但出口量居世界第一，采用薯干为主要原料通过发酵法生产，国外主要采用淀粉、糖蜜等精料发酵法生产。我国也是世界主要乳酸生产大国。允许作为食品添加剂使用的是L-乳酸，采用纤维素类物质生产L-乳酸的研究已经受到重视。

糖精钠是传统的非营养型甜味剂。美国是目前糖精钠的消费大国。中国是世界上糖精钠的主要生产国与出口国，技术成熟。中国政府规定糖精钠定点生产。阿斯巴甜属于低热量高倍甜味剂，全世界年消费量仅次于糖精钠。中国是阿斯巴甜生产大国。三氯蔗糖又称蔗糖素，是理想的蔗糖替代品，中国三氯蔗糖生产技术自有，且已经实现了商业化生产。甜菊糖、三氯蔗糖等新型甜味剂在2009~2018年间每年消费量以12%的速度增长。随着"限糖"行动的不断推进，高倍甜味剂，特别是甜菊糖、罗汉果糖苷等天然甜味剂将迎来高速发展。

木糖醇作为功能性甜味剂，是中国鼓励发展的甜味剂之一。中国是世界上木糖醇第一生产和出口大国，占国际贸易量50%以上。中国木糖醇生产技术成熟，一般采用以玉米芯、甘蔗渣等为原料生产的木糖经氢化还原制取。但木糖醇在国内食品中的应用一直相对落后。山梨糖醇和麦芽糖醇是功能性甜味剂，中国生产技术成熟。

中国酶制剂主要采用微生物发酵法生产，少量采用生物提取法。虽在新型酶的制备、酶的固定化、酶的应用等研究方面不断取得突破，但是商业化生产的品种仍然满足不了需要。

中国已成为世界味精生产大国，技术成熟，产品成本低。核苷酸类增味剂包括5′-肌苷酸二钠、5′-鸟苷酸二钠和呈味核苷酸二钠三种。中国近两年的专利成果主要集中在应用方面，如在鸡精、调味品中的应用。

天然防腐剂一直是研究开发的热点。化学合成的防腐剂目前仍然占主导地位。苯甲酸和苯甲酸钠是中国目前生产和使用的食品防腐剂的主要品种，生产技术成熟。中国山梨酸和山梨酸钾生产能力已超过万吨。乳酸链球菌、纳他霉素、聚赖氨酸三大主要天然防腐剂产品增长较快，发展势头良好。特别是聚赖氨酸产销量和销售额增长幅度巨大。

茶多酚是从茶叶中提取的天然抗氧化剂、防腐剂，近两年关于茶多酚的研究很多。中国具有丰富的茶叶资源，茶多酚发展潜力巨大。迷迭香提取物是用二氧化碳、乙醇等溶剂从迷迭香的花和叶中提取的，主要成分是迷迭香酚、鼠尾草酚、鼠尾草酸等，具有很强的抗氧化能力，今后需要在种植、提取、应用三方面加强研究。

L-抗坏血酸兼有营养强化剂、抗氧化剂、护色剂的功能，是中国食品添加剂中仅次于柠檬酸的第二大出口品种。中国采用两步发酵法生产L-抗坏血酸，技术成熟。

中国是食品着色剂生产和消费大国。目前辣椒红、栀子黄、紫甘薯等色素产量处于供大于求或接近饱和状态，胭脂树橙、胭脂虫红、虾青素等色素的产业化尚需要突破一系列关键技术。中国焦糖色素技术已经很成熟。红曲色素是红曲米和红曲红的总称，是中国的传统出口产品，生产技术处于世界先进水平。

中国食用增稠剂许多品种的年产量都超过了万吨，其中黄原胶、羧甲基纤维素钠、葡聚糖等产品增长最快。变性淀粉种类约2000种，在食品、医药、饲料、造纸、纺织、建材等领域具有广泛用途。近几年，关于变性淀粉的研究成果很多。

世界上食品乳化剂消费量最大的是甘油脂肪酸酯，其次是大豆磷脂及其衍生物、蔗糖脂肪酸酯、失水山梨醇脂肪酸酯、丙二醇脂肪酸酯等。中国生产的食品乳化剂中甘油脂肪酸酯的产量最大，其中分子蒸馏单甘酯约占一半以上。中国的分子蒸馏单甘酯技术处于世界先进水平。大豆磷脂亦称卵磷脂，兼有乳化、抗氧化、功能强化等功效。

中国已成为世界上唯一的麦芽酚和乙基麦芽酚生产国，占国际贸易量的80%以上。各主要生产厂多采用糠醛为起始原料生产，技术成熟，影响乙基麦芽酚质量的产品黄度高的问题2005年已经彻底解决。中国是世界最重要的香兰素生产基地，工业生产中目前主要采用合成法。

己酸乙酯是中国传统浓香型白酒最重要的香气成分之一，在酒用香料中占有十分重要的地位。传统的技术是用己酸和乙醇直接酯化法生产己酸乙酯，用硫酸做催化剂。近几年的研究多集中在能够替代硫酸的绿色催化剂方面，如脂肪酶、杂多酸等。通过发酵方法生产己酸乙酯的技术已趋成熟，产品已经用于一些中国传统名优白酒的调香。

咸味食品香精是一类新型的食品香精，只有四十多年的历史。中国咸味香精生产技术融合了中餐烹调的理念，以骨素、肉、脂肪、酵母、植物蛋白、还原糖、辛香料提取物等可食性生物质为原料，通过定向酶解、可控热反应、脂肪适度氧化和调香等方法生产，在整体技术上已经处于世界先进行列。脂肪控制氧化及其在各类肉味香精制造中应用技术的研究已经趋于成熟。

中国甜味食品香精技术近几年处于稳定发展阶段，甜味食品香精调香技术有所提高，利用酶解和微生物发酵法生产奶味香精的技术已经成熟并实现了工业化，微胶囊、玻璃化微胶囊技术、纳米技术在甜味食品香精生产中的应用已有专利，甜味食品香精整体技术接近世界先进水平。

1.2　食品添加剂的分类、编码与选用

1.2.1　食品添加剂分类

食品添加剂根据其来源、功能、安全性评价等不同的分类标准有多种分类方法。

按来源分，食品添加剂可分为天然食品添加剂和化学合成食品添加剂两大类。天然食品添加剂是指利用动植物或微生物的代谢产物等为原料，经提取所获得的天然物质。化学合成食品添加剂是指利用氧化、还原、缩合、聚合、成盐等各种化学反应制备的物质，其中又可分为一般化学合成品与人工合成天然等同物，如我国使用的β-胡萝卜素、叶绿素铜钠就是通过化学方法得到的天然等同色素。

按作用功能分，不同国家、地区、国际组织对食品添加剂的定义不同，因而分类也有差异（表1-1）。

联合国粮农组织（FAO）和世界卫生组织（WHO）曾经将食品添加剂分为20类，基本上均按用途分类，但其中乳化盐类（包括20种磷酸盐）、改性淀粉和磷酸盐类则以产品分类，致使乳化盐类与磷酸盐类在品种上基本是重复的。为了使用和管理方便，食品添加剂的分类也会进行调整。如FAO/WHO食品添加

表1-1 食品添加剂功能分类

序号	中国	CAC 食品法典	欧盟	美国	日本
1	酸度调节剂	酸	着色剂	抗结剂和自由流动剂	防腐剂
2	抗结剂	酸度调节剂	防腐剂	抗微生物剂	杀菌剂
3	消泡剂	抗结剂	抗氧化剂	抗氧化剂	防霉剂
4	抗氧化剂	消泡剂	乳化剂	着色剂和护色剂	抗氧化剂
5	漂白剂	抗氧化剂	乳化盐	腌制和酸渍剂	漂白剂
6	膨松剂	填充剂	增稠剂	面团增强剂	面粉改良剂
7	胶基糖果中基础剂物质	着色剂	凝胶剂	干燥剂	增稠剂
8	着色剂	护色剂	稳定剂	乳化剂和乳化盐	赋香剂
9	护色剂	乳化剂	增味剂	酶类	防虫剂
10	乳化剂	乳化用盐	酸	固化剂	发色剂
11	酶制剂	固化剂	酸度调节剂	风味增强剂	色调稳定剂
12	增味剂	增味剂	抗结剂	香味料及其辅料	着色剂
13	面粉处理剂	面粉处理剂	改性淀粉	小麦粉处理剂	调味剂
14	被膜剂	发泡剂	甜味剂	成型助剂	酸味剂
15	水分保持剂	凝胶剂	膨松剂	熏蒸剂	甜味剂
16	营养强化剂	上光剂	消泡剂	保湿剂	乳化剂及乳化稳定剂
17	防腐剂	保湿剂	抛光剂	膨松剂	消泡剂
18	稳定剂和凝固剂	防腐剂	面粉处理剂	润滑和脱模剂	保水剂
19	甜味剂	推进剂	固化剂	非营养甜味剂	溶剂及溶剂品质保持剂
20	增稠剂	膨松剂	保湿剂	营养增补剂	疏松剂
21	食品用香料	稳定剂	螯合剂	营养性甜味剂	口香糖基础剂
22	食品工业用加工助剂	甜味剂	酶制剂	氧化剂和还原剂	被膜剂
23	其他	增稠剂	填充剂	pH值调节剂	营养剂
24			推进气体和包装气体	加工助剂	抽提剂
25				气雾推进剂、充气剂和气体	制造食品用助剂
26				螯合剂	过滤助剂
27				溶剂和助溶剂	酿造用剂
28				稳定剂和增稠剂	品质改良剂
29				表面活性剂	豆腐凝固剂及合成酒用剂
30				表面光亮剂	防黏着剂
31				增效剂	
32				组织改进剂	

剂分类曾按用途分为95类，但是由于分类过细，造成不少类别中仅1～2个品种，又有某些类别中重复出现某一品种的情况。随后，FAO/WHO又将食品添加剂分为40类。

欧盟将食品添加剂分为24类。除着色剂、甜味剂、防腐剂和抗氧化剂是按功能分类外，其他食品添加剂并不按功能类别编排，其分类主要是供产品标识使用。由于考虑了一种食品添加剂具有两种以上的功能，不按功能分类对食品添加剂新品种、新功能的开发是有益的。另外，加工助剂、食用香料和营养强化剂不属于欧盟食品添加剂的范畴。

美国在《食品、药品与化妆品法》（Food，Drug and Cosmetic Act）中，将食品添加剂分成32类，而在另一个法规《食品用化学品法典（1981 Ⅲ）》中，又将食品添加剂分为45类。日本在《食品卫生法规》（1985年）中，将食品添加剂分为30类。

我国《食品添加剂使用卫生标准》（GB2760—1996）将食品添加剂分为23类（2014版曾将营养强化剂移出），其前21类即是根据GB12493来分类和规定代码的，采用表单式管理。每类添加剂中所包含的种类不同，少则几种（如抗结剂5种），多则达千种（如食用香料1000多种），总数达1500多种。这一分类法较1986版《食品添加剂使用卫生标准》中的分类法更易于归纳食品添加剂，如它将酸味剂、碱性剂和盐类等归为一类，定名为酸度调节剂；将品质改良剂分为面粉处理剂和水分保持剂；将疏松剂和发色剂分别改名为膨松剂和护色剂，因而更合理。

我国台湾省的食品添加剂按功能作用分为防腐剂、杀菌剂、抗氧化剂、漂白剂、发色剂、膨松剂、品质改良剂、营养强化剂、着色剂、香料、调味料、糊料、粘接剂、加工助剂、溶剂、乳化剂及其他共17类，共计515种。

另外，食品添加剂还可按安全性评价等级来划分。CCFA曾在JECFA（FAO / WHO食品添加剂联合专家委员会）讨论的基础上将食品添加剂分为A、B、C 3类，每类再细分为2类。

A类——JECFA已制定人体每日允许摄入量（ADI）和暂定ADI者，其中：

A1类：经JECFA评价认为毒理学资料清楚，已制定出ADI值或者认为毒性有限无需规定ADI值者；

A2类：JECFA已制定暂定ADI值，但毒理学资料不够完善，暂时许可用于食品者。

B类——JECFA曾进行过安全性评价，但未建立ADI值，或者未进行过安全性评价者，其中：

B1类：JECFA曾进行过评价，因毒理学资料不足未制定ADI者；

B2类：JECFA未进行过评价者。

C类——JECFA认为在食品中使用不安全或应该严格限制作为某些食品的特殊用途者，其中：

C1类：JECFA根据毒理学资料认为在食品中使用不安全者；

C2类：JECFA认为应严格限制在某些食品中作特殊应用者。

由于毒理学及评价技术在不断进步和发展，对一些食品添加剂的安全性不可避免地发生变化，因此其所在的安全性评价类别也将进行必要的调整。例如糖精原属A1类，后因报告可使大鼠致癌，经JECFA评价，暂定ADI为0～2.5mg/kg bw，而改归为A2类；直到1993年再次对其进行评价时，认为对人类无生理危害，制定ADI为0～5mg/kg bw，又转回A1类。再如环己基氨基磺酸盐，曾因报告有致癌性而被列入C2类，后经再评价制定暂定ADI为0～4mg/kg bw而转归A2类；1982年JECFA再次对其进行评价时制定ADI 0～11mg/kg bw，从而将其列入A1类。曾作为面粉处理剂的溴酸钾，1992年经FAO/WHO食品添加剂联合专家委员会（JECFA）评价，确认其有致癌性和遗传毒性后撤销其每日允许摄入量（ADI），一些国家和地区相继禁用，我国也已禁止其作为面粉处理剂使用。因此，应随时注意有关食品添加剂安全性评价分类的最新进展和变化。

1.2.2　食品添加剂的编码

为适于信息处理、情报交换和管理，食品添加剂的统一编号可以避免化学命名的复杂和商品名的混乱，在国际上得到普遍应用。由于香精香料的特殊性，国际的通行做法是对其分类与编码另有"食品香料分类与编码"。欧盟编码体系（EC number system，ENS）是最早采用的编码系统，历史较长。根据欧盟法律规定，在食品标签上可以只写出使用的食品添加剂编号，而不标具体名称。食品法典委员会（CAC）以ENS编码体系为基础，构建了国际编码系统（international number system，INS），在1989年CAC第18次会议上正式批准使用。凡是INS体系中食品添加剂的编码，大部分与ENS相同，但对ENS中未细分的同类物做了补充和完善。国际编码系统作为供国际采用识别食物添加剂的系统，并不包括食用香料、胶姆糖基础剂以及特别膳食及营养添加剂（即食品营养强化剂）。国际编码系统的编排方式如下：

① 按编码顺序排列。依次是识别编码、食品添加剂名称及技术用途。在识别编码一栏中，有些添加剂以下标数字再进一步细分，如200 $_{(i)}$、200 $_{(ii)}$ 等。此类标示仅表示该类下属的具有不同规格的亚类，并不用于标签上的表述。

② 按添加剂英文字母顺序排列。依次是食品添加剂名称、识别编码及技术用途。

与国际通行做法一致，我国也将所有食品添加剂的分类和编码分为两个系统，即"食品添加剂分类和代码"和"食品用香料分类与编码"。我国于1990年公布了GB 12493《食品添加剂分类和代码》，规定了除食用香精和香料外的食品添加剂的分类和代码，以及相关食品添加剂分类编号原则和分类代码方法。该标准将食品添加剂分为酸度调节剂、抗结剂、消泡剂、抗氧剂、漂白剂、膨松剂、胶姆糖基础剂、着色剂、护色剂、乳化剂、酶制剂、增味剂、面粉处理剂、被膜剂、水分保持剂、营养强化剂、防腐剂、稳定和凝固剂、甜味剂、增稠剂、其他共21个类别、194种食品添加剂。

我国食品添加剂的编码（China number system，CNS）是在上述食品添加剂功能分类的基础上产生的。食品添加剂分类编号原则为：食品添加剂分类代码以其属性和特征作为分类的依据，并按一定排列顺序作为鉴别对象的唯一标准；食品添加剂分类的排列顺序按英文字母顺序排列；食品添加剂代码的排列顺序是任意排列。

分类代码方法为：食品添加剂的分类代码以五位数字表示，其中前两位数字码为类目标识，小数点以后三位数字表示在该类目中的编号代码。

① 类目标识：食品添加剂的分类。

如01代表酸度调节剂；14代表被膜剂；17代表防腐剂。

② 编号代码：具体食品添加剂品种的编码。

如04.001代表抗氧化剂中的丁基羟基茴香醚（BHA）；08.107代表着色剂中的辣椒橙；20.034代表增稠剂中的葫芦巴胶。

我国的编码体系（CNS）比INS和ENS具有更大的容量，该标准在制定时参照了FAO/WHO食品法典委员会CAC/VolXⅣ 1983年文件，因此我国的食品添加剂编码系统与国际以及欧盟编码不同。

　　食用香料的分类与编码有特殊性。GB/T 14156—2009《食品用香料分类与编码》规定了食品用香料分类，以及编码的一般原则和编码方法（但是因为相关内容已分别列入 GB 2760《食品安全国家标准　食品添加剂使用标准》和 GB 30616《食品安全国家标准　食品用香精》，该标准已于2015年废止）。食品用香料分为：食品用天然香料和食品用合成香料两大类。编码以类设表。食品用天然香料编码表，按产品的通用名称，以中文笔画顺序编排的4位数码，冠以"N"表示为天然香料；食品用合成香料编码表，编码冠以"S"的4位数码。香料编码表把编码、香料中文名称(可能是化学名称、俗名或商业名称)、英文名称和美国FEMA编号合在一起，便于查阅。

1.2.3　食品添加剂选用原则

　　随着食品科学的进步、食品工业的发展，可供食用的食品品种越来越多，对色、香、味、形、营养、功能等质量要求越来越高，越来越多的食品添加剂随食品进入人体。食品添加剂安全性问题越来越受到关注。人们渴望对人体有益无害的食品添加剂，但是，任何可食食物都有食用限量，而大多数食品添加剂通常不是传统的可食物，对于采用化学合成或溶剂萃取得到的食品添加剂更是成为安全的重点。

1.2.3.1　CAC 对食品添加剂使用的一般性原则

1.2.3.1.1　使用食品添加剂的总原则

　　CAC第九次会议通过了《使用食品添加剂的总原则》，主要内容如下。

　　① 所有食品添加剂无论已经使用还是准备使用，都应经过或需要经过适当的毒理学试验评估。该毒理学评估除了一般项目外还应包括添加剂使用时的蓄积、协同及增强效应。

　　② 只有那些根据现有依据可以进行评价并证实在其拟使用量范围内不会对消费者健康产生危害的食品添加剂，方可获得批准。

　　③ 应当对所有食品添加剂进行持续的监测。必要时，应根据使用条件的变化和新的科学资料对其进行重新评估。

　　④ 食品添加剂应符合已批准的规格，如食品法典委员会推荐的添加剂特性和纯度规格。

　　⑤ 食品添加剂应满足下述a.～d.中的一种和多种用途，或在经济和技术上没有其他办法实现这些用途，并证实不会危害消费者健康的情况下方可使用。

　　a.为了保持营养质量，只有在b.所表述的情况下以及日常的饮食中该食品不是主要的食物时，才允许有意减少食品营养质量。

　　b.为具有特定膳食需要的消费群体加工食品而必须使用的配料或成分。

　　c.为了提高食品的质量或稳定性，或者改进其感官特性，但不得以此改变食品的本质、内容或者质量而欺骗消费者。

　　d.为了便于食品的生产、加工、制作、处理、包装、运输或者贮藏，但不得借助添加剂以掩饰在上述过程中因不合乎要求（包括不卫生）的操作或技术而产生的后果。

　　⑥ 在认真考虑了以下几点时，可以批准或暂时批准将一食品添加剂列入参考清单（advisory list）或食品标准中。

　　a.限定于特定的食品，规定特定的条件和特定的目的。

　　b.将达到预期效果所需要的使用量降至最低。

c.全面考虑了食品添加剂规定的每日允许摄入量，或类似的估计，以及每日从所有来源可能的摄入量。当食品添加剂用于特定消费群体的食品时，应考虑此类消费者对该食品添加剂每日可能的摄入量。

1.2.3.1.2　食品添加剂残留物进入食品的原则

在食品法典中，有关食品添加剂残留原则（即食品添加剂残留物进入食品的原则）是针对食品原料或其他配料中的食品添加剂随使用进入食品的情况，适用于法典标准所包括的所有食品，除非这些标准中另有规定（即"特殊情况"）。在CAC第十三次会议上，大会同意食品添加剂和食品标签委员会的观点，即在符合残留原则的前提下，残留的食品添加剂不必在配料表中予以说明。该原则于1987年在CAC第十七次会议上讨论通过，成为可供各国政府制定相关法规的参考性文件，但不是必须接受。其主要内容有：

（1）残留原则适用的情况

根据残留原则，如属下述情形，通常准许某一添加剂在食品中存在。

① 法典标准或者涉及食品添加剂安全性的其他适用规定，准许该添加剂在食品原料或其他配料中使用。

② 原料或其他配料（包括食品添加剂）中的添加剂含量不超过所准许的最大量。

③ 在有添加剂残留的食品中，食品添加剂的含量没有超过由于配料的使用而随之带入的量，这些配料均是在适宜的技术条件或操作规范情况下加入的。

④ 食品中该添加剂的含量明显低于实现技术作用通常所需要的合理水平。

（2）特殊情况

当食品添加剂用于食品原料或其他配料并随之进入食品时，如该添加剂残留物含量较高，或者其含量足以起到技术作用，那么应当作为一种直接加入食品的添加剂来对待和处理，并且应遵循所适用的法典标准中食品添加剂部分的规定。

（3）法典标准中有关添加剂残留物的说明

如残留原则不能用于某一食品时，即不准许添加剂残留物进入该食品中，应当在相应的法典标准中说明："食品添加剂不得因在原料或其他配料中使用而进入该食品。"

1.2.3.2　欧盟食品添加剂的使用通则

根据欧盟理事会指令89/107/EEC，欧盟食品添加剂使用的通则内容如下：

① 食品添加剂只有满足下列条件方可批准使用。

a.证明存在合理的工艺需求，并且通过其他经济上和技术上可行的方法无法实现其目的。

b.根据获得的科学证据证明：按照推荐的使用量，不会对消费者健康构成危害。

c.不误导消费者。

② 只有当有证据表明添加剂的使用对消费者具有显而易见的好处时，可以考虑使用食品添加剂，也就是说什么情况下使用添加剂取决于是否有"需求"。食品添加剂的使用应服务于a.~d.所述的一种或多种目的，并且只有当其他经济上和技术上可行的方法无法实现这些目的，其存在对消费者的健康不构成危害时才可使用。

a.为了保持食品的营养质量：只有当食品不属于正常饮食中的主要成分时；或为生产满足各种消费者群体的特殊饮食需求而必须使用添加剂时，有意减少食品的营养质量。

b.为具有特殊饮食需求的消费者群体特制的食品，提供必要的成分或配料表。

c.为增强食品质量和稳定性，或者改进其感官特性，但不得以此改变食品的本质、内容或者质量而欺骗消费者。

d.为了便于食品的生产、加工、制作、处理、包装、运输或者贮藏，但不得借助添加剂以掩饰在上述过程中因不合乎要求（包括不卫生）的操作或技术而产生的结果。

③ 为对食品添加剂或其衍生物可能存在的危害做出评价，必须进行适当的毒理学测试和评价。例如，评估考虑使用添加剂所产生的累积、相互作用或协同效应以及人体对异物耐受性。

④所有食品添加剂必须处于持续的监测状态，并且不论何时需要都必须根据使用条件的改变和新的科技信息进行重新评估。

⑤ 食品添加剂必须始终符合批准的纯度标准。

⑥ 批准食品添加剂必须符合以下几点：

a.指定这些添加剂可以添加的食品，以及可以添加的条件。

b.规定达到预期的效果所需的最低限量。

c.考虑针对食品添加剂制定的任何人体每日允许摄入量（ADI）或等效的评估，以及来自各种来源可能的日摄入量。当食品添加剂将用于特殊消费群体时，需要考虑这些特殊消费群体可能的日摄入量。

1.2.3.3　我国食品添加剂的使用原则

选用食品添加剂首先要遵守我国现行有效的相关法律法规。GB2760—2011《食品安全国家标准　食品添加剂使用标准》第一次明确规定了使用原则，内容包括我国食品添加剂使用的基本要求、什么情况下可以使用食品添加剂、质量标准与带入原则。

因此，在选用食品添加剂时，必须严格遵循以下几点：

① 正确的使用目的　食品添加剂应有助于食品的生产、加工和储存等过程，具有保持营养成分、防止腐败变质、改善感官性状和提高产品质量等作用，而不应破坏食品的营养素，也不得影响食品的质量和风味。

② 绝对禁止的行为　使用食品添加剂掩盖食品腐败变质等缺陷，以及进行食品伪造、掺假等违法活动。

③ 使用合法的食品添加剂　选择《食品安全国家标准　食品添加剂使用标准》中准许使用的食品添加剂。这些食品添加剂都经过规定程序的安全性毒理学评价。生产、经营食品添加剂也必须符合《食品添加剂卫生管理办法》和《食品添加剂质量规格标准》。食品营养强化剂必须遵照《食品营养强化剂使用卫生标准》和《食品营养强化剂卫生管理办法》执行。

④ 规范地使用食品添加剂　在《食品安全国家标准　食品添加剂使用标准》规定的范围、界限内规范地使用食品添加剂。

⑤ 经济性是限制使用的条件　选用食品添加剂还要考虑价格低廉，使用方便、安全，易于储存、运输和处理等因素。

1.3 食品添加剂的安全性与评价

目前国际上公认的食品安全原则为：危险性评估、危险性管理和危险性交流。所谓毒性是指某种物质对机体造成损害的能力。毒性除与物质本身的化学结构与理化性质有关外，还与其有效浓度或剂量、作用时间及次数、接触途径与部位、物质的相互作用与机体的机能状态等条件有关。早在1564年炼金术家Parracelsus就提出"万物皆毒，无不毒之物，而量微则无毒，超量食用，即显毒性"。显然，毒性较高的物质，摄入较小剂量即可造成毒害；而毒性较低的物质，用较大剂量才能有毒害作用。因此不论毒性强弱或剂量大小，剂量-效应关系决定了成分对机体的伤害程度，只有达到一定剂量水平，才会显示其毒害作用。所以，毒性是相对的，在一定条件下使用时不呈现毒性，即可认为对机体是相对无害的。

所有的食品添加剂都具有某些特殊的作用、效果，是食品加工制造的关键性成分，在功能上具有不可替代性；而又不是通常的食物的一部分，是具有一定毒性的物质，使用不当造成的危害绝不能被忽视，其安全性受到广泛关注。

1.3.1 食品添加剂的安全问题

早期人工化学合成食品添加剂在食品中大量应用，人们很快发现它给人类健康带来了危害，如某些食用合成色素具有的致癌、致畸作用有可能给人类带来的危害。随着毒理学和化学分析等科学技术的发展和进步，从20世纪初开始人们愈加重视食品添加剂的可能危害，也确定不少食品添加剂对人体有害，随后还发现有的甚至可使动物致畸和致癌，"食品安全化运动""消费者运动"等逐步在一些国家和地区盛行，甚至提出禁止使用食品添加剂的主张。食品安全是人们长期以来一直关注的问题，但绝大多数食品安全问题不是由食品添加剂引起的。尽管当今除偶发事件外几乎没有引起急性或直接毒性作用的食品添加剂的应用，但是，人们尤其担心长期摄入食品添加剂可能带来潜在危害。尽管至今尚没有把食品添加剂的消费直接与人类中发现的致癌、致畸作用相联系的证据，然而在动物实验研究中已确认了它们之间的联系。例如，据报告亚硝胺这样的强致癌物在饮水中给予50~100mg/kg bw喂养动物，160~200天后全部动物致癌。以如此低的剂量在如此短的时间内可使全部动物致癌，这也就无怪乎人们担心某些食品添加剂长期低剂量摄食可能给人们带来的危害。

对此，FAO/WHO食品添加剂联合专家委员会（JECFA）和食品添加剂法典委员会（CCFA）集中组织研究食品添加剂的安全性评价和质量规格标准问题，并开始定期向各有关国家和组织提出了推荐意见，世界各国也加强对食品添加剂的科学管理，一方面已将那些对人体有害，对动物致癌、致畸，并有可能危害人类健康的添加剂品种禁止使用；另一方面对那些有怀疑的品种继续进行更严格的毒理学检验以确定其是否可用、许可使用时的使用范围、最大使用量与残留量，以及其质量标准、分析检验方法等；同时使食品添加剂的生产、销售，特别是使用，置于安全界限内。由于现有大多数食品添加剂和所有新的食品添加剂均已经过或必须经过严格的毒理学试验和一定的安全性评价才得以许可使用，可以认为，已将食品添加剂的危害控制在现有科学技术可以达到的水平内。

除食品营养添加剂之外，大多数食品添加剂的使用可能导致食品营养一定程度的降低，影响食品的营养价值。但是，食品添加剂在食品加工制造中具有不可替代的作用，因使用食品添加剂导致食品营养一定程度的降低是可以采用相应技术手段解决的；另外，消费者所需的营养素不可能由一两种食品提供，应该有一个好的饮食习惯。

应该引起警惕的是，在国内外都曾发生一些食品制造者为达到欺骗顾客、推销产品、谋取经济利益的目的，使用非食品添加剂物质加工食品的事件（如向着色剂中添加化工染料），或用食品添加剂掩盖质量低劣或腐败变质的食品的事件，超标使用食品添加剂更是屡禁不止等，尽管有许多事件与食品添加剂制造无关，但对社会和食品添加剂行业造成的危害很大，因此正确掌握食品添加剂的知识和规范使用是食品业内人员的基本素质。

需要注意的是，全社会应科学认识食品安全问题。当前，许多人认为食品只有"零"风险才是安全的。任何事物都不可能存在于真空之中，"零"风险是不现实的，国际上认可的食品安全是可接受的风险。大量的检测、统计结果发现，目前，致病微生物引起的食源性疾病才是头号食品安全问题，其次是营养缺乏、营养过剩等食物营养问题，第三是环境污染导致的有毒、有害食品，第四是食品中天然毒物的误食，最后才是食品添加剂。由此可见，因食品添加剂产生的食品安全问题相对较少，但是，因食品添加剂引起的安全问题，通常是食品加工制造厂商人为的、故意不规范使用食品添加剂所致，常常给消费者造成更大心理影响。对于这些不法商贩为了追求经济利益而置国家法规和人民生命财产于不顾，任意超范围使用和超量使用食品添加剂，或使用未被批准使用和已禁用的物质，可以通过严格食品添加剂的管理和加强食品加工、销售等环节的质量监督检验来防止。

1.3.2　食品添加剂的安全风险评估

1.3.2.1　一般原则

对食品添加剂的要求是安全和有效，显然安全性是限制性条件。对食品添加剂进行安全评价，是决定其使用安全的先决措施。安全评价从食品添加剂的生产工艺、理化性质、质量标准、使用效果、范围、加入量等方面入手，采用毒理学评价及检验方法等做出综合性结论，其中最重要的是毒理学评价。毒理学评价将确定食品添加剂在食品中无害的最大限量，并对有害的物质提出禁用或放弃的理由，以确保食品添加剂使用的安全性。

因此，食品添加剂安全性评价的目的：一方面已将那些对人体有害，对动物致癌、致畸，并有可能危害人体健康的食品添加剂品种禁止使用；另一方面对那些有怀疑的品种则继续进行更严格的毒理学检验以确定其是否可用、许可使用时的使用范围、最大使用量与残留量，制定质量规格，确定分析检验方法等。毒理学评价是制定食品添加剂使用标准的重要依据。

食品添加剂有数千种之多，有的沿用已久，有的已由FAO/WHO等国际组织做过大量同类的毒理学评价试验，并已得出结论。

《食品安全国家标准　食品添加剂使用标准》准许使用的食品添加剂都经过了规定的毒理学评价，并且符合食用级质量标准，因此只要使用范围、使用方法与使用量符合《食品安全国家标准　食品添加剂使用标准》，其使用的安全性是有保证的。以亚硝酸盐为例，亚硝酸盐长期以来一直被作为肉类制品的护色剂和发色剂，但随着科学技术的发展，人们不但认识到它本身的毒性较大，而且还发现它可以与仲胺

类物质作用生成对动物具有强烈致癌作用的亚硝胺。但是，因为亚硝酸盐在除了可使肉制品呈现美好、鲜艳的亮红色外，还具有防腐作用，可抑制多种厌氧性梭状芽孢菌，尤其是肉毒梭状芽孢杆菌，这些功能在目前使用的添加剂中还找不到理想的替代品，所以大多数国家仍然批准使用，只是严格规定其使用量，以保证使用的安全性。

1.3.2.2 食品添加剂使用量的确定

食品添加剂的限量使用，基于食品的安全保障原则。食品安全指对食品按其原定用途进行制作和食用时，不会使消费者受害的一种保障。评价一种食品或成分是否安全，不仅仅单纯地看它内在固有的有毒、有害性质，更重要的是造成实际危害的严重程度和发生概率的可能性，即发生的风险。食品添加剂安全性评价及使用限量标准，就是建立在食品添加剂的风险评估和食品添加剂毒理学评价基础上的。

对某一种或某一组食品添加剂来说，其制定标准的一般程序如下：

① 根据动物毒性实验确定最大无作用剂量或无作用剂量［是机体长期摄入受试物（添加剂）而无任何中毒表现的每日最大摄入剂量，单位 mg/kg 体重，缩写 MNL］。

② 将动物实验所得到的数据用于人体时，由于存在个体和种系差异，故应定出一个合理的安全系数。一般安全系数的确定，可根据动物毒性实验的剂量缩小若干倍来确定。一般安全系数定为100倍。

③ 从动物实验的结果确定实验人体每日允许摄入量。以体重为基础来表示的人体每日允许摄入量，即指每日能够从食物中摄入的量，此量根据现有已知的事实，即使终身持续摄取，也不会显示出危害性。每日允许摄入量以 mg/kg 体重为单位。

④ 将每日允许摄入量（ADI）乘以平均体重即可求得每人每天允许摄入总量（A）。

⑤ 有了该物质每日允许摄入总量（A）之后，还要根据人群的膳食调查，搞清膳食中含有该物质的各种食品的每日摄食量（C），然后即可分别算出其中每种食品含有该物质的最高允许量（D）。

⑥ 根据该物质在食品中的最高允许量（D）制定出该种添加剂在每种食品中的最大使用量（或残留量）（E）。在某种情况下，二者可以吻合，但为了人体安全起见，原则上总是希望食品中的最大使用量（或残留量）标准低于最高允许量，具体要按照其毒性及使用等实际情况确定。

 概念检查 1.1

○ 我国许可使用的食品添加剂，欧盟却未许可，是欧盟
   的管理更严格吗？

（ www.cipedu.com.cn ）

1.4　食品添加剂的管理

食品添加剂的管理应该包括安全管理、生产管理和使用管理三个部分。

1.4.1　FAO/WHO 对食品添加剂的管理

1955年9月在日内瓦，联合国粮农组织（FAO）和世界卫生组织（WHO）组织召开第一次国际食品添加剂会议，协商有关食品添加剂的管理和成立世界性国际机构等事宜。1956年FAO/WHO所属的食品添加剂联合专家委员会（JECFA）在罗马成立，由世界权威专家组织以个人身份参加、以纯科学的立场对世界各国使用的食品添加剂进行评议，并将评议结果在"FAO/WHO，Food and Nutrition Paper-FNP"上不定期公布。1962年FAO/WHO联合成立了食品法典委员会（Codex Alimentarius Commission，CAC）。CAC是协调各成员国食品法规、技术标准的唯一政府间国际机构。其下设有食品添加剂法典委员会（CCFA），制定统一的规格和标准，确定统一的试验和评价方法等，对JECFA通过的各种食品添加剂的标准、试验方法、安全性评价结果等进行审议和认可，再提交CAC复审后公布。CAC标准分为通用标准（codex general standards）和商品标准（codex commodity standards）两大部分，关于食品卫生安全的内容主要在通用标准部分，包括食品添加剂的使用、污染物限量、食品卫生（食品的微生物污染及其控制）、食品的农药与兽药残留、食品进出口检验和出证系统以及食品标签。而CAC商品标准则主要规定了食品非安全性的质量要求。其制定的标准是世界贸易组织中卫生与植物卫生措施协定规定的解决国际食品贸易争端，协调各国食品卫生标准的重要依据，以克服由于各国法规不同所造成的贸易上的障碍。

食品添加剂法典委员会（CCFA）为综合委员会。2007年中国成为食品添加剂法典委员会主持国。应该认识到作为一种松散型的组织，联合国所属机构所通过的决议只能作为向各国推荐的建议，可作为其制定相关法律文件的参照或参考，而不是作为直接对各国起到指令性法规的标准。

迄今为止，联合国为各国所提供的主要法规或标准，包括以下几个方面：

① 允许用于食品的各种食品添加剂的名单，以及它们的毒理学评价（ADI值）；

② 各种允许使用的食品添加剂的质量指标等规定；

③ 各种食品添加剂质量指标的通用测定方法；

④ 各种食品添加剂在食品中的允许使用范围和建议用量。

CAC标准是在世界贸易组织（WTO）框架下对各国进出口食品国际贸易实施保护的有效工具，也是帮助各国出口食品生产企业打开国际食品市场大门的通行证。我国正在积极参与CAC标准的制定工作，同时优先考虑直接采用CAC为我所用，将我国现行标准与CAC国际标准接轨。建立健全我国检验检疫技术法规，促进我国食品安全、卫生和品质的标准化，保护消费者的健康和公正的食品贸易。

1.4.2　美国对食品添加剂的管理

早在1908年美国就制定了有关食品安全的食品卫生法（Pure Food Act），于1938年增订成至今仍有效的《食品、药物和化妆品法》（Food，Drug and Cosmetic Act）。1959年颁布《食品添加剂法》（Food Additives Act）。1967年颁布了规范肉类中允许使用的食品添加剂的《肉品卫生法》（Whole-some Meat Act）。1968年颁布《禽类产品卫生法》（Whole Some Poulty Products Act）。以上各法分别由美国食品与药物管理局（FDA）和美国农业部（USDA）贯彻实施。另有一部分与食品有关的熏蒸剂和杀虫剂，则归美国环境保护局管理。这些联邦法规对食品添加剂（或称食品用化学品）的主要作用是建立"允许使用范

围、最大允许使用量和食品标签表示法",定期公布在"联邦登记册（Federal Register）"上,并于每年出版的《美国联邦法规》（U. S. Code of Federal Regulations,CFR）上汇总修订。其中有关USDA所辖的肉禽制品,发表于（title）9CFR上,FDA管辖的则发表于21CFR上。此外,FDA根据美国食品用香料制造者协会（Flavour Extract Manufacturer's Association,FEMA）的建议属于GRAS者,亦已认可,故凡有FEMA No. 者,均属GRAS。GRAS是Generally Recognized As Safe的缩写,意思是一般认为安全,由FDA根据1958年颁布的《联邦食品、药品和化妆品法案》（Federal Food,Drug,and Cosmetic Act）中的201（s）和409条款确定。

由FDA委任的"食品化学品法典委员会（Committee on Food Chemicals Codex）"负责将各种食品添加剂的质量标准和各种指标的分析方法,公布在由其编辑定期出版的《食品化学品法典》（FCC）上。

美国在1959年颁布的《食品添加剂法》中规定,出售食品添加剂之前需经毒理试验,食品添加剂的使用安全和效果的责任由制造商承担,但对已列入GRAS者例外。凡新的食品添加剂在得到FDA批准之前,绝对不能生产和使用。

FDA对加入食品中的化学物质分为4类：

① 食品添加剂,需经两种以上的动物实验,证实没有毒性反应,对生育无不良影响,不会引起癌症等。用量不得超过动物实验最大无作用量的1%。

② 一般公认为安全的,如糖、盐、香辛料等,不需动物实验,列入FDA所公布的GRAS名单,但如发现已列入而有影响的,则从GRAS名单中删除。

③ 凡需审批者,一旦有新的实验数据表明不安全时,应指令食品添加剂制造商重新进行研究,以确定其安全性。

④ 凡食用着色剂上市前,需先经全面的安全测试。

此外,对营养强化剂的标签标示,FDA在国标和教育法令（NLEA）中规定新标示管理条例。

1.4.3　欧盟对食品添加剂的管理

欧盟为了避免各成员国的食品添加剂管理和使用条件的差异阻碍食品的自由流通,创建一个公平竞争环境以促进共同市场的建立和完善,通过立法实现所有成员国实施一致的食品添加剂批准、使用和监管制度。

必须获得许可也是欧盟食品添加剂的立法原则,其基本框架以89/107/EEC食品添加剂通用要求指令为纲领性文件,以着色剂指令和着色剂纯度指令、甜味剂指令和甜味剂纯度指令以及其他添加剂指令和其他添加剂纯度指令三组特定指令为基本构成。

健康和消费者保护总局（DG SANCO）负责欧盟食品添加剂的管理,受理有关食品添加剂列入许可的申请,在安全评估通过后,负责启动相关法规修正程序,在两年内,欧盟各成员国有权批准该添加剂在其境内暂时上市。

食品添加剂的安全评价由食品科学委员会执行,其责任是对与食品消费、整个食品生产链、营养、食品技术,以及与食品接触材料涉及消费者健康、食品安全等科学技术问题向欧盟委员会提出建议。

欧盟有关食品添加剂的管理制度，有如下实施特点：

① 以欧盟理事会89/107/EEC作为"框架指令"，规定适用于食品添加剂的一般要求，同时针对各种不同的食品添加剂，通过作为实施细则的相应指令进行具体规范；

② 以许可清单的方式列出食品添加剂，并且有相关的法规和规范限制其使用的范围、用量等使用条件，没有列入清单的添加剂均在禁止使用之列；

③ 食品添加剂必须是食品生产、储藏必需的，存在合理的工艺需求，具有其他物质不能实现的特定用途。

1.4.4 我国对食品添加剂的管理

1.4.4.1 法律法规体系

我国于1973年成立"食品添加剂卫生标准科研协作组"，开始有组织、有计划地管理食品添加剂。1977年制定了最早的《食品添加剂使用卫生标准（试行）》（GBn50—1977），1980年在原协作组基础上成立了中国食品添加剂标准化技术委员会，并于1981年制定了《食品添加剂使用卫生标准》（GB2760—1981），于1986年、1996年先后进行了修订，改为GB2760—1996（于1997年4月颁布）。此外，1992年颁布了《食品添加剂生产管理办法》，1993年颁布了《食品添加剂卫生管理办法》，1995年正式颁布了曾于1983年开始试行的《中华人民共和国食品卫生法》，2009年实施《中华人民共和国食品安全法》。这些标准的颁布和法律法规的实施大大加强了我国食品添加剂的有序生产、经营和使用，保障了广大消费者的健康和利益。

在我国，食品添加剂的使用要严格遵守国家法规，经过二十多年来的建设和发展，我国已经形成了有关食品添加剂的法律、法规和标准管理体系，主要有：

《中华人民共和国刑法》

《中华人民共和国食品安全法》

《食品安全国家标准　食品添加剂使用标准》

《食品营养强化剂使用卫生标准》

《食品安全国家标准　复配食品添加剂通则》

《食品标签通用标准》

《食品安全风险监测管理规定（试行）》

《食品安全风险评估管理规定（试行）》

《食品安全性毒理学评价程序与方法》

《食品添加剂生产许可审查通则》

《食品添加剂生产监督管理规定》

《食品添加剂生产企业卫生规范》

《食品添加剂新品种管理办法》（代替《食品添加剂卫生管理办法》）

《食品添加剂新品种申报与受理规定》

还有有关产品质量和规格的国家标准、行业标准200多个，这些法律、法规和标准，对于我国食品添加剂的安全性起到了积极的促进作用。

（1）《中华人民共和国食品安全法》

针对多头监管、政出多门的现状，国务院设立食品安全委员会，作为高层次的议事协调机构，对食品安全监管工作进行协调和指导。理顺了食品安全法监管体制，卫生行政部门承担综合协调职责，由质监部门负责生产环节的监管、工商部门负责流通环节的监管、食药部门负责餐饮服务环节的监管。规定

国家建立食品安全风险监测和评估制度，对食源性疾病、食品污染以及食品中的有害因素进行监测，对食品、食品添加剂中生物性、化学性和物理性危害进行风险评估，可以发现食品中的潜在风险，做到预防在先。明确要统一制定食品安全的国家标准。强化了食品生产者和经营者的法律责任。特别明确要对食品添加剂加强监管。食品添加剂应当在技术上确有必要且经过风险评估证明安全可靠，方可列入允许使用的范围，严禁往食品里添加目录以外的物质。加大了对违法行为的处罚力度。

《中华人民共和国食品安全法实施条例》于2009年7月20日颁布实施。

（2）《食品安全国家标准　食品添加剂使用标准》

根据申请，通过安全风险评估，确定允许使用的新食品添加剂品种以及现有食品添加剂的使用范围和最大使用量。所有这些信息都会被列入《食品安全国家标准　食品添加剂使用标准》或以公告形式公布（在修订时列入）。

为了规范食品添加剂的使用，根据《食品卫生法》制定了GB 2760《食品添加剂使用卫生标准》，2003年开始组织最重要的一次修订，并于2008年6月1日实施。在修订中以国际标准为基础，结合我国实际，制定、建立我国食品添加剂分类体系，各类食品分类框架及说明。在标准中确定食品添加剂的术语、定义、使用原则与一般要求等内容，为指导食品添加剂生产、应用及监督部门正确使用食品添加剂标准提供了依据；将食品添加剂酶制剂菌种纳入清单（或列表）管理，进一步保障了酶制剂的安全性。标准分别按食品添加剂汉语拼音顺序和食品分类号顺序对食品添加剂在不同食品中的使用量和残留量等做了规定，方便人们从不同方面查阅和了解食品添加剂的许可使用情况。

GB 2760—2007不同于1996版本的一个显著特点就是引入了食品分类系统。食品分类系统是为了更好地说明添加剂使用范围，对食品类别采用标准化表示方法，用于界定食品添加剂的使用范围，是食品添加剂在使用中的定位方法。食品分类系统适用于所有食品，包括那些不允许使用添加剂的食品。

食品分类系统基于以下原则：

① 食品分类系统是分层次的。如允许某一食品添加剂应用于某一食品总的类别时，则允许其应用于该食品类别下的所有亚类，另有规定的除外。同样，如果允许某种食品添加剂应用于某总类下的亚类，也就允许其应用于该亚类下的所有次类以及此次类下的所有食品。反之，却不能向上逆推，擅自扩大食品添加剂的应用范围。例如，食品分类系统中，14.6为固体饮料，14.6.1为果香型固体饮料，14.6.2为蛋白型固体饮料，14.6.3为速溶咖啡，14.6.4为其他固体饮料。可以用于14.6固体饮料的食品添加剂既可以用于14.6.1果香型固体饮料，也可以用于14.6.3速溶咖啡。而可以用于14.6.1果香型固体饮料的食品添加剂却不一定能用于14.6.2蛋白型固体饮料，同样，也不一定能用于14.6.3速溶咖啡。

② 食品分类系统是基于食品在市场上的产品表述名称，除非另有说明。

③ 食品分类系统已将残留原则考虑在内。因此，食品分类系统不需因混合食物在其组分中含有准许的、按比例加入的食品添加剂，而对混合食物进行特别表述，如经复合加工过的食物。

④ 采用食品分类系统是为了简化食品添加剂的使用报告，并将其汇编和纳入添加剂使用卫生标准中。

GB 2760—2007《食品添加剂使用卫生标准》参照CAC食品分类和编码系统，以食品分类编号排序规定了食品中允许使用的食品添加剂品种和最大使用量，以方便有关行业查询。

根据2009年实施的《中华人民共和国食品安全法》，再一次对《食品添加剂使用卫生标准》进行了重要修订：修改了标准名称；增加了2007年至2010年第4号卫生部公告的食品添加剂规定，调整了部分食品添加剂的使用规定；删除了表A.2食品中允许使用的添加剂及使用量；调整了部分食品分类系统，并按照调整后的食品类别对食品添加剂使用规定进行了调整；增加了食品用香料、香精的使用原则，调整了食品用香料的分类；增加了食品工业用加工助剂的使用原则，调整了食品工业用加工助剂名单。

新修订的《食品安全国家标准 食品添加剂使用标准》对食品生产企业、食品添加剂经营部门及监督管理部门，都具有十分重要的意义和作用。着力解决了原标准不适应我国食品工业需求及食品安全监管的突出问题，更有利于我国食品生产和参与国际贸易、交流。

1.4.4.2 监管体系

（1）国家卫生部门对食品添加剂的监管

根据《中华人民共和国食品安全法》第五条 国务院卫生行政部门依照本法和国务院规定的职责，组织开展食品安全风险监测和风险评估，会同国务院食品安全监督管理部门制定并公布食品安全国家标准。

根据《中华人民共和国食品安全法》和《中华人民共和国食品安全法实施条例》有关规定，卫生部颁布实施《食品添加剂新品种管理办法》规定了申请食品添加剂新品种生产、经营、使用（包括申请食品添加剂品种扩大使用范围或者用量的）或者进口的单位或者个人应提交的材料，和卫生部的职责，以及食品添加剂新品种行政许可的具体程序。

《中华人民共和国食品安全法》第三十九条"国家对食品添加剂生产实行许可制度。从事食品添加剂生产，应当具有与所生产食品添加剂品种相适应的场所、生产设备或者设施、专业技术人员和管理制度，并依照本法第三十五条第二款规定的程序，取得食品添加剂生产许可。"

为规范食品添加剂生产企业选址、设计与设施、原料采购、生产过程、贮存、运输和从业人员的基本卫生要求和管理原则，国家卫生部门制定了有关食品添加剂生产企业卫生规范。

（2）国家市场监督管理总局对食品添加剂的监管

① 生产许可监管 作为食品相关产品中的重要组成部分，食品添加剂全面实行市场准入制度，所有食品添加剂产品都被纳入生产许可证管理。国家市场监督管理总局负责管理全国工业产品生产许可证工作。企业生产列入《国家实行工业产品生产许可证制度的工业产品目录》中的食品添加剂产品，必须向企业所在地的省、自治区、直辖市工业产品生产许可证主管部门申请取得生产许可证后方可生产。食品添加剂生产企业必须达到取得生产许可证的条件。

② 生产过程监管 2010年6月《食品添加剂生产监督管理规定》（国家质检总局令第127号）颁布实施，是我国首部专门规范食品添加剂生产的管理规定，对企业提出了更为严格的要求，规定"生产者质量义务"包括：生产者应当对出厂销售的食品添加剂进行出厂检验，合格后方可销售；生产者应当建立原材料采购、生产过程控制、产品出厂检验以及售后服务等的质量管理体系，并做好生产管理记录；食品添加剂包装应当采用安全、无毒的材料，并保证食品添加剂不被污染；生产者应当对生产管理情况，重点是食品添加剂质量安全控制情况进行自查等。此外，如果生产的食品添加剂存在安全隐患的，生产者应当依法实施召回。对从业人员素质、产品场所环境、厂房设施、生产设备或设施的卫生管理以及出厂检验能力等方面提出了更严格的要求。要求食品添加剂标签、说明书不得含有不真实、夸大的内容，不得涉及疾病预防、治疗功能。食品添加剂的标签、说明书应当清楚、明显，容易辨认识读。有使用禁

忌或安全注意事项的食品添加剂，应当有警示标志或者中文警示说明。

③ 食品添加剂使用监管　食品添加剂使用监管包括：a.餐馆现场消费环节食品添加剂使用情况；b.商场、超市、食品店等食品零售部门销售的食品中食品添加剂使用情况；c.大宗交易食品和流通领域食品中食品添加剂使用情况。

相关部门发布食品安全监管有关的信息，组织查处食品安全的违法行为等。

 概念检查 1.2

○ 食品添加剂安全管理的特点是什么？

（www.cipedu.com.cn）

 参考文献

[1]　中华人民共和国食品安全法．
[2]　GB2760 食品安全国家标准　食品添加剂使用标准．
[3]　GB14880 食品营养强化剂使用卫生标准．
[4]　GB7718 预包装食品标签通则．
[5]　GB15193.1 食品安全性毒理学评价程序．
[6]　GB/T12493 食品添加剂分类和代码．
[7]　GB/T14156 食品用香料分类与编码．
[8]　GB12695 食品安全国家标准　食品添加剂生产企业卫生规范．
[9]　高彦祥．食品添加剂．北京：中国轻工业出版社，2011．

 总结

○ 食品添加剂
  - 为改善食品品质和色、香、味，以及为防腐、保鲜和加工工艺的需要而加入食品中的人工合成或者天然物质。
  - 食品用香料、营养强化剂、胶基糖果中基础剂物质、食品工业用加工助剂也包括在内。
  - 按来源分为人工合成食品添加剂和天然食品添加剂。
  - 其应用范围及使用限量必须符合GB2760规定。
○ 人工合成食品添加剂
  - 通常包括自然界中不存在，而是根据性能需要设计、化学合成的食品添加剂；以及自然界中存在，但是采用化学合成方法生产的食品添加剂。
  - 工艺功能：性能强、稳定性好、成本低。
  我国目前允许使用的人工合成食品添加剂种类占多数。
○ 天然食品添加剂
  - 通常是指自然界中存在，且从自然资源中提取分离获得的食品添加剂。

- 一般使用范围宽和允许用量较大，但存在工艺功能不佳、稳定性差、成本高等缺点。
- 有些天然食品添加剂还具有营养保健等功效，受到消费者喜爱。

○ 食品添加剂的安全原则
- 食品添加剂的使用前提是确保安全，对消费者健康的安全风险在可接受范围内。而食品添加剂的安全是通过规范的安全风险评价。

○ 食品添加剂安全管理的特点
- 权威、系统、动态。

○ 食品添加剂使用时应符合的基本要求
- 不应对人体产生任何健康危害；
- 不应掩盖食品腐败变质；
- 不应掩盖食品本身或加工过程中的质量缺陷或以掺杂、掺假、伪造为目的；
- 不应降低食品本身的营养价值；
- 在达到预期效果的前提下尽可能降低在食品中的使用量。

○ 食品添加剂使用的带入原则
- 根据GB2760，食品配料中允许使用该食品添加剂；
- 食品配料中该添加剂的用量不应超过允许的最大使用量；
- 应在正常生产工艺条件下使用这些配料，并且食品中该添加剂的含量不应超过由配料带入的水平；
- 由配料带入食品中的该添加剂的含量应明显低于直接将其添加到该食品中通常所需要的水平。

 课后练习

1. 没有食品添加剂的世界会是什么样子？
2. 我国和欧盟的食品添加剂使用原则有什么不同？
3. 你知道哪些违反 GB2760《食品安全国家标准　食品添加剂使用标准》的事件？
4. 根据图 1-2 和图 1-3 的数据计算我国食品添加剂近几年平均售价变化，分析可能原因。
5. 什么是食品安全风险评估？我国食品添加剂的食品安全风险评估由哪个单位负责？食品添加剂申报新品种需要准备哪些材料？

题1～5答题思路

（www.cipedu.com.cn）

2　调色类食品添加剂

让我们先来想象几个场景：1.走进蛋糕店，看见各色各样裱花蛋糕，是否会吸引你目光，引发你的购买欲？2.或者走进超市，看见货架上五颜六色的鸡尾酒，是否会因它诱人的颜色而选择购买？ 3.如果你是一个甜食爱好者，会对上面这些色彩缤纷的糖果感到陌生吗？相信很多人的答案都是肯定的。色泽是消费者对食品的第一个感性认识，好看的颜色会让人食欲大增，心情愉悦。

 为什么要学习调色类食品添加剂？

颜色是食品最重要的感官质量性状。食品的颜色不仅能增进食欲，还影响人们对风味的感受，是鉴别食品质量优劣的重要感官指标。而食品的色泽在加工过程中，往往因光、热、氧气以及化学物质等因素的影响，出现褐色或变色现象，使食品感官下降。调色即食品色调的调配。食品调色是食品风味设计和调配技术的重要组成，与食品的加工制造工艺和贮运有密切关系。食品添加剂是食品调色的关键性原料，只有全面掌握有关天然食用色素的各种性质，能够根据所用原料、工艺和产品质量要求，以及储运、消费特点，灵活运用食品调色、补色、发色、护色等技术，才能生产出高质量的产品。

👁 学习目标

○ 食品合成着色剂和天然着色剂的特点及使用要求，指出并描述3～5个常见的合成和天然食品着色剂的特性、应用和注意事项。
○ 着色剂生色机理和调色方法。
○ 食品护色剂、助色剂及漂白剂的作用机理。指出并描述2～4个常见的护色剂、助色剂和漂白剂的特性、应用和注意事项。
○ 指出并描述3～5个护色技术和助色技术。

2.1 食品着色剂

食品着色剂（food colorants）又称食品色素，是以食品着色为主要目的的一类食品添加剂。食品的色泽是人们对于食品食用前的第一个感性接触，是人们辨别食品优劣，对其做出初步判别的基础，也是食品质量的一个重要指标。食品天然的颜色，可以预见其营养价值、变质与否以及商品价值的高低。食品若具有鲜艳的色泽不仅可以提高食品的感官性质，给人以美的享受，还可以引起人们的食欲。反之，若食品在加工过程中，由于受到光、热、氧气或化学药剂作用等各种原因，使天然色素褐色或造成食品色变而失去光泽，引起色泽失真，会使人产生一种不协调的食品变质错觉，从而严重影响食品的感官质量。因此，在食品加工中为了更好地保持或改善食品的色泽，需要向食品中添加一些食品着色剂。

食用着色剂是食品添加剂的重要组成部分，不仅广泛应用于饮料、酒类、糕点、糖果等食品，以改善其感官质量，而且也大量用于医药和化妆品生产中。目前常用于食品的着色剂有六十多种，按其来源和性质分为食品合成着色剂和食品天然着色剂两类。

食品合成着色剂，也称食品合成色素，是以苯、甲苯、萘等化工产品为原料，经过磺化、硝化、卤化、偶氮化等一系列有机合成反应所制得的有机着色剂。合成着色剂有着色力强、色泽鲜艳、不易褪色、稳定性好、易溶解、易着色、成本低的特点，但其安全性低。按其化学结构可分为两类：偶氮类色素（苋菜红、胭脂红、日落黄、柠檬黄、新红、诱惑红、酸性红等）和非偶氮类色素（赤藓红、亮蓝、靛蓝等）。偶氮类色素按其溶解度不同又分为油溶性和水溶性两类。油溶性偶氮类色素不溶于水，进入人体内不易排出体外，毒性较大，目前基本上不再使用。水溶性偶氮类色素较容易排出体外，毒性较低，现在世界各国使用的合成色素大部分是水溶性偶氮类色素和它们各自的铝色淀。

食品天然着色剂，也称食品天然色素，主要是指从动、植物和微生物中提取的着色剂，一些品种还具有维生素活性（如β-胡萝卜素），有的还具有一定的生物活性功能（如栀子黄、红花黄等）。其品种繁多，色泽自然，而且使用范围和用量都比合成着色剂宽，但也存在成本高、着色力弱、稳定性差、容易变质，一些品种还有异味、异臭、难以调出任意色等缺点。近年来天然着色剂的开发应用发展很快，一些国家天然着色剂的用量已超过合成着色剂。食品天然色素按其来源不同，主要有以下三类：①植物色素，如甜菜红、姜黄、β-胡萝卜素、叶绿素等；②动物色素，如紫胶红、胭脂虫红等；③微生物类，如红曲红等。按其化学结构可以分成六类：①四吡咯衍生物（卟啉类衍生物），如叶绿素等；②异戊二烯衍生物，如辣椒红、β-胡萝卜素、栀子黄等；③多酚类衍生物，如越橘红、葡萄皮红、玫瑰茄红、萝卜红、红米红等；④酮类衍生物，如红曲红、姜黄素等；⑤醌类衍生物，如紫胶红、胭脂虫红等；⑥其他，如甜菜红等。按照溶解性质的不同，食品天然着色剂可分为水溶性和油溶性两类。但是其溶解性是可以改变的，如β-胡萝卜素不溶于水，在脂肪为主的食品中溶解较慢，且易被氧化，但经工艺处理后，则可以转变为可溶于水、油，又可延缓氧化。

在19世纪中叶以前，主要是应用一些比较粗制的天然色素作为食品着色剂；随着化学工业的发展，合成色素相继问世，并以其具有色泽鲜艳、稳定性好、着色力强、适于调色、易于溶解、品质均一、无臭无味以及价格便宜的优点，很快就取代了食品天然着色剂在食品中的应用。部分研究结果引起对食品合成着色剂安全性问题的关注。所以，食品着色剂，特别是食品天然着色剂的研究与开发有着广阔的发展前景和很大的市场潜力。

2.1.1 食品的着色与调色

2.1.1.1 着色剂的发色机理

自然光是由不同波长的电磁波组成的，波长在400~800nm之内为可见光，在该光区内不同波长的光显示不同的颜色。任何物体能形成一定的颜色，主要是因为其色素分子吸收了自然光中部分波长的光，它呈现出来的颜色是由反射或透过未被吸收的光所组成的综合色，也称为被吸收光波组成颜色的互补色。例如，如果物体吸收了绝大部分可见光，那么物体反射的可见光非常少，物体就呈现出黑色或接近黑色；如某种物质选择吸收了波长为510nm的绿色光，而人们看见它呈现的颜色是紫色，因为紫色是绿色光的互补色。不同波长光波相应的颜色及肉眼所见到的颜色见表2-1。

表2-1 不同波长的光波和颜色的关系

吸收光波		互补色
波长 /nm	相应颜色	
400	紫	黄绿
425	蓝青	黄

续表

吸收光波		互补色
波长 /nm	相应颜色	
450	青	橙黄
490	青绿	红
510	绿	紫
530	黄绿	紫
550	黄	蓝青
590	橙黄	青
640	红	青绿
730	紫	绿

食品的主要色素都属于有机化合物，其共价键有σ键和л键，并具有三种不同性质的价电子。根据分子轨道理论，当两个原子结合成分子时，两个原子的原子轨道线性组合成两个分子轨道。其中一个具有较低能量的叫做成键轨道，另一个具有较高能量的叫做反键轨道。它们的成键轨道用σ和л表示，反键轨道用σ*和л*表示，处在相应轨道上的电子称作σ电子和л电子；此外还有未成键的孤对电子，称为n电子。电子通常在成键轨道上，当分子吸收能量后可以激发到反键轨道上。根据电子跃迁理论，当化合物吸收光能时，低能级电子吸收光子的能量，从轨道能量较低的基态跃迁到轨道能量较高的激发态。有机化合物的电子跃迁主要有四种：σ→σ*、л→л*、n→σ*、n→л*。不同轨道之间跃迁所需要的能量不同，即需要不同波长的光激发。

烷烃分子中所有的分子轨道都是σ轨道，当吸收相当能量的光子后，电子由成键轨道跃迁到反键轨道上，即发生σ→σ*跃迁。σ与σ*之间的能级差最大，相应的激发光波长较短，在150～160nm，落在远紫外区，所以不显色。

不饱和有机分子中，不饱和键中的л电子吸收能量跃迁到л*反键轨道发生л→л*跃迁。孤立双键的跃迁产生的吸收带位于160～180nm，仍在远紫外区，也不显色，如乙烯是无色的。但在共轭双键体系中，电子在这种共轭轨道中易于运动，能量较高，其跃迁吸收带会向长波方向移动。随着共轭双键数目的增多，吸收光波长向可见光区域移动。共轭体系越大，电子跃迁所需要的能量越小，吸收光的波长就越长，直至进入可见光区域，使化合物变为有色。n→σ*跃迁是氧、氮、硫、卤素等杂原子的未成键n电子向σ反键轨道跃迁。当有机色素分子中含有—NH₂、—OH、—SR、—X等基团时，就会发生这种跃迁。其吸收值一般出现在200nm附近，受杂原子的影响较大。

当不饱和化合物色素的不饱和键上连有杂原子（如C═O、—NO₂）时，杂原子上的n电子能跃迁到л*轨道。n→л*跃迁是四种跃迁中所需能量最小的，它所对应的吸收带位于270～300nm的近紫外区。若与其他双键基团形成共轭体系，其吸收带将红移，进入可见光区，从而呈现出一定的颜色。

凡是有机化合物分子在紫外区和可见光区内有吸收带的基团，称为发色团或生色团。把那些本身在紫外区和可见光区不产生吸收带，但与生色团相连后，能使生色团的吸收带向长波方向移动的基团称为助色团。食品着色剂中主要的生色团有C=C、C=O、—CHO、—COOH、—N=N—、—N=O、—NO$_2$、C=S等。它们都是不饱和基团，都含有π电子，都能发生$\pi \rightarrow \pi^*$、$n \rightarrow \pi^*$跃迁。常见的助色团有—OH、—OR、—NH$_2$、—NHR、—NR$_2$、—SH、—Cl等。它们都有饱和的杂原子。当助色团与生色团相连时，饱和杂原子上的n电子能影响相邻生色团的π轨道状态和能级大小，使吸收带向长波方向移动。在色素物质中，助色团的个数或取代位置不同，表现出的颜色也会不相同。

食物中的着色剂化合物都是由生色团和助色团组成的，它们相互作用会引起化合物分子结构的变化，从而表现出着色剂的不同颜色。

概念检查 2.1

○ 食品为什么会有颜色？举例说说。

（www.cipedu.com.cn）

2.1.1.2　食品着色的色调选择

食品大多具有丰富的色彩，而且其色调与食品内在品质和外在美学特性具有密切的关系。因此，在食品加工生产过程中，特定食品采用什么色调是至关重要的。食品着色色调的选择是依据心理或习惯对食品颜色的要求，以及色与风味、营养的关系。要注意选择与特定食品应有的色泽基本相似的着色剂或根据拼色原理调制出相应的特征颜色。如樱桃罐头、杨梅果酱应选择相应的樱桃红、杨梅红色调，红葡萄酒应选择紫红，白兰地选择红棕色等。而糖果颜色可以依其香型特征来选择，如薄荷糖多用绿色、橘子糖多用红色或橙色、巧克力糖多用棕色等。

有些产品，尤其是带壳、带皮食品，在不对消费者造成错觉的前提下可使用较为艳丽的色彩，像彩豆、彩蛋等。然而，有些产品在不使消费者误解的前提下，为了吸引消费者注意，可以使用艳丽的色彩或与原食品色彩相异的颜色，如"异彩食品"——白色咖啡、绿色面包、黑色豆腐等。此外，由于民族、地区的民族习惯和宗教活动差异，常常有些与常规不同的食品颜色，可以根据实际情况合理选择使用着色剂。但也不可以乱用，起码要符合特定的消费心理，不然会适得其反。

2.1.1.3　食品着色色调的调配

由于食品着色对于色调的要求是千变万化的，所以为了丰富着色剂的色彩，满足生产的需要，需将着色剂按不同比例调配。红、黄、蓝为基本三原色，理论上可采用三原色依据其比例和浓度调配出除白色以外的各种不同色调，而白色可用于调整彩色的深浅。其最基本的调色原理为：

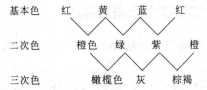

依据拼色原理的减色法，可以调配出任何所需要色调的颜色。由于天然色素坚牢度低、易变色和对环境的敏感性强等缺点，不易于拼色调配，而往往只用于合成色素。在调配过程中，各种着色剂溶解于不同溶剂时，可产生不同的色调和强度，尤其是在使用两种或数种着色剂拼色时，情况更为显著。例如某一定比例的红、黄、蓝三色混合物，在水溶液中的颜色较黄，而在50%酒精中则会较红。同时，因各

种色素稳定性不同，而可能导致合成色调的变化，如靛蓝褪色较快，而柠檬黄不易褪色，尤其合成的绿色会逐渐转变为黄绿色。食品色彩的调配还涉及许多其他方面的知识，除了要了解消费者的消费心理和食品着色剂的使用要求外，还要具有诸多美学和民族习惯的知识。在调配时，要综合考虑各种因素，生产出更具有美感和符合消费者习惯的食品。

食品的某些特色正是通过各种色调的颜色以及各种颜色的调配来表现，所以应注意各种色素的表现力所具有的特定条件、对象及使用要求，如果滥用会适得其反。总之，食品着色剂色调的调配牵涉很多因素，还需要通过实验和经验来决定。

 概念检查 2.2

○ 中国人讲究色香味俱全，"色"总是在第一位，如何
　为食品调出宜人的色泽？

（www.cipedu.com.cn）

2.1.2　食品合成着色剂与应用

食品合成着色剂（食品合成色素）是利用有机物人工化学合成的有机色素。由于油溶性合成着色剂毒性很大，目前世界各国允许使用的食品合成着色剂几乎全是水溶性色素。在许可使用的食品合成着色剂中，还包括它们各自的色淀。色淀是由水溶性着色剂沉淀在许可使用的不溶性基质上制备的一种特殊着色剂制品，因为基质部分多为氧化铝，所以又称为铝色淀。铝色淀的耐光性及耐热性均优于原来允许使用的合成着色剂。同时，不被人体吸收而毒性较小的高分子聚合着色剂也在积极开发研究中。

食品合成着色剂的安全性问题日益受到重视，各国对其都有严格的限制，不仅在品种、质量、用途和用量上有明确的限制性规定，而且对生产企业也有明确的限制，因此在生产中实际使用的品种正在减少。但由于合成着色剂有着色力强、色泽鲜艳、不易褪色、稳定好、易溶解、易着色、成本低的优点和食品工业发展的需要，世界总的使用量仍在上升。我国目前允许使用的食品合成着色剂有10种，现将我国允许使用的食品合成着色剂介绍如下。

2.1.2.1　常用食品合成着色剂

（1）苋菜红（amaranth，CNS：08.001，INS：123）

又称杨梅红、鸡冠紫红、蓝光酸性红、食用红色2号，为水溶性偶氮类着色剂。分子式$C_{20}H_{11}N_2Na_3O_{10}S_3$，分子量604.49。其结构式如下：

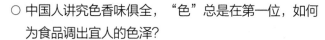

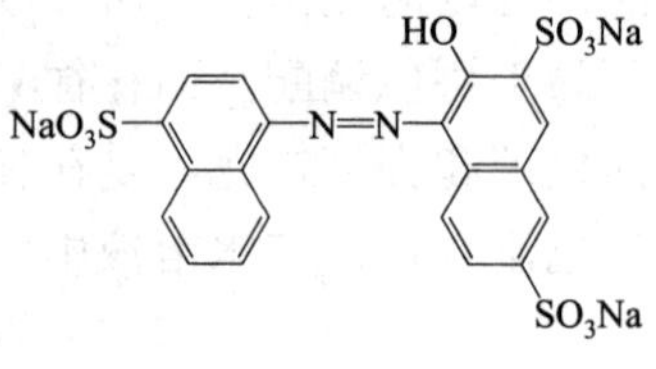

性状与性能：为红褐色或紫色均匀粉末或颗粒，无臭。易溶于水，可溶于甘油及丙二醇，微溶于乙醇，不溶于油脂等其他有机溶剂。水溶液带紫色。耐光、耐热性强，耐细菌性差，对氧化还原敏感，对柠檬酸、酒石酸稳定，而遇碱则变为暗红色。其与铜、铁等金属接触易褪色，易被细菌分解，耐氧化、还原性差。

着色性能：着色力较弱，在浓硫酸中呈紫色，在浓硝酸中呈亮红色，在盐酸中为黑色沉淀，而色素粉末有带黑的倾向。由于对氧化还原作用敏感，故不适合于发酵食品中使用。

（2）胭脂红（ponceau 4R，CNS：08.002，INS：124）

又称丽春红4R、大红、亮猩红、食用红色102号，为水溶性偶氮类着色素。分子式为$C_{20}H_{11}N_2Na_3O_{10}S_3$，分子量604.46。其结构式如下：

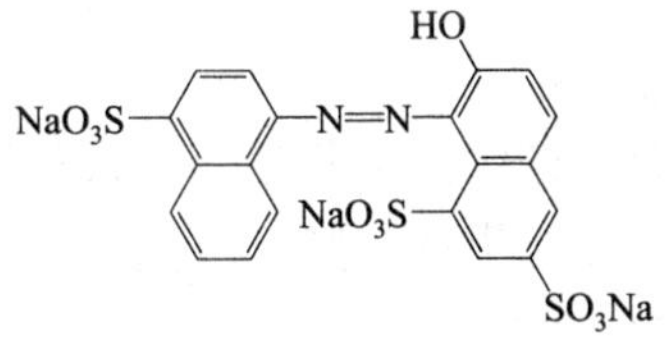

性状与性能：为红色至深红色均匀粉末或颗粒，无臭。易溶于水，水溶液呈红色；溶于甘油，微溶于乙醇，不溶于油脂。胭脂红稀释性强，耐光、耐酸性、耐盐性较好，耐热性强，但耐还原性差，耐细菌性也较弱，遇碱变为褐色。对柠檬酸、酒石酸稳定。

着色性能：因胭脂红耐还原性差，不适合在发酵食品中使用，其着色力较弱。0.1%的胭脂红水溶液为红色的澄清液，在盐酸中呈棕色，并会产生黑色沉淀。

（3）赤藓红（erythrosine，CNS：08.003，INS：127）

又称樱桃红、四碘荧光素、新品酸性红、食用色素红3号，为水溶性非偶氮类着色剂。分子式为$C_{20}H_6I_4Na_2O_5 \cdot H_2O$，分子量897.88。其结构式如下：

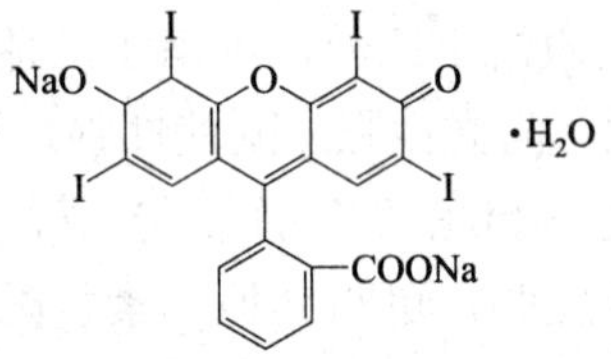

性状与性能：为红至红褐色均匀粉末或颗粒，无臭。吸湿性强，易溶于水，可溶于乙醇、甘油和丙二醇，不溶于油脂。0.1%水溶液呈微蓝的红色，酸性时生成黄棕色沉淀，碱性时产生红色沉淀，耐热、耐还原性强，但耐光、耐酸性差。

着色性能：具有良好的染色性，尤其对蛋白质的染色。在需高温焙烤的食品和碱性及中性的食品中着色力较其他红色合成着色剂强。

（4）新红（new red，CNS：08.004）

又称桃红，为水溶性偶氮类着色剂。分子式为$C_{18}H_{12}O_{11}N_3Na_3S_3$，分子量611.45。其结构式如下：

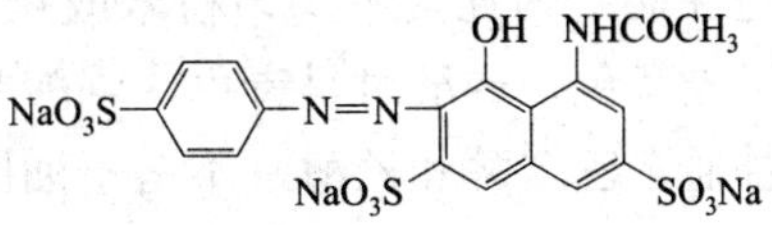

性状与性能：为红色均匀粉末，无臭。易溶于水呈红色溶液，微溶于乙醇，不溶于油脂。具有酸性染料特性。遇铁、铜易变色，对氧化还原较为敏感。

着色性能：新红的着色性能与苋菜红相似。

（5）柠檬黄（tartrazine，CNS：08.005，INS：102）

又称酒石黄、酸性淡黄、肼黄、食用黄色4号，为水溶性偶氮类着色剂。分子式为$C_{16}H_9N_4Na_3O_9S_2$，分子量534.36。其结构式如下：

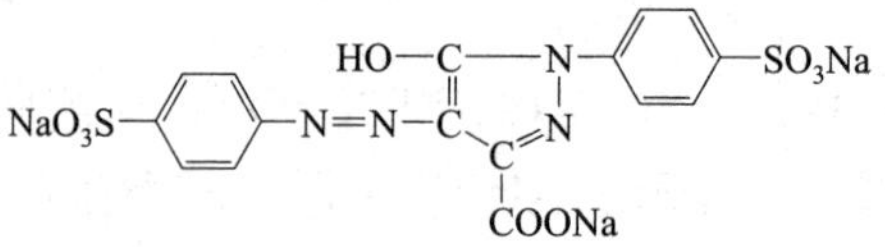

性状与性能：为橙黄至橙色均匀粉末或颗粒，无臭。易溶于水、甘油、乙二醇，微溶于乙醇，不溶于油脂，其0.1%的水溶液呈黄色。耐热性、耐光性、耐酸性和耐盐性强，但耐氧化性较差，在柠檬酸、酒石酸中稳定，遇碱微变红，还原时褪色。

着色性能：柠檬黄是着色剂中最稳定的一种，可与其他色素复合使用，匹配性好，调色性能优良，坚牢度高，是食用黄色素中使用最多的，占全部食用色素使用量的1/4以上。

（6）日落黄（sunset yellow，CNS：08.006，INS：110）

又称夕阳黄、晚霞黄、橘黄、食用黄色5号，为水溶性偶氮类着色剂。分子式为$C_{16}H_{10}N_2Na_2O_7S_2$，分子量452.38。其结构式如下：

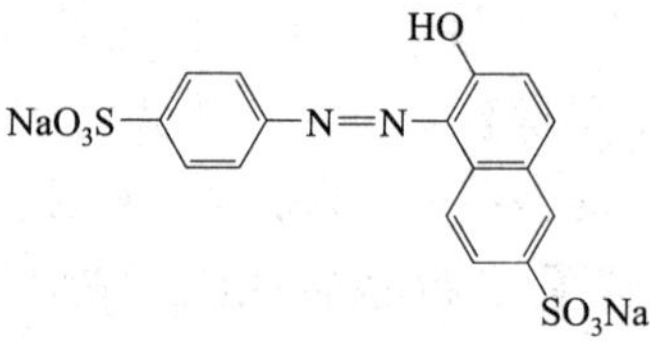

性状与性能：为橙红色均匀粉末或颗粒，无臭。吸湿性，易溶于水、甘油、丙二醇，微溶于乙醇，不溶于油脂。溶于浓硫酸得橙色液，用水稀释后呈黄色。耐热性、耐光性强。耐酸性强，遇碱变为带褐色的红色，还原时易褪色。

着色性能：日落黄在酒石酸、柠檬酸中稳定，是着色剂中比较稳定的一种，着色牢固度强，可与其他色素复配使用，其匹配性好。

（7）亮蓝（brilliant blue，CNS：08.007，INS：133）

又称食用青色1号、食用蓝2号，属水溶性非偶氮类着色剂。分子式为$C_{37}H_{34}N_2Na_2O_9S_3$，分子量792.84。其结构式如下：

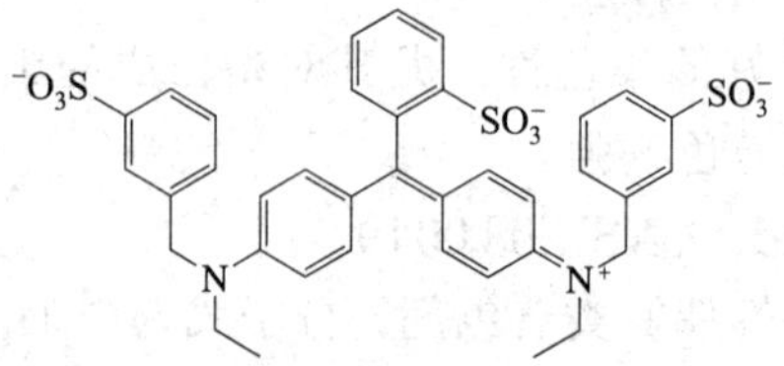

性状与性能：为红紫色均匀粉末或颗粒，无臭，有金属光泽。易溶于水，水溶液呈绿光蓝色，弱酸时呈青色，强酸时呈黄色，在沸腾碱液中呈紫色；其亦可溶于甘油、乙二醇和乙醇，不溶于油脂。耐热性、耐光性、耐碱性强，耐盐性好，耐还原作用较偶氮类色素强，在柠檬酸、酒石酸中稳定，但其水溶液加金属盐后会缓慢地沉淀。

着色性能：亮蓝的色度极强，通常都是与其他食用色素配合使用，如与柠檬黄配成绿色色素。因其色度极强使用量小，一般在0.0005%～0.01%（质量分数）之间。

（8）靛蓝（indigotine，CNS：08.008，INS：132）

又称食品蓝、酸性靛蓝、磺化靛蓝、食用青色2号、食品蓝1号，为水溶性非偶氮类着色剂。分子式为 $C_{16}H_8O_8N_2S_2Na_2$，分子量466.36。其结构式如下：

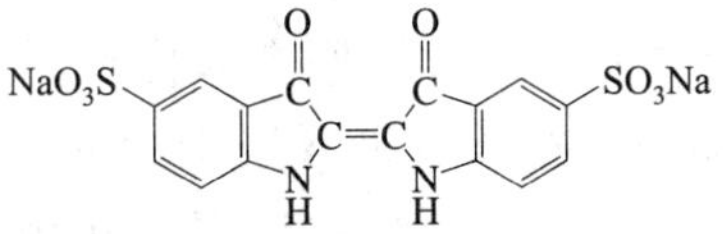

性状与性能：为带铜色光泽的蓝色到暗青色颗粒或粉末，无臭。对水的溶解度较其他合成着色剂低，0.05%水溶液呈蓝色，溶于甘油、丙二醇，难溶于乙醇、油脂。对光、热、酸、碱和氧化均很敏感，耐盐性及耐细菌较弱，遇亚硫酸钠、葡萄糖、氢氧化钠还原褪色。

着色性能：靛蓝有独特的色调，但其着色力差，牢度低，较不稳定，很少单独使用，多与其他着色剂配合使用。

（9）诱惑红（allura red，CNS：08.012，INS：129）

又称艳红、阿洛拉红、食用赤色40号，分子式 $C_{18}H_{14}N_2Na_2O_8S_2$，分子量496.42。其结构式如下：

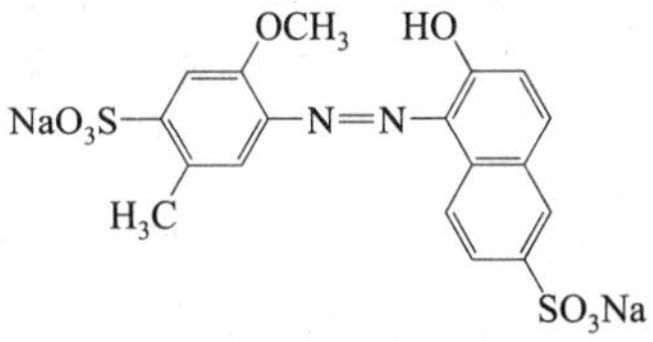

性状与性能：为深红色均匀粉末，无臭。溶于水，中性和酸性水溶液呈红色，碱性呈暗红色，其对含二氧化硫或氢离子（pH≥3）的水溶液耐受性佳，可溶于甘油与丙二醇，微溶于乙醇，不溶于油脂。耐光、耐热性强，耐碱及耐氯化还原性差。在10%苹果酸、柠檬酸、乙酸和酒石酸溶液中无变化，在糖类溶液中也稳定。

着色性能：诱惑红着色牢固度较强。

（10）酸性红（carmoisine，CNS：08.013，INS：122）

又称偶氮玉红（azorubine）、食品红3号，分子式为 $C_{20}H_{12}N_2Na_2O_7S_2$，分子量502.42。其结构式如下：

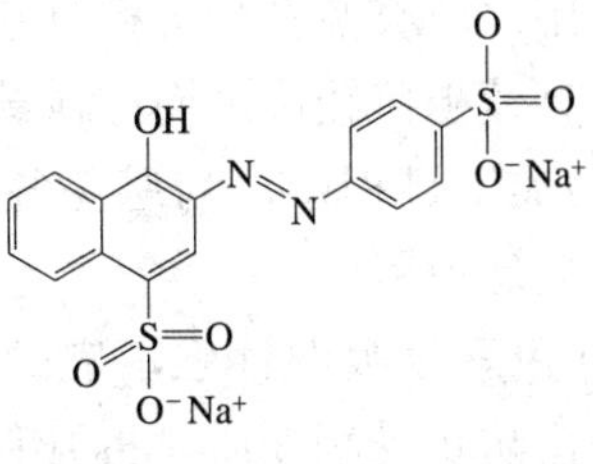

性状与性能：为红色颗粒或粉末，无臭。易溶于水，溶于甘油、丙二醇，不溶于油脂和乙醚，其水溶液呈带蓝的红色，发浅黄色荧光。耐热、耐光、耐碱、耐氧化、耐还原及耐盐等性能均佳。

着色性能：酸性红是食用焦油色素中着色牢固度最强者。

2.1.2.2　食品合成着色剂应用

2.1.2.2.1　简介

食品合成着色剂的发展经历了一个曲折过程，主要是由于其安全性问题所引起。19世纪中叶以前，

应用的主要是从生物原料中提取的比较粗制的天然色素，由于受当时工业水平限制，数量和品种远远得不到满足。1956年英国人W. H. Perkins采用有机方法首次合成第一个人工染料苯胺紫，从而开创了染料合成工业的新纪元。由于人工合成着色剂色泽鲜艳、稳定性好、着色力强、适于调色、易于溶解、品质均一、无臭无味、价格便宜的优点，很快取代了食品天然着色剂在食品中的应用。到19世纪末全世界用于食品着色的合成色素达到700余种。但由于当时缺乏对添加剂安全性的认识，其普遍使用导致了许多病症的发生，并严重危害了人们的健康。1900年德国人Hesse开始对庞大的合成染料体系进行毒理学调查。1974年联合国粮农组织（FAO）及世界卫生组织（WHO）开始规定各种食用色素的ADI值，其后每10年对各种食用色素的ADI值修订一次。

2.1.2.2.2　食品合成着色剂的使用

① 添加食品色素时，要严格执行规定标准，并准确称量，以免形成色差。对于同种颜色着色剂，品种不同，色泽不同，必须通过试验确定换算用量后再大批量使用。

② 食品着色剂一定要配成溶液后再使用。若直接使用，着色剂粉末不易在食品中分布均匀，可能形成颜色斑点，所以一般用适当的溶剂将着色剂溶解，配成浓度为1%～10%的溶液后再使用。配制溶液要使用蒸馏水或冷开水，配制时尽量不用金属器皿，宜用玻璃、陶器、搪瓷、不锈钢和塑料器具，以避免金属离子对色素稳定性的影响。

③ 染色适度。使用食品合成着色剂时，即使不超过食用标准，也不要将食品染得过于鲜艳，而要掌握分寸，尤其要注意符合自然和均匀统一。

④ 在使用混合着色剂时，要用溶解性、浸透性、染着性等性质相近的着色剂，并防止褪色与变色的发生。并应考虑色素间和环境等的影响，如亮蓝和赤藓红混合使用时，亮蓝会使赤藓红更快地褪色；而柠檬黄与亮蓝拼色时，如受日光照射，亮蓝褪色较快，而柠檬黄则不易褪色。

⑤ 在食品加工过程中，为避免各种因素对合成色素的影响，色素的加入应尽可能放在最后使用。

⑥ 水溶性色素因吸湿性强，宜贮存于干燥、阴凉处，长期保存时，应装于密封容器中，防止受潮变质。拆开包装后未用完的色素，必须重新密封，以防止氧化、污染和吸湿造成的色调变化。

2.1.2.2.3　食品合成着色剂的发展趋势

目前，食品合成着色剂的发展方向主要为人工合成天然等同物色素和高分子聚合物色素，这主要是基于其安全性好的原因。同时，还将对合成色素使用性能进行改造，使其应用面不断扩大。

天然等同物色素是指通过化学合成自然界本身存在的、安全无毒且稳定性较好的天然色素。例如，目前世界上食品工业所使用的β-胡萝卜素，基本是由化学合成工艺生产的。同时通过与乳化剂等成分复合改变其溶解性能，除了脂溶性β-胡萝卜素，还有水溶性β-胡萝卜素。

对于性能非常优良但有一定毒性的食品合成色素，近年来国外已研究成功一类新的不被人体吸收的大分子聚合物合成色素。研究表明，人体对物质的吸收在分子量上是有一定限度的，分子量400的聚乙二醇进入人体后有98%被迅速排出。但食用合成色素的分子量高于1000时，其实际吸收小于1%，可认为其实际吸收为零。因此，将一定的有色化合物与某一惰性的聚合物主干相连，制成大分子聚合物，这种大分子化合物具有与有色化合物相似的光谱，并可使之对食品着色。由于聚合着色剂分子巨大，不被人体所吸收，不能进入血液，从而可大大降低或者不会对身体产生危害。其研究的主要内容是：探寻稳定的发色团、聚合着色剂不吸收性的确定以及使用性和坚牢度等实用功效。美国Dynapol公司通过大量筛选实验和一系列安全实验，已制得三种红色和一种黄色聚合色素，红色的分子量为30000，黄色的分子量为130000，分别具有类似苋菜红和柠檬黄的光谱特征，色泽稳定，并经同位素标记证实几乎完全不会吸收，可适用于多种食品着色。

2.1.3　食品天然着色剂与应用

食品天然着色剂以植物性着色剂占多数。天然食品着色剂不仅安全，而且许多具有一定的营养价值和生理活性，如β-胡萝卜素不仅是食品天然着色剂，同时还是一种重要的营养强化剂，在防癌抗癌和预防心血管疾病方面也有明显作用。目前，许多国家和地区都致力于天然着色剂的发掘和研制。由于食品天然着色剂的安全性较高，世界各国许可使用的品种和用量都在不断增加，国际上开发出的天然着色剂已有100种以上。大力发展天然着色剂已成为食品着色剂的发展方向。

天然着色剂作为食品添加剂的一种已经被人们所接受，而且随着人们对食品添加剂安全性意识的提高，大力开发"天然、营养、多功能"的食用天然色素将越来越得到人们重视。但天然着色剂来自天然产物，成分复杂，而且有的未经完全分离、精制和鉴定，所以研究天然色素中成分的结构、性质及其功能性和安全性也是食用天然色素面临的重要课题。

2.1.3.1　常见食品天然着色剂

目前我国允许使用的食品天然着色剂主要有以下几类：

2.1.3.1.1　吡咯类天然着色剂

吡咯类衍生物色素广泛存在于绿色植物叶绿体中，主要包括叶绿素及其盐类。这种化合物分子中存在共轭双键并形成闭合的共轭体系，因而能够呈现各种颜色。

在适当的环境中，叶绿素分子中的镁原子可被其他金属所取代，其中以叶绿素铜钠的色泽最为鲜亮，对光、热稳定，制法也简便，故在食品工业中有着重要的作用。

叶绿素铜钠盐［sodium copper chlorophyllin，CNS：08.009，INS：141（ⅱ）］

叶绿素铜钠盐是由叶绿素经皂化后，用铜离子取代叶绿素中的镁离子得到的较高色光强度的稳定络合物，进一步水解，生成水溶性叶绿酸铜络合物。叶绿素铜钠盐为叶绿素铜钠a和叶绿素铜钠b的混合物。其结构式如下：

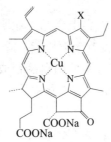

结构式中X为—CH₃（a系列），或为—CHO（b系列）

性状与性能：为墨绿色粉末或深绿色液体，无臭或微带氨的气味。易溶于水，略溶于醇和氯仿，几乎不溶于乙醚和石油醚。水溶液呈透明蓝绿色，若含有钙离子，则有沉淀析出。叶绿素铜钠盐的耐光性比叶绿素强得多。

着色性能：叶绿素铜钠盐着色坚牢度强，色彩鲜艳。但在酸性食品或含钙食品中食用时产生沉淀，遇硬水亦生成不溶性盐而影响着色性能和色彩。

制备：多以植物或干燥的蚕沙为原料，用丙酮或丁醇等有机溶剂抽提出叶绿素。然后使之与硫酸铜或氯化铜作用，用铜取代叶绿素中的镁，再将其在苛性钠溶液中皂化（用氢氧化钠的甲醇溶液除去甲基和叶绿基酯基），制成膏状或进一步制成粉末。因用膏状叶绿素铜钠盐制成的食品有异味，故以生产粉状为宜。

除美国外，世界其他各国普遍许可使用。叶绿素铜钠盐在使用过程中，为避免出现沉淀，尽量不与硬水或酸性食品或含钙食品一起食用。

2.1.3.1.2 异戊二烯衍生物类天然着色剂

异戊二烯衍生物类是以异戊二烯 $[CH_2\!=\!C(CH_3)\!-\!CH\!=\!CH_2]$ 残基为单元组成共轭双键相连的一类色素。类胡萝卜素是异戊二烯衍生物类色素的代表，是胡萝卜素（carotenes）和其他含氧衍生物叶黄素（xanthophylls）总称，为从浅黄到深红色的一类脂溶性着色剂。

类胡萝卜素广泛分布于生物界中，目前已发现的类胡萝卜素就有600多种，主要存在于植物体中；在动物体中亦有存在，如卵黄、羽毛、贝壳等。类胡萝卜素分子中含有四个异戊二烯单位，中间两个尾尾连接，两端的两个首尾连接，形成一个链状的共轭结构，链的两端可连接不同的基团。可表示为：

类胡萝卜素因为具有高度共轭键发色团，也有一些含有—OH等助色团，所以具有不同的颜色。其对热较稳定，但含有许多双键，因此易被氧、脂肪氧化酶、氧化剂所氧化而褪色，并且光照、金属元素（如铜、锰、铁）和过氧化物都可以加速其氧化。类胡萝卜素色素按其化学结构和溶解性，可分为：胡萝卜素类和叶黄素类。

胡萝卜素类：包括 α-、β-、γ-胡萝卜素和番茄红素。前三者在植物叶子中存在很多，在人体中均能表现出维生素的生理作用，如β-胡萝卜素为维生素A原，由此可见这类着色剂还有很高的营养价值。这类物质为碳氢化合物，为红色、橙色，易溶于石油醚而难溶于乙醇，大量应用于油脂类产品中，也是最为广泛存在的天然色素之一。

叶黄素类：是胡萝卜素含氧衍生物，呈黄色、浅黄和橙色。主要有叶黄素、玉米黄素、辣椒红、栀子黄、叶黄素等，这类色素多溶于乙醇而不溶于乙醚，是常用的食用色素，广泛用作酒类、果汁、饮料、糕点、酱菜等的着色剂。

类胡萝卜素类是国际公认的具有生理活性功能的抗氧化剂，为单线态氧有效猝灭剂，能清除羟基自由基，在细胞中与细胞膜中脂类相结合，能有效抑制脂质氧化。近年有报道，其在抗癌、抗衰老等方面也有不少新的功能，因此类胡萝卜素色素是一类开发前景十分广阔的功能性食品添加剂。

（1）β-胡萝卜素 [β-carotene，CNS：08.010，INS：160a（i）、160a（iii）、160a（iv）]

β-胡萝卜素广泛存在于胡萝卜、南瓜、辣椒等蔬菜中，水果、谷类、蛋黄、奶油中的含量也比较丰富。可以从这些植物或盐藻中提取制得，现在多用合成法制取。其结构式如下：

性状与性能：为深红紫色至暗红色有光泽的微晶体或结晶性粉末，微有异臭和异味。不溶于水、甘油、酸和碱，难溶于甲醇、乙醇、丙酮，可溶于苯、氯仿、石油醚和橄榄油等植物油。色调在低浓度时呈黄色，在高浓度时呈橙红色。在一般食品的pH值范围（pH2～7）内较稳定，且不受还原物质的影响，但对光和氧不稳定，受微量金属、不饱和脂肪酸、过氧化物等影响易氧化，重金属尤其是铁离子可促使其褪色。

对于人工合成β-胡萝卜素，欧美各国将其视为天然着色剂或天然同一着色剂，而日本将其作为合成着色剂。我国现已成功从盐藻中提制出天然β-胡萝卜素，并已正式批准许可使用。

着色性能：为非极性物质和油溶性色素，对油脂性食品有良好的着色性能，如用于人造奶油、干酪等。在果汁中与维生素C同时使用，可提高其稳定性。

天然β-胡萝卜素安全性高，是FAO/WHO食品添加剂联合专家委员会确定的A类优秀食品添加剂。为使β-胡萝卜素分散于水中，可采用羧甲基纤维素等作为保护胶体制成胶粒化制剂。

（2）辣椒红（paprika red，CNS：08.106）

辣椒红是将辣椒属植物的果实用溶剂提取后去除辣椒素制得，其主要着色物质为辣椒红素，是存在于辣椒中的类胡萝卜色素，分子式$C_{40}H_{56}O_3$，分子量584.85。其结构式如下：

性状与性能：具有特殊气味和辣味的深红色黏性油状液体，产品通常为两相混合物，无悬浮物，主要风味物质为辣椒素。其几乎不溶于水，溶于大多数非挥发性油，部分溶于乙醇，不溶于甘油。乳化分散性、耐热性和耐酸性均好，耐光性稍差。Fe^{3+}、Cu^{2+}、Co^{2+}等金属离子能促使其褪色，遇Al^{3+}、Sn^{2+}、Co^{2+}等离子能形成沉淀。在pH值3～12之间颜色不变，再加热到200℃时颜色仍然不变。

着色性能：由于辣椒红油溶性好，乳化分散性、耐热性和耐酸性均好，故应用于经高温处理的肉类食品具有良好的着色能力，如用于酱肉、辣味鸡罐头食品有良好的着色效果。

由于辣椒红不耐光，所以应尽量避光，L-抗坏血酸对本品有保护作用。在使用时，将其乳化制成水

溶液或水分散色素。

（3）栀子黄（gardenia yellow，CNS：08.112，INS：164）

又称黄栀子、藏花素。是由茜草科植物栀子果实用乙醇提取的黄色色素，其主要着色物质为藏花素，属类胡萝卜素系中的藏花酸（$C_{20}H_{24}O_4$）的二龙胆糖酯，α-藏花素水解为藏花酸和葡萄糖，分子式为$C_{44}H_{64}O_{24}$，分子量为976.97。栀子黄的化学结构式如下：

$$\left[\begin{array}{l} \text{—HC—O—CO—C=CH—CH=CH—C=CH—CH=} \\ \ \ \ | \qquad\qquad\quad\ \ | \qquad\qquad\qquad | \\ \text{O (CHOH)}_3 \qquad\ \ \text{CH}_3 \qquad\qquad \text{CH}_3 \\ \ \ | \\ \text{—CH} \qquad\qquad\qquad \text{O} \\ \ \ \ | \qquad\qquad\ | \qquad\quad | \\ \text{CH}_2\text{O—CH—(CHOH)}_3\text{—CH—CH}_2\text{OH} \end{array}\right]_2$$

性状与性能：为橙黄色液体、膏状或粉末。易溶于水，在水中溶解成透明的黄色溶液，可溶于乙醇和丙二醇中，不溶于油脂。其色调几乎不受pH值影响，在酸性或碱性溶液中较β-胡萝卜素稳定，特别是在碱性时黄色更鲜艳。耐盐性、耐还原性和耐微生物特性较好，但耐热性、耐光性及在低pH值时较差。对金属离子（如铅离子、钙离子、铝离子、铜离子、锡离子等）相当稳定，铁离子有使其变黑的倾向。

着色性能：栀子黄着色力强、色泽鲜泽、稳定性好、安全性高，是一种理想的水溶性天然食用黄色素。其在碱性条件下黄色更鲜明，对蛋白质和淀粉染着效果较好，即对亲水性食品有良好的染着力，但在水溶液中不够稳定。

本品不宜使用于酸性饮料，以防褪色，可用于保健品制备。

（4）玉米黄（maize yellow，corn yellow，CNS：08.116）

玉米黄既是一种天然色素，又是生产保健食品的添加剂，作为天然色素已被欧美等许多国家批准为食用色素。其是以黄玉米生产淀粉时的副产品黄麸质为原料提取制得，主要色素成分为玉米黄素（zeaxanthin，分子式为$C_{40}H_{56}O_2$）和隐黄素（cryptoxanthin，分子式为$C_{40}H_{56}O_2$）。其结构式如下：

隐黄素

玉米黄素

性状与性能：玉米黄的形态和颜色与温度有关，高于10℃时为红色油状液体，低于10℃为橘黄色半凝固油状体。不溶于水，可溶于乙醚、石油醚、丙酮和油脂，可被磷脂、单甘酯等乳化剂所乳化。在不同的溶剂中色调有差别，色调不受pH值影响，对光、热等较敏感，40℃以下稳定，高温易褪色，但受金属离子的影响不大。

着色性能：玉米黄为非极性色素，适用于油脂成分高的食品着色。在人造黄油中添加，使制品更接近天然黄油，而且色调稳定。

2.1.3.1.3　多酚类衍生物天然着色剂

多酚类衍生物主要为花青素、花黄素、儿茶素和鞣质类，是植物中水溶性色素的主要成分。多酚类色素在自然界中广泛存在，虽然种类多，颜色艳丽，但坚牢性差，有些在酸、碱环境下易变色，从而限制了它们在食品中的应用。

这类色素为多酚类衍生物，最基本的母核是苯环和γ-吡喃环稠合而成的苯并吡喃。这类色素在自然界中最常见的有花青素、儿茶素和黄酮类色素。

2.1.3.1.3.1　花青素

花青素是一类在自然界分布最广泛的水溶性色素，许多水果、蔬菜和花朵之所以显鲜艳的颜色，就是由于细胞汁液中存在着这类水溶性化合物。它具有C_6-C_3-C_6碳骨架结构，是由苯并吡喃环与苯环组成基本结构的衍生物。花青素多以糖苷的形式存在于植物细胞液中，游离配基很少存在。由于花青素分子中吡喃环上氧原子是四价的，所以非常活泼，并具有碱性，而酚羟基具酸性，所以花青素随介质的pH值变化而改变结构，从而同一种花青素的颜色随环境pH值的改变而改变，花青素一般在pH 7以下显红色，pH 8.5左右显紫色，pH 11则显蓝色或紫色。花青素同时易受氧化、还原剂、温度、金属离子等的影响。

花青素类色素有较好的抗氧化功能，有益于预防冠心病和动脉硬化。其中多数色素有解毒、散寒、引气、和胃的功效。

（1）红米红（red rice red，CNS：08.111）

又称黑米红，是由优质红米经萃取、浓缩制得，其主要着色成分为矢车菊-3-葡萄糖苷的花青素。其结构式如下：

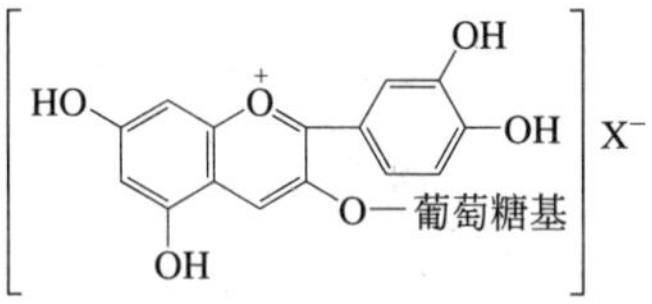

性状与性能：为深红色液体、黑紫色膏状或粉末，易溶于水、乙醇，不溶于丙酮、石油醚。在酸性溶液中呈红色、紫红色，随pH值上升而变成红褐色，碱性时为青褐色和淡黄色，加热则为黄色。其稳定性好，耐热、耐光，但对氧化剂敏感。钠、钾、钙、钡、锌、铜及微量铁离子对它无影响，但遇锡变玫瑰红色，遇铅及多量Fe^{3+}则褪色并产生沉淀。

着色性能：主要用于饮料等酸性食品，最适pH<3。使用中应避免接触铅及多量铁离子，以防褪色及沉淀，且避免遇碱而变色。

（2）黑豆红（black bean red，CNS：08.114）

黑豆红是从野大豆种皮中提取的，其主要着色成分是矢车菊素-3-半乳糖苷，分子式为$C_{21}H_{21}O_{11}$，分子量449.39。其结构式如下：

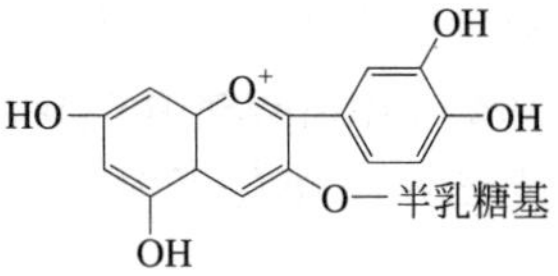

性状与性能：为深红色液体、黑紫色膏状物或粉末。易吸潮，易溶于水和稀乙醇溶液，不溶于无水乙醇、乙醚和丙酮。其水溶液色调受pH影响，中性时呈紫红色，酸性时呈樱红，碱性时呈紫蓝色。对

铁、铅离子较为敏感，遇之易变色，具有较强的耐热性、耐光性。

着色性能：着色效果好，色泽自然宜人。适用于多种酸性食品及饮料的着色。

（3）萝卜红（radish red，CNS：08.117）

萝卜红是从四川地区产的一种红心萝卜的鲜根中提取的色素。其主要着色物质是天竺葵素的花色苷，分子式为$C_{15}H_{11}O_5X$。其结构式如下：

$$\left[\begin{array}{c} \text{HO} \cdots \text{OH} \end{array}\right] X^-$$

性状与性能：为深红色液体、膏状、固体或粉末，稍有特异臭，易吸潮，吸潮后结块，但一般不影响使用。其易溶于水，不溶于乙醇、丙酮、四氯化碳等极性小的溶剂。耐光、耐氧、耐热。在酸性溶液中呈橘红色；在强碱液中呈黄色，弱碱液中为紫红色。Cu^{2+}可加速其降解，并使之变为蓝色；Fe^{3+}可使其溶液变为锈黄色；Mg^{2+}、Ca^{2+}对其影响不大；Al^{3+}、Sn^{2+}及抗坏血酸对其有保护作用。

着色性能：萝卜红色彩鲜艳，着色力强，被着色食品成粉红、紫红等颜色。其在酸性食品中使用效果尤佳。

（4）玫瑰茄红（roselle red，CNS：08.125）

又称玫瑰茄色素，是从玫瑰花萼片提取、过滤提取制得，其主要着色物质是含氯化飞燕草色素和氯化矢车菊色素的花青苷。其结构式如下：

飞燕草色素-3-接骨木二糖苷　　　　　　矢车菊色素-3-接骨木二糖苷

性状与性能：为深红色液体、红紫色膏状或固体粉末，稍带特异臭，粉末易吸潮。易溶于水、乙醇和甘油，难溶于油脂。溶液为酸性时呈红色，在碱液中呈蓝色。耐热、耐光不良，对蓝光最不稳定，耐红色光。抗坏血酸、二氧化硫、过氧化氢均能促进其降解。本品对金属离子（如Fe^{2+}）稳定性差，可加速其降解变色，抗坏血酸、二氧化硫及过氧化物等均能促进该色素降解。

着色性能：玫瑰茄红在酸性条件下（pH<4）呈鲜红色，在饮料、糖果中能良好着色，但不能用于高温加热食品。

（5）葡萄皮红［grape skin extract，CNS：08.135，INS：163（ii）］

又称葡萄皮色素、葡萄皮提取物，主要成分为锦葵色素、芍药素、飞燕草色素、3′-甲花翠素等。其结构式如下：

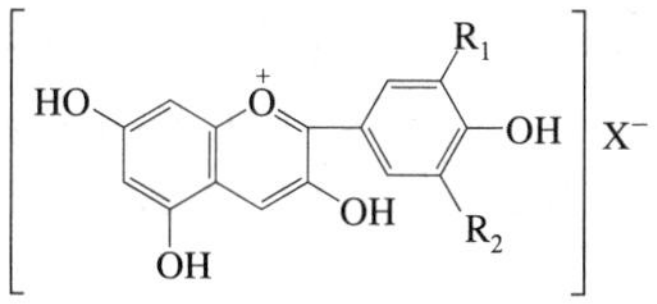

锦葵色素（$C_{17}H_{11}O_7X$）：R_1、R_2 均为 OCH_3；芍药素（$C_{16}H_{13}O_6X$）：R_1 为 OCH_3，R_2 为 H；飞燕草色素（$C_{15}H_{11}O_7X$）：R_1、R_2 均为 OH；3′- 甲花翠素（$C_{16}H_{13}O_7X$）：R_1 为 OCH_3，R_2 为 OH；X 为酸部分

性状与性能：为红色至暗紫色液体、块状、粉状或糊状，稍带特异臭味。可溶于水、乙醇、丙二醇，不溶于油脂。色调随pH变化而变化，酸性时呈红色、紫红色，碱性时呈暗蓝色。耐热性不太强，易氧化变色。铁离子存在下呈暗紫色。

着色性能：着色力不太强，聚磷酸盐能使色调稳定，而维生素C可以提高其耐光性。

2.1.3.1.3.2　儿茶素

儿茶素是一类黄烷醇的总称。易溶于水、乙醇、甲醇、丙酮及乙酸中，难溶于三氯甲烷和无水乙醚中。儿茶素分子中酚羟基在空气中容易氧化，生成黄棕色胶状物质，尤其是碱性溶液中更容易氧化。在高温、潮湿条件下容易氧化成各种有色物质，也能被多酚氧化酶和过氧化酶氧化成各种有色物质。

茶黄色素（tea yellow pigment，CNS：08.141）

茶黄色素主要成分为茶黄素，为儿茶素与表没食子儿茶素在儿茶酚氧化酶催化下形成醌类聚合物，再缩合而成。其化学结构式为：

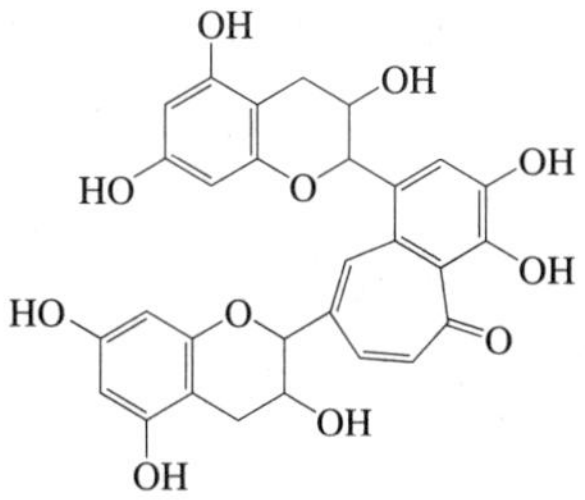

性状与性能：为黄色或橙黄色粉末，属酸性色素。易溶于水和含水乙醇的溶剂，不溶于氯仿和石油醚，0.1%水溶液黄色透明。耐热性好，在酸性条件下较稳定，在碱性环境中易发生褐变。并且具有抗氧化性，其抗氧化能力与维生素C、BHA、BHT相当。

2.1.3.1.3.3　黄酮类

黄酮类色素广泛分布于植物的花、果、茎、叶中，包括各种衍生物，已发现有数千种。在自然界中常见的黄酮类色素是芹菜素、橙皮苷、芸香苷等，以单体黄酮存在极少见。黄酮类色素属于水溶性色素，常为浅黄或橙黄色。

黄酮类色素的羟基呈酸性，因此，分子中的吡酮环和羰基构成了生色团的基本结构，另一方面分子中助色团羟基的数目和结合的位置对显色有很大的影响。黄酮类色素的pH特性比较差，在碱性溶液中黄酮类易开环生成查耳酮型结构而呈黄色、橙色或褐色。在酸性条件下，查耳酮又恢复为闭合环结构，颜色消失。黄酮类色素遇三氯化铁，可呈蓝、蓝黑、紫、棕等各种颜色，与分子中3′、4′和5′碳位上的羟基数目有关。

近年来国内外大量研究结果表明：黄酮类物质具有抗氧化、清除自由基、抗脂质过氧化活性、预防心血管疾病以及抗菌、抗病毒、抗过敏等功效。有时与花青素协同使用，可减少氧化对花青素的破坏作用，且起到一定增色效果。黄酮类色素是当今国内外从天然物中提取功能性天然食用着色剂的研发热点。

（1）高粱红（sorghum red，CNS：08.115）

又称高粱色素，主要存在于高粱壳、籽皮和秆中，其主要着色物质为芹菜素和槲皮黄苷，前者分子式为$C_{15}H_{10}O_5$，分子量为270.24；后者分子式为$C_{21}H_{20}O_{12}$，分子量为464.38。其结构式如下：

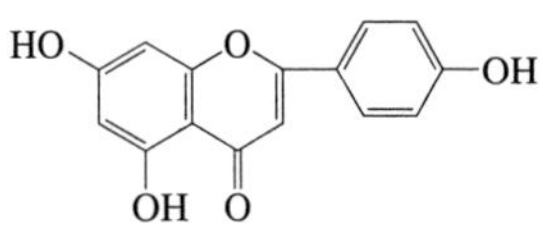

芹菜素 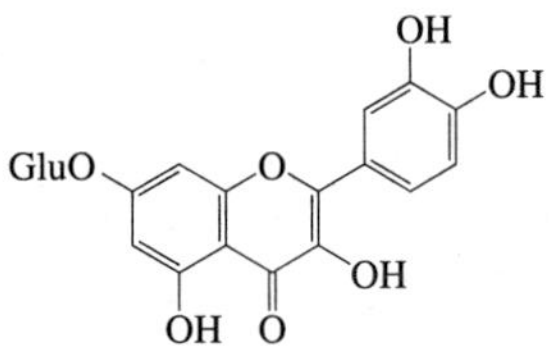　　　　　　　槲皮黄苷

性状与性能：为深红色液体，也可为糊状或块状，略带有特殊气味。易溶于水、乙醇，不溶于石油醚、氯仿等非极性溶剂及油脂。水溶液呈中性时为透明红棕色溶液，偏碱性时为深棕色透明溶液，偏酸性时色浅。高粱红水溶液对光和热非常稳定，加入金属离子能形成络合物，但添加微量焦磷酸钠能抑制金属离子的影响。稳定性好，耐高温加热。

着色性能：高粱红色调和着色性优良，添加于畜肉、鱼、植物蛋白和糕点中，能染成良好的咖啡色和巧克力色。在pH小于3.5时易发生沉淀，不宜使用于过酸性的食品或饮料中。

（2）可可壳色（cocoa husk pigment，CNS：08.118）

又称可可着色剂，可可壳中的黄酮类物质如儿茶酸、无色花青素、表儿茶酸等在焙烤过程中，经复杂的氧化、缩聚而成颜色很深的聚黄酮酸苷，分子量大于1500。其化学结构式如下：

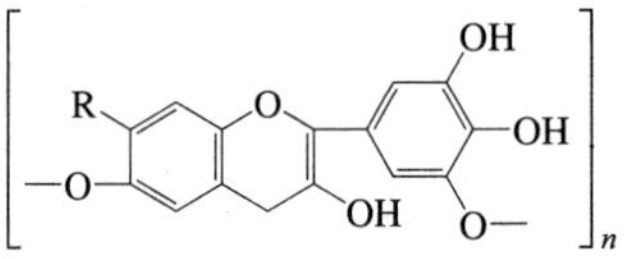

n为5～6或以上；R为半乳糖醛酸

性状与性能：为巧克力色或褐色液体或粉末，无臭。易溶于水，在pH7左右稳定，在pH5.5以上时红色度较强，pH5.5以下时黄橙色度较强，但巧克力本色不变。耐热性、耐氧化性、耐光性均强，还原剂易使其褪色。

着色性能：可可壳色对蛋白质及淀粉的染着性较好，特别是对淀粉的着色远比焦糖好，在加工及保存的过程中变化很少，具有良好的抗氧化性能。

2.1.3.1.4　酮类衍生物天然着色剂

属于酮类衍生物主要有两种：红曲红和姜黄素。

（1）红曲红（monascus red，CNS：08.120）

红曲色素是我国传统发酵产品，古称丹曲，又称红曲红、红曲、赤曲、红米，其来源于微生物，是红曲霉的菌丝所分泌的色素。它有多种色素成分，一般粗制品含有18种成分，其中已知呈色物质有6种不同的成分，其中红色色素、黄色色素和紫色色素各两种。

Ⅰ红斑素（Rubropunctatin）：红色色素

红斑素 (C$_{21}$H$_{22}$O$_5$)

Ⅱ红曲素（monascin）：黄色色素

红曲素 (C$_{21}$H$_{26}$O$_5$)

Ⅲ红曲红素（monascorubrin）：红色色素

红曲红素 (C$_{23}$H$_{26}$O$_5$)

Ⅳ红曲黄素（ankaflavin）：黄色色素

红曲黄素 (C$_{23}$H$_{30}$O$_5$)

Ⅴ红斑胺（rubropunctamine）：紫色色素

红斑胺 (C$_{21}$H$_{23}$NO$_4$)

Ⅵ红斑红胺（monascorubramin）：紫色色素

红斑红胺 (C$_{23}$H$_{27}$NO$_4$)

性状与性能：为棕红色到紫色的颗粒或粉末，断面呈粉红色，质轻而脆，带油脂状，微有酸味。溶于热水及酸、碱溶液，溶液浅薄时呈鲜红色，深厚时带黑褐色并有荧光，极易溶于乙醇、丙二醇、丙三醇及它们的水溶液，不溶于油脂及非极性溶剂。其醇溶液对紫外线相当稳定，但日光直射可褪色。耐酸性、耐碱性、耐热性、耐光性均较好。几乎不受金属离子和氧化还原剂的影响，但遇氯易变色。

着色性能：红曲红对含蛋白质高的食品染着性好，一旦染色后，经水洗也不褪色，但有些食品可使其褐变或褪色。

红曲红色素安全性极高，但近年来发现生产时处理不当可出现致癌的橘霉素，受到西欧国家等的疑虑，所以在中国和日本相关标准中都有明确限量。

（2）姜黄素 [curcumin，CNS：08.132，INS：100（ⅰ）]

又称天然黄3号，是姜黄用乙醇等有机溶剂经提取、精制所得，其主要由以下三个组分组成：（Ⅰ）姜黄色素、（Ⅱ）脱甲氧基姜黄色素、（Ⅲ）双脱甲氧基姜黄色素。其结构式如下：

(Ⅰ) R$_1$＝R$_2$＝OCH$_3$；(Ⅱ) R$_1$＝OCH$_3$，R$_2$＝H；(Ⅲ) R$_1$＝R$_2$＝H

性状与性能：为黄色结晶性粉末，特有香辛气味。溶于热水、乙醇、冰醋酸、丙二醇和碱性溶液，不溶于冷水和乙醚。在中性或酸性条件下呈黄色，在碱性时则呈红褐色。对光、热、氧化作用不稳定，日光照射能使黄色迅速变浅，但不影响其色调。其耐还原性好。与金属离子，尤其是铁离子可以形成络合物，导致其染色能力下降。每个结构中均有两个活性酚结构，故其还有一定的抗氧化能力。

着色性能：姜黄素是为数不多的可安全使用的醇溶性天然色素。其颜色鲜艳，光泽度特别强，着色性能较好，特别是对蛋白质的着色力较强。

2.1.3.1.5　醌类衍生物天然着色剂

醌类是开花植物、真菌、细菌、地衣和藻类细胞液中存在的一类黄色色素，目前已知的约有200种以上，颜色从淡黄到近似黑色。常用醌类衍生物天然着色剂主要有以下三种。

（1）紫胶红（lac dye red，CNS：08.104）

又称虫胶红、虫胶红色素，属于植物色素。它是寄生植物上所分泌的紫胶原胶中的一种色素成分，主要生产于云南、四川、台湾等地。主要着色物质是紫胶酸，且有A、B、C、D、E五个组分，其中以A和B为主。其结构式如下：

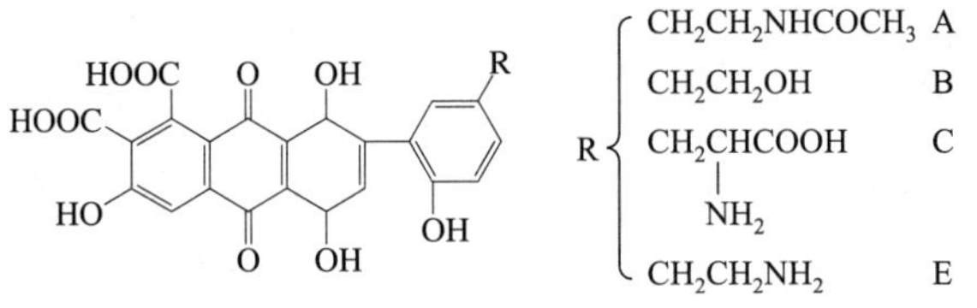

紫胶酸A、B、C、E 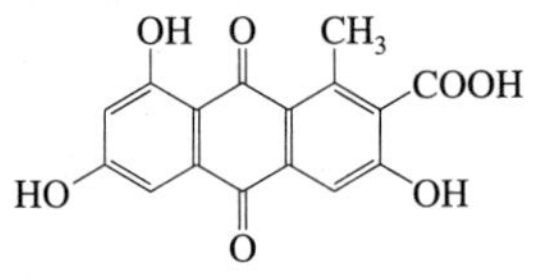　　　　　　　　　　　　　　　紫胶酸D

性状与性能：为红紫色或鲜红色粉末或液体，微溶于水、乙醇和丙酮，且纯度越高在水中的溶解度越低，不溶于棉籽油，但能溶于碱性溶液。其色调随pH值变化，酸性时（pH3～5）呈橙红色，中性时（pH5～7）呈橙红至红紫色，碱性时（pH7以上）呈红紫色，在pH>12时放置则褪色。在酸性条件下对光和热稳定，在100℃加热时无变化。对维生素C也很稳定，几乎不褪色，但易受金属离子影响，特别是铁离子。

着色性能：越接近中性，其着色性越差。酸性时呈橙红色，非常稳定，最适用于不含蛋白质、淀粉的饮料、糖果、果冻类。对蛋白质、淀粉易染成紫红色，为防止蛋白质染色时发黑，需加入稳定剂，如明矾、酒石酸钠、磷酸盐等。

（2）胭脂虫红（carmine cochineal，CNS：08.145，INS：120）

胭脂虫红色素属于动物色素。胭脂虫是一种寄生于仙人掌上的昆虫，胭脂虫红色素是从雌虫干粉中用水提出来的红色素，又称胭脂虫红萃取液。其主要成分为胭脂红酸，属于蒽醌衍生物。一般胭脂虫中含有10%～15%的胭脂红酸。其化学结构式为：

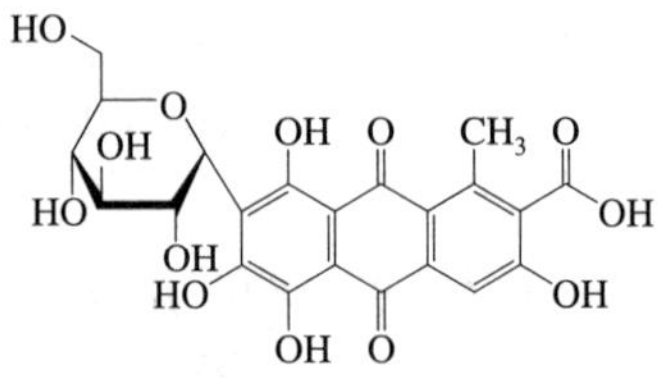

性状与性能：纯品胭脂红酸为红色菱形结晶，难溶于冷水，易溶于热水、乙醇、碱水与稀酸中。对热和光非常稳定，特别是在酸性条件下。色调随溶液的pH值而变化，酸性时呈橙黄，中性时呈红色，碱性时呈紫红色。遇铁离子变黑，加多磷酸盐可抑制变黑。

（3）紫草红（gromwell red，CNS：08.140）

又称紫草醌、紫根色素、欧紫草。是紫草科植物的干燥根，也是一种中草药，具有抗菌、消炎、促进肉芽生长的作用。紫草根含乙酰紫草醌，水解后生成紫草醌，为红色着色剂，其分子量为288.29，分子式为$C_{16}H_{16}O_5$。其化学结构式为：

$$\text{(紫草醌化学结构式)}$$

性状与性能：紫草醌纯品为紫褐色片状结晶或紫红黏稠膏状。可溶于乙醇、丙酮、正己烷等有机溶剂中，不溶于水，但溶于碱液。色调随pH而变化，酸性条件下呈红色，中性呈紫红色，碱性呈蓝色。用于蛋白质食品及淀粉食品时色调在深紫至深蓝紫色范围内变化，遇铁离子变为深紫色，并具有一定抗菌作用。

2.1.3.1.6　其他天然着色剂

（1）甜菜红（beet red，CNS：08.101）

又称甜菜根红，为甜菜红苷，是从食用甜菜根中提取制得的天然红色素，由红色的甜菜花青素和黄色的甜菜花黄素组成。甜菜花青素主要成分为甜菜红苷，分子式为$C_{24}H_{26}N_2O_{13}$。其结构式如下：

$$\text{(甜菜红苷结构式)}$$

性状与性能：为红色至红紫色液体、膏状或固体粉末，有异臭。易溶于水、50%乙醇和丙二醇水溶液，不溶于乙醚、丙酮等有机溶剂。其在水溶液中呈红至红紫色，中性至酸性范围内呈稳定红紫色，在碱性条件下转变成黄色。耐热性差，金属离子Fe^{2+}、Cu^{2+}含量多时会发生褐变，某些氯化物可使其褪色。其耐光性随溶液pH值的减小而降低，在中性和偏碱时，耐光性较好。抗坏血酸和甜菜汁的成分对其有一定的保护作用。水分活度降低，其稳定性增高。

着色性能：甜菜红对食品染着性好。在生产低水分活度的食品，使用甜菜红可收到满意的染着和色泽持久的效果。与其他着色剂比较，甜菜红是比较稳定的，能使食品着色成杨梅或玫瑰的鲜红颜色。

可添加食品级柠檬酸或抗坏血酸，以调节pH值和保持稳定。

甜菜红对光、热和水分活度敏感，故适合不需要高温加工和短期储存的干燥食品着色。

（2）焦糖色（caramel colour；CNS：08.108～110，08.151；INS：150a，b，c，d）

又称酱色，是将食品级糖类物质经高温焦化而成。按其制法不同可分为：不含催化剂加工的普通法焦糖（CNS：08.108，INS：150a）、亚硫酸铵法焦糖（CNS：08.109，INS：150d）、氨法焦糖（CNS：08.110，INS：150c）、苛性硫酸盐法焦糖（CNS：08.151，INS：150b）。由于是糖类物质在高温下发生不完全分解并脱水、分解和聚合而成，故为许多不同化合物的复杂混合物，其中某些为胶质聚集体，其聚合程度与温度和糖的种类直接有关。酱色则为各种脱水聚合物的混合物。

性状与性能：为暗褐色的液体或固体粉末，有特殊的甜香气和愉快的焦苦味，在玻璃板上均匀涂抹成一薄层，为透明的红褐色。易溶于水，可溶于烯醇溶液，不溶于一般有机溶剂和油脂。对光和热稳定性好，酱色的色调受pH及在大气中暴露时间的影响，pH6.0以上易发霉。

焦糖色具有胶体特性，其pH值通常在3～4.5之间。在一般条件下，焦糖色均带有很少的正电或负电，所以在使用时应特别注意使其与加有它的产品所带电荷种类相同，否则相互吸引，产生絮凝或沉淀。焦糖色在食品加工中的使用量很大，占食品着色剂的80%以上。

着色性能：以砂糖为原料制得的焦糖，对酸及盐的稳定性好，红色色度高，着色力强；以淀粉或葡萄糖为原料，在生产中以碱作催化剂制得的耐碱性强，红色色度高，但对酸或盐不稳定；而用酸作催化剂制得的产品对酸和盐稳定，红色色度高，但着色力弱。

2.1.3.2 食品天然着色剂应用

2.1.3.2.1 简介

我国天然色素原料的种植及天然色素的制备和使用具有悠久的历史。据《史记·货殖传》记载，公元前221年的东周时期，有"茜栀千亩，亦比千乘之家"之说，可见当时种植茜草和栀子的规模之大，它们当时用途之一就是制备染色剂。北宋末年，贾思勰所著的《齐民要术》中也专门提到我国古代人们从植物中提取染料作为染色剂使用的事实。1958年以后我国高等院校、科研机构开始研究和开发食用天然色素。我国地域辽阔、生态环境复杂多样，有着生产天然食用色素的丰富资源。随着我国食用色素的生产技术、工艺和装备水平的提高，已对8000多种天然食用色素资源进行开发研究，先后研制开发出80余种不同原料来源的食用天然色素。目前我国许可使用的食品天然着色剂有40多种，用量最多的是焦糖色，约占总量的80%左右。

在"回归自然"呼声中随着对天然着色剂某些生理活性作用的逐步发现，天然食用着色剂愈加受到人们的关注和青睐，特别是功能性天然食用色素，其来源天然、安全并兼有生理功能。同时，新技术的应用和新产品开发，将大大推动天然色素在食品行业中的应用，天然食用着色剂完全替代人工合成着色剂将成为食品着色剂发展的必然趋势。

2.1.3.2.2 食品天然着色剂的特点

食品天然着色剂有以下优点：①食品天然着色剂多来自动物、植物组织，绝大多数无毒无副作用，对人体安全性高。②食品天然着色剂大多为花青素类、黄酮类、类胡萝卜素类化合物，不但有着色作用，且具有增强人体营养、保健等功效，如β-胡萝卜素可转化为维生素A，红曲红等具有明显降血压作用的保健功能。③食品天然着色剂的色调较为自然，可以更好地模仿天然食物的颜色，从而使着色的色调比较自然。④食品天然着色剂对pH值变化十分敏感，色调会随之发生很大变化，如花青素在酸性时呈红色，中性时呈紫色，碱性时呈蓝色。

但食品天然着色剂应用也存在以下缺点：①溶解性差，溶解度低，不易染着均匀；并且不同着色剂的相容性差，很难调配出任意色调；某些天然食用着色剂甚至与食品原料反应而变色。②坚牢度较差，使用局限性大，在食品加工及流通过程中易受外界影响变色或褪色，性质不如合成色素稳定。③天然着色剂因是从天然物中提取出来，有时受其共存成分异味影响，或自身就有异味。④天然着色剂基本上都是多种成分的混合物，同一色素由于来源不同、加工方法不同，其所含成分也会有差别。如从蔬菜中提取和从蚕沙中提取的叶绿素，用分光光度计进行比色测定，会发现两者最大吸收峰不同，这样就造成了配色时色调的差异。⑤天然着色剂性质不如合成着色剂稳定，使用中要加入保护剂，如磷酸盐、柠檬酸等，这对色素的使用也产生一些不良影响。

2.1.3.2.3 食品天然着色剂的使用

食品天然色素的使用，很多没有指定用量的限制，需要根据实际应用的情况而定，以适量的色素烘托出合适的色泽效果。食品中所用的天然色素有水溶性、油溶性、乳浊型和固体粉末型等四大类，每类色素的制备方法有所不同，在食品中的适应范围也不一样。①水溶性天然色素一般用于水基类的食品中，如冰淇淋、奶制品饮料、果汁饮料、奶酪、谷物食品以及色拉装饰等。②油溶性天然色素常用植物油直接浸出或溶剂萃取的方法制备。此类色素可用于黄油、起酥油、糖果涂层、各种饼、派类食品以及微波加工食品等。③乳浊型天然色素是通过添加乳浊剂，用特殊的加工方法生产的。常用的乳浊剂有丙烯二醇、多山梨醇酯以及单酸甘油酯等。可直接将其加入水基或油基食品（如黄油、烘焙食品以及糖果食品等）中。④固体粉末型天然色素是萃取后的色素经浓缩、干燥后制备的。主要用于固体含量高、不依赖于水的食品系统或需要高浓度色素的食品中，如干混食品、某些干燥食品、谷物食品、速溶食品以及烘焙食品等。

有些食品天然色素也可以和合成色素一样，通过调配产生各种各样的色泽添加到食品当中，如将商品果红和姜黄进行调配，可获得在水和油中都能溶解的色素，调配可产生黄色、橘黄色等各种色彩；水、油分散性的姜黄和红辣椒油脂的调配乳剂可产生从金黄色到橘红色的各种色彩；将果红和焦糖色素进行调配产生的天然色素可用于具有花生黄油风味的食品的着色；将天然色素甜菜红和焦糖色等进行适当的调配，可产生各种天然色素的色彩，如草莓色、覆盆子色和樱桃色。

如前所述，天然色素在使用中容易受各种因素的影响，其稳定性能差，常会发生变色、褪色现象。为了加强天然着色剂其稳定性，在使用时可采用一些保护措施，如加入维生素C，防止氧化；添加金属螯合剂，避免金属离子的影响；制成微胶囊，增加其耐光性能。

2.1.3.2.4 食品天然着色剂的发展趋势

（1）"天然、营养、多功能"是其发展主旋律

应当着力研究、开发、生产、使用既可以着色，又对人体具有某些生理功能的天然色素。例如，类胡萝卜素类天然色素，在人体内可以转化为维生素A，国外把胡萝卜素类列为营养添加剂，美国已把β-胡萝卜素应用到婴幼儿食品中；红曲米作为天然着色剂，含有降血脂的洛伐他汀，可以有效地使人体内血脂达到正常平衡。不少黄酮类天然色素具有抗氧化、软化血管和增加血管弹性的功能。可以预言，多功能天然食用色素是今后食用色素的发展方向。我国天然色素资源丰富，进一步研究开发、生产和应用功能性天然色素大有潜力。

（2）加强天然色素提取以及稳定化技术的研究

某些天然色素数量少，提取工艺复杂，成本高，因此，新的提取生产技术以及天然色素稳定化技术的研究是实现其工业化及提高产品质量的关键问题。

（3）加大生物技术的运用

天然色素的原料供应易受季节、气候等影响，而用生物技术生产天然色素则克服了这一缺点。现在许多用传统溶剂萃取法生产的天然色素都改用生物技术生产，如在水稻中注入一个能产生 β-胡萝卜素的基因，可使米粒直接含有丰富的 β-胡萝卜素，而这种基因改良米的 β-胡萝卜素含量足以满足正处于生长发育阶段的儿童的生长需要。将来生物技术必定在天然食用色素的生产中占据主要地位，发挥其越来越重要的作用。

2.2　食品护色剂

在食品加工过程中，为了使食品具有良好的感官质量，除了使用色素直接对食品进行着色外，有时还需要添加适量的护色剂。

本身不具有颜色，但能使食品产生颜色或使食品的色泽得到改善（如加强或保护）的食品添加剂称为食品护色剂（food colour fixatives），或称发色剂或呈色剂（colour fixative）。

护色剂主要用于肉制品，能与肉及肉制品中的呈色物质发生作用，使之在食品加工、保藏等过程中不分解、破坏，呈现良好色泽。它一般泛指硝酸盐和亚硝酸盐，本身并无着色能力，但当其应用于动物类食品后，腌制过程中其产生的一氧化氮能使肌红蛋白或血红蛋白形成亚硝基肌红蛋白或亚硝基血红蛋白，从而使肉制品保持稳定的鲜红色。此类物质具有一定的毒性，尤其可与胺类物质生成强致癌物质亚硝胺，因而人们一直力图选取某种适当的物质取而代之。但它们除可护色外，尚可防腐，尤其是防止肉毒梭状芽孢杆菌中毒，以及增强肉制品的风味，到目前为止，尚未发现既能护色又能抑菌，且能增强肉制品风味的替代品。

我国 GB2760 规定普通食品常用的护色剂有亚硝酸钠、亚硝酸钾、硝酸钠、硝酸钾、葡萄糖酸亚铁、D-异抗坏血酸及其钠盐。除单独使用这些护色剂外，也往往将它们与食品助色剂复配使用，以获得更佳的发色效果。常用的食品助色剂有 L-抗坏血酸及其钠盐、异抗坏血酸及其钠盐等。硝酸盐和亚硝酸盐是我国已使用几百年的肉制品护色剂，但是因为安全性的原因，绿色食品中禁止使用亚硝酸钠、亚硝酸钾、硝酸钠、硝酸钾。

2.2.1　护色机理

肉类是人类摄取营养的重要来源，而肉类的色泽则直观地影响了它的可接受性。肉类颜色受血红素的影响，而肌红蛋白是表现肉颜色的主要成分。原料肉的红色，是由肌红蛋白（Mb）及血红蛋白（Hb）所呈现的一种感官性质。由于肉的部位不同和家畜品种的差异，其含量和比例也不一样。一般来说，肌红蛋白约占70%～90%，血红蛋白约占10%～30%。

肌红蛋白是一种复杂的肌肉蛋白是由蛋白质球蛋白与1分子正铁血红素结合而成的色素蛋白质。其功能类似于血红蛋白，它们都能结合氧以供动物代谢所需。而血红蛋白除了球蛋白外，还含有4分子正铁血红素。血红素是由一个铁原子和一个卟啉大平面环两部分组成。其功能是与1分子氧结合，然后由血液把氧从肺带至组织。肌红蛋白比血红蛋白小，仅为血红蛋白的1/4，它是由1个约150个氨基酸组成的多肽链与1个血红素相连而成。血红蛋白和肌红蛋白都是复合蛋白，它们的分子中除蛋白质外，还有本质上非肽类的另一部分与肽链复合。蛋白质部分又称为珠蛋白，非肽部分称为血红素。研究肉的色泽与质量关系时，必然会涉及血红素、珠蛋白以及与氧化态铁（Fe^{3+}）和还原态铁（Fe^{2+}）结合的配位体所构成的各种结合物。肌红蛋白与氧分子共价络合成氧合肌红蛋白的反应称为氧合作用，这与肌红蛋白氧化生成高铁肌红蛋白完全不同。另外，这些络合物还可分成离子键型和共价键型，而共价键型的氧合肌红蛋白产生肉类理想的亮红色。鲜肉及腌肉的色泽是由于血红素和肌红蛋白的变化所形成。

新鲜肉中还原型的肌红蛋白呈稍暗的紫红色，它在光谱的绿色部分（即550nm）有最大吸收。还原型的肌红蛋白很不稳定，极易被氧化。开始，还原型肌红蛋白分子中Fe^{2+}上的结合水，被分子态的氧置换形成氧合肌红蛋白（MbO_2），此时配位铁未被氧化，仍为二价，呈鲜红色，若继续氧化，肌红蛋白中的铁离子由Fe^{2+}氧化成Fe^{3+}，变成高铁肌红蛋白（MMb^+），色泽变褐（棕色）。若继续氧化，则变成氧化卟啉，呈现绿色或黄色。高铁肌红蛋白在还原剂的作用下，也可还原成肌红蛋白。由于肌红蛋白、氧合肌红蛋白与高铁肌红蛋白相互转换，新鲜肉类的色泽是动态和可逆的。

在有氧存在下，紫色的肌红蛋白可氧化成氧合肌红蛋白，并产生人们熟悉的新鲜肉类的"红润"，肌红蛋白也可氧化成高铁肌红蛋白而产生令人嫌弃的棕色。另外，在新鲜肉中固有的还原性物质又不断地把高铁肌红蛋白还原成肌红蛋白。不同形态肌红蛋白的动态平衡见图2-1。为了使肉制品呈鲜艳的红色，在加工过程中添加硝酸盐和亚硝酸盐。它们在肉类腌制中往往是以混合盐的形式添加的，硝酸盐在细菌（亚硝酸菌）作用下，还原成亚硝酸盐，亚硝酸盐在一定的酸性条件下会生成亚硝酸。一般宰后成熟的肉因含乳酸，pH值约在5.6～5.8的范围，所以不需外加酸即可生成亚硝酸，主要反应式如下：

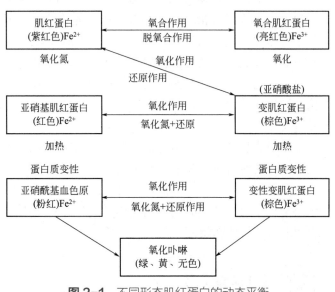

图2-1　不同形态肌红蛋白的动态平衡

$$NaNO_2 + CH_3CHOHCOOH \Longrightarrow HNO_2 + CH_3CHOHCOONa \qquad (2-1)$$

亚硝酸很不稳定，即使在常温下也可分解产生一氧化氮（NO）：

$$3HNO_2 \rightleftharpoons H^+ + NO_3^- + 2NO + H_2O \qquad (2\text{-}2)$$

此时分解产生的一氧化氮（NO）会很快与肌红蛋白反应生成鲜艳的、亮红色的亚硝基肌红蛋白（MbNO），其反应式如下：

$$Mb + NO \rightleftharpoons MbNO \qquad (2\text{-}3)$$

亚硝基肌红蛋白遇热后，放出巯基（－SH），变成了具有鲜红色的亚硝酰基血色原。

由式（2-2）可知亚硝酸分解生成NO，也生成少量的硝酸，而且NO在空气中也可以被氧化成NO_2，进而与水反应生成硝酸。其反应式如下：

$$2NO + O_2 == 2NO_2 \qquad (2\text{-}4)$$
$$2NO_2 + H_2O \longrightarrow HNO_3 + HNO_2 \qquad (2\text{-}5)$$

如式（2-4）、式（2-5）所示生成的硝酸，不仅可使亚硝基被氧化，而且抑制了亚硝基肌红蛋白的生成。由于硝酸的氧化作用很强，即使肉类中含有还原性物质，也无法阻止部分肌红蛋白被氧化成高铁肌红蛋白。因此在使用硝酸盐与亚硝酸盐类的同时常使用L-抗坏血酸、L-抗坏血酸钠、异抗坏血酸等还原性物质来防止肌红蛋白的氧化。

生肉加热，肌红蛋白的正铁血红素氧化而变性，导致红色生肉急剧变色，成为褐色的加热肉。火腿、香肠等肉制品为了杀菌，常进行水煮处理。热处理时使制品不变褐色，需使用护色剂以保持肉的色泽。如果在肉制品的腌制过程中，同时使用L-抗坏血酸或异抗坏血酸及其钠盐等食品助色剂，则发色效果更好，既可以护色，又可以抑制亚硝胺的生成，并能保持长时间不褪色。亚硝酸盐类物质在肉制品中除了有发色作用外，还可抑制微生物增殖。其最终有效成分是亚硝酸盐。研究表明：亚硝酸盐（150～200mg/kg）可显著抑制罐装碎肉和腌肉中梭状芽孢杆菌的生长，尤其是肉毒梭状芽孢杆菌。pH 5.0～5.5时，亚硝酸盐比在较高pH值（6.5以上）时更能有效地抑制肉毒梭状芽孢杆菌。亚硝酸盐与食盐并用其抑菌作用增强。亚硝酸盐抗微生物的途径主要有以下几个方面：一是与细菌细胞壁上的巯基反应；二是阻断肉中蓝绿色假单胞菌的氧传输及氧化磷酸化；三是与发芽细胞中的含铁化合物结合；四是使某些代谢反应的酶失活。

亚硝酸盐另一个作用是能够增强腌肉制品的风味，这种独特的腌制风味可能源于亚硝酸盐所引起的一系列化学反应，如脂质分解、蛋白质水解和碳水化合物发酵等。但关于这方面的详细机理目前尚不完全清楚，可能与其对脂肪氧化的抑制作用以及减少肉制品中脂肪氧化产物所产生的过热味有关，从而赋予肉制品特殊的风味特征。

 概念检查 2.3

○ 为什么加工肉制品还不能禁用硝酸盐和亚硝酸盐？

（www.cipedu.com.cn）

2.2.2　食品护色剂与食品助色剂

2.2.2.1　常用食品护色剂

食品护色剂的应用在我国已有悠久的历史，古代劳动人民在腌制肉类食品时就使用了硝石（硝酸钾），这一处理的应用，对食品的生产发展起了一定的作用。常用的食品护色剂主要有亚硝酸钠、硝酸钠、硝酸钾等。

（1）亚硝酸钠（钾）［sodium（potassium）nitrite，CNS：09.002（09.003），INS：251（252）］

亚硝酸钠既可护色，还有独特的防腐作用，可有效降低和抑制多种厌氧性梭状芽孢杆菌（如肉毒梭状芽孢杆菌）产毒作用，同时，还具有提高肉制品风味的独特效果。但考虑到其安全性，在其使用范围及其用量方面有严格规定。

（2）硝酸钠（钾）［sodium（potassium）nitrate，CNS：09.001（09.003），INS：251（252）］

主要用于肉制品，其性能与亚硝酸钠基本相同。

2.2.2.2　食品助色剂及应用

食品助色剂是指本身并无发色功能，但与护色剂配合使用可以明显提高发色效果，同时可降低护色剂的用量而提高其安全性的一类物质。可用的食品助色剂有酪朊酸钠、抗坏血酸、异抗坏血酸等，关于它们的助色机理主要是通过还原性实现。它们还可以把氧化型的褐色高铁肌红蛋白还原为红色的还原型肌红蛋白，进而再与亚硝基结合以助发色。其反应路线见图2-2。

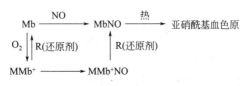

图2-2　腌制肉的血红素反应

L-抗坏血酸及其钠盐是最常见的食品助色剂，当其与品质改良剂磷酸盐同时使用时，在使用得当时不仅能提高肉制品的品质，而且发色效果也好。这是由于磷酸盐能螯合金属离子，有防止抗坏血酸被氧化的功能。但须注意的是为提高肉的持水性而加入的磷酸盐，会造成pH值向中性偏移，而使发色效果不好。也有将抗坏血酸与柠檬酸或其钠盐混合使用，柠檬酸是金属螯合剂，可使抗坏血酸的助色作用增强。也有人认为柠檬酸本身有发色作用，但也有理论认为柠檬酸改变了肉制品的pH值，从而提高了亚硝酸盐的发色效果，从这种意义上讲，柠檬酸本身就是一种食品助色剂。

关于食品助色剂的用量，根据产品类型不同添加量也略有差异。在日本，护色剂和食品助色剂可同时允许用于类似于肉类罐头、洋火腿、香肠、培根肉、咸牛肉等肉制品。参考用量为：洋火腿中烟酰胺用量为原料肉的0.03%～0.045%；抗坏血酸钠用量为原料肉的0.02%～0.05%；异抗坏血酸钠为原料肉的0.02%～0.05%。一般是在腌制或斩拌时添加，也可把原料肉浸渍在这些物质的0.02%～0.1%的水溶液中以助发色的。

2.2.3　食品护色技术

在腌制肉类时，硝酸盐或亚硝酸盐作为肉类的护色剂，它们会在肉中还原性细菌的作用下生成亚硝酸，在一定条件下，亚硝酸根能与仲胺在胃中合成致癌物质亚硝胺。但亚硝酸盐除了护色外，还具有防

腐和增强风味的作用，到目前为止，还没有找到一种同时具备亚硝酸盐这种性质的物质。因此，为了降低腌制后肉中的亚硝酸根含量，减少形成亚硝胺的可能性，保证其使用的安全性，科学工作者研究出一些新型的肉类护色技术。

2.2.3.1　新型食品护色技术

（1）氨基酸护色技术

某些氨基酸和肽对肌红蛋白有发色效果，其中发色效果随氨基酸与肽的种类和pH值的不同而异。在10mg/kg的亚硝酸钠中加入0.3%的氨基酸和肽混合物，其发色效果高于10mg/kg的亚硝酸钠。添加0.5%～0.10%赖氨酸和精氨酸等量混合物，同时并用10mg/kg的亚硝酸钠，灌肠制品的色调可以发挥得相当好。

（2）一氧化氮护色技术

向腌肉中直接加入NO溶液，产品可产生稳定色泽。此外，NO还有抑菌作用。如在肉制品中加入NO饱和的0.1%及0.05%的抗坏血酸溶液，亚硝酸根残留量最少，色泽最好。

（3）一氧化碳护色技术

一氧化碳（CO）作为一种新型气体发色剂在国内外应用日益广泛，尤其在畜禽类等红色肉类加工中应用较多，在鱼类特别是金枪鱼及罗非鱼片加工中使用也较为广泛。目前直接或间接利用CO处理动物产品的方式主要有2种：一种是利用气调包装，将待处理产品置于包装袋中进行发色；另一种是烟熏技术，这是一种间接利用烟过滤技术以浓缩烟中的风味成分及CO达到保持和延长产品色泽的目的，该项技术在三文鱼加工中广泛应用。

（4）亚硝基血红蛋白护色技术

利用新鲜猪血和亚硝酸盐反应可制备糖化亚硝基血红蛋白，其稳定性很好，能替代亚硝酸盐起发色作用，明显降低肉制品中亚硝酸钠残留量，真正实现低亚硝酸盐肉制品；同时，血红蛋白中含有的血红素铁为有机铁，它在人体的消化吸收过程中可不受植酸和磷酸影响，其吸收率较普通无机铁高三倍以上，因此亚硝基血红蛋白作为着色剂的同时还能起到一定的补铁作用。此外，亚硝基血红蛋白具有普通蛋白质所具有的全部功能特性，尤其是乳化性和起泡性尤为突出，在生产中受热形成胶膜，使肉制品的保水性、切片性、弹性、粒度、产品率等均有提高。

（5）蛋黄粉发色技术

蛋黄粉中含有大量的硫化氢。硫化氢同亚硝酸盐一样，能够与肌红蛋白结合，使肉呈现鲜艳的红色。使用的蛋黄粉末要求是蛋黄的冻结干燥品或喷雾干燥品等所谓瞬间干燥粉末品。在酸菜液中，蛋黄粉末的含量在5%～15%范围为宜，为了促进发色效果和缩短浸渍时间，可以适当添加食盐、砂糖、抗坏血酸、山梨糖醇等。例如，以金枪鱼为原料，添加肉重10%的酸菜液，浸渍24h，然后经过温火焙烤，即可得到金枪鱼酱制品。其中酸菜液由4%粉末蛋黄、3%食盐、0.3%抗坏血酸、5%山梨糖醇和88%的水组成。得到的金枪鱼酱无论表面和内部都能很好地保持自然的色调。

（6）乙基麦芽酚和柠檬酸铁发色技术

选用乙基麦芽酚和柠檬酸铁作为发色剂，可达到长期护色的目的。乙基麦芽酚是采用淀粉发酵而制成的一种增香剂，柠檬酸铁是一种营养强化剂，对人体均无害，两者混合后能起到良好的呈色效果，使产品呈现美丽的红色。

（7）其他新型护色技术

现在国外已发明出一种完全新型的肉类护色剂，可以完全取代硝酸盐或亚硝酸盐，发色后肉类呈现的颜色很好。这种新型护色剂是在五碳糖和碳酸钠组成的混合物中，再添加一定量的烟酰胺，就能完全得到与硝酸盐或亚硝酸盐相同的发色效果，并且还具有延缓肉类褪色的功能。这种新型肉类护色剂的具体成分和比例为：在每10kg的肉中加入碳酸钠20g、木糖80g、烟酰胺30g。其他如食盐、香料、糖的添加量与常法相同。

2.2.3.2　新型食品助色技术

（1）抗坏血酸与品质改良剂磷酸盐混合使用

抗坏血酸可以促进亚硝酸盐还原为NO，并和肌红蛋白反应产生粉红色，缩短原料肉的腌制时间，使产品发色均匀。这种作用不仅发生在加工时，在贮藏中亦如此。未反应的肌红蛋白和被氧化的肌红蛋白仍能借抗坏血酸的还原性完成显色过程。同时，抗坏血酸对不饱和脂肪酸含量较高的食品有防氧化褐变作用，对食品起到护色作用。磷酸盐类能螯合金属离子，防止抗坏血酸破坏，有抗氧化护色作用。但要注意，为提高肉的持水性而加入的某些磷酸盐是碱性的，能改变体系的pH而使护色效果变差。

（2）抗坏血酸与柠檬酸或其钠盐混合使用

柠檬酸是金属离子螯合剂，可以增强抗坏血酸作用。也有人认为柠檬酸本身有护色作用。此外，使用L-谷氨酸或山梨糖等也可抑制抗坏血酸氧化。

（3）其他新型的肉类助色技术的研究

日本药品工业有限公司发现一种新型肉类助色剂。这种助色剂不仅可产生良好的颜色，而且还能使腌渍后肉中的亚硝酸根残留量大幅度下降，并防止肉类出现褪色。这种新型肉类助色剂的成分和比例为：L-抗坏血酸钠20%，L-谷氨酸钠15%，δ-葡萄糖醛酸内酯5%，无水焦磷酸钠4%，多磷酸钠3%。添加量为原料肉重的0.1%～0.5%。

2.2.3.3　常用的替代品护色技术

目前使用的亚硝酸盐替代品有两类：一类是由护色剂、抗氧化剂/多价螯合剂和抑菌剂组成，护色剂用的是赤藓红，抗氧化剂/多价螯合剂为磷酸盐、多聚磷酸盐，抑菌剂是对羟基苯甲酸和山梨酸及其盐类；另一类是使用常规亚硝酸盐浓度下阻断亚硝胺形成的添加剂，抗坏血酸能与亚硝酸盐作用以减少亚硝胺的形成，此外，山梨酸、山梨酸醇、鞣酸、没食子酸等也可以抑制亚硝胺的形成。

2.3　食品漂白剂

食品在加工、制造、贮藏、流通的各个环节中因各种内在或外在因素的影响下，往往会产生或者保留原料中所包含的令人不喜欢的着色物质，导致食品色泽不纯正，给消费者不卫生或令人厌恶及不快的

感觉。为消除这种杂色，通常需要进行漂白，所使用的物质即是漂白剂。食品漂白剂（food bleaching agents）是指能够破坏或者抑制色泽形成因素，使色泽褪去或者避免食品褐变的一类添加剂。

漂白剂的种类很多，但鉴于食品的安全性及其本身的特殊性，真正适合应用于食品的漂白剂品种不多。如亚硫酸钠、低亚硫酸钠（保险粉）、焦亚硫酸钠盐或钾盐、亚硫酸氢钠和熏硫等。食品漂白剂多数有毒性和一定的残留量，开发低毒性和低残留量的复合型食品漂白剂是目前发展的趋势。

2.3.1　漂白机理

目前应用比较广泛的是还原型漂白剂如亚硫酸钠、亚硫酸氢钠等，最终起漂白活性的物质是二氧化硫。二氧化硫发挥漂白作用的机理有：①亚硫酸盐在酸性环境中生成还原性的亚硫酸，亚硫酸在被氧化时可以将着色物质还原，而呈现强烈的漂白作用，如可使果蔬中的花青素、类胡萝卜素、叶绿素等色素物质褪色。但这类漂白剂不稳定，有漂白剂存在时，有色物质褪色，漂白效果很好；漂白剂失效时，由于空气中氧的氧化作用褪色的物质会再次呈现颜色。②植物性食品的褐变，多与氧化酶的活性有关。亚硫酸盐的还原作用会抑制或破坏植物类食品引起褐变的氧化酶的氧化系统，阻止氧化褐变作用，使果蔬中的单宁类物质不被氧化而呈现颜色，如常在果蔬制品加工中的各个环节加入亚硫酸钠，破坏其体内的多酚氧化酶系统。同时，二氧化硫的强还原性可以使酶促褐变的某些中间体发生逆转，共同防止褐变。③二氧化硫是抑制非酶褐变最有效的物质之一，其作用的化学机制尚未完全弄清，可能的机理为产生的亚硫酸氢根可逆地与还原糖（如葡萄糖、果糖）的羰基及其醛式中间体发生加成反应，能阻断含羰基的化合物与氨基酸的缩合反应，进而防止发生美拉德非酶褐变反应，这些加成产物和二氧化硫对类黑精色素的漂白作用一起有效地抑制了褐变。

2.3.2　常见的食品漂白剂

（1）二氧化硫（sulfur dioxide，CNS：05.001，INS：220）

二氧化硫可应用于果脯、蜜饯类产品，保持浅黄色或金黄色，对于一般果蔬干制品而言，同样可以得到较理想的色泽。硫黄不能直接加入食品中，只允许使用熏硫的方法。果蔬产品进行熏硫处理时要控制熏室内二氧化硫的浓度、熏硫时间以及熏室的密闭性和车间的通气性。熏室内二氧化硫的最高质量浓度为3%。

（2）亚硫酸盐类

主要有亚硫酸钠（sodium sulfite，CNS：05.004，INS：221）、低亚硫酸钠（sodium hyposulfite，CNS：05.006）、亚硫酸氢钠（sodium hydrogen sulfite，CNS：05.005，INS：222）、焦亚硫酸钠（sodium metabisulphite，CNS：05.003，INS：223）、焦亚硫酸钾（potassium metabisulphite，CNS：05.002，INS：224）。

参考文献

[1] 顾立众, 吴君艳 . 食品添加剂应用技术 [M]. 北京: 化学工业出版社, 2016.

[2] 孙平 . 新编食品添加剂应用手册 [M].　北京: 化学工业出版社, 2017.

[3] 李宏梁 . 食品添加剂安全与应用 [M]. 2 版 . 北京: 化学工业出版社, 2012.

[4] 胡国华 . 复合食品添加剂 [M]. 2 版 . 北京: 化学工业出版社, 2012.

[5] 应丽莎, 刘星, 周晓庆, 等 . 肉类产品护色技术研究进展 [J]. 食品科学, 2011, 32 (3): 291-295 .

[6] 王健, 丁晓雯, 龙悦, 等 . 亚硝酸盐新型替代物番茄红素的研究进展 [J]. 食品科学, 2012, 33 (3): 82-85.

[7] Owen R Fennema. Food Chemistry[M]. Fourth Edition. CRC Press Inc, 2008.

[8] Liu F, Dai R T, Zhu J Y, et al. Optimizing color and lipid stability of beef patties with a mixture design incorporating with tea catechins, carnosine, and a-tocopherol[J]. Journal of Food Engineering, 2010, 98 (2): 170-177.

[9] Ghidouche S, Rey B, Michel M, et al. A rapid tool for the stability assessment of natural food colours[J]. Food Chemistry, 2013, 139 (1-4): 978-985.

[10] Fang J.Bioavailability of anthocyanins[J].Drug Metab Rev, 2014, 46 (4): 508-520.

[11] 乔廷廷, 郭玲 . 花青素来源、结构特性和生理功能的研究进展 [J]. 中成药, 2019, 41 (2): 388- 392.

[12] 卢雪华, 成坚, 白卫东 . 我国食用色素工业的现状及对策 [J]. 中国调味品, 2010, 5 (35): 35-39.

[13] Meena G, Prabhakaran P P, Vinay K T. Antioxidant and antimicrobial effects of condiments paste used as nitrite replacer in chicken mince[J].Veterinary World, 2014, 7: 14-17.

[14] Sharma J, Prabhakaran P, Tanwar V K, et al.Antioxidant effect of turmeric powder, nitrite and ascorbic acid on stored chicken mince[J].Food science and technology, 2012, 1: 61-66.

[15] 李山, 吴周和, 吴正奇, 等 . 茶红素的理化特性及生物学活性研究进展 [J]. 食品与发酵工业, 2016, 42 (8): 273-278.

[16] Yassin G H, Grun C, Koer J H, et al. Identification of trimeric and tetrameric flavan-3-ol derivatives in the SII black tea thearubigin fraction of black tea using ESI-tandem and MALDI-TOF mass spectrometry[J]. Food Research International, 2014, 63: 317-332.

[17] 胡玉莉, 骆骄阳, 胡淑荣, 等 . 天然植物色素在大健康产业中的应用进展 [J]. 中国中药杂志, 2017, 42 (3): 2433-2438.

[18] Capelli B, Bagchi D, Cysewski G. Synthetic astaxanthin is significantly inferior to algal-based astaxanthin as an antioxidant and may not be suitable as a human nutritional supplement[J]. Nutra Foods, 2013, 12: 145-152.

[19] 郝佳, 范丽影, 许朵霞, 等 . 红曲色素生物合成、制粒及其理化性质研究进展 [J]. 粮食与食品工业, 2019, 26 (5): 30-34.

总结

○ 着色剂
- 人肉眼观察到的颜色是由于物质吸收了可见光区（400～800nm）的某些波长的光后，透过光所呈现出的颜色。即人们看到的颜色是被吸收光的互补色。
- 着色剂按来源分为人工合成着色剂和天然着色剂，其应用及限量需符合GB2760规定。

○ 合成着色剂
- 着色力强、色泽鲜艳、稳定好、易溶解、易着色、成本低，但其安全性低。
- 我国目前允许使用的食品合成着色剂有10种，其中红色色素6种、黄色色素2种、蓝色色素2种。

○ 大然着色剂

- 品种繁多，色泽自然，无毒性，使用范围和日允许用量宽，但也存在成本高、着色力弱、稳定性差、容易变质、难以调出任意色等缺点。

- 食品天然着色剂不但具有着色作用，还具有增强人体营养保健等功效。如红曲色素具有降血压降脂作用，黄酮类色素具有抗氧化、软化血管和增加血管弹性的功能。

○ 着色剂选择与拼色

- 食品着色剂的选择依据心理或习惯对食品颜色的要求，以及色与风味、营养的关系。应选择与特定食品应有色泽基本相似的着色剂，或根据拼色原理，调制出相应的特征颜色。

- 食品着色剂的拼色需将着色剂按不同比例调配。红、黄、蓝为基本三原色，可采用三原色依据其比例和浓度调配出除白色以外的不同色调，而白色可用于调整彩色的深浅。

○ 食品护色剂及助色剂

- 常用的护色剂有亚硝酸钠、亚硝酸钾、硝酸钠、硝酸钾。绿色食品中禁用。

- 护色原理：硝酸盐在细菌（亚硝酸菌）作用下，还原成亚硝酸盐，亚硝酸盐在一定的酸性条件下会生成亚硝酸。亚硝酸不稳定，可分解产生一氧化氮，其与肌红蛋白反应生成鲜艳的亮红色亚硝基肌红蛋白（MbNO），亚硝基肌红蛋白遇热后，放出巯基变成鲜红色亚硝酰基血色原。

- 常用的助色剂有酪朊酸钠、抗坏血酸、异抗坏血酸等，主要通过其还原性实现助色。

○ 食品漂白剂

- 应用比较广泛的是还原型漂白剂，最终起漂白活性的物质是二氧化硫。

- 漂白原理：亚硫酸通过还原着色物质，呈现强烈的漂白作用；此外，亚硫酸盐还可通过还原作用抑制或破坏引起褐变的氧化酶，阻止氧化褐变。

📝 课后练习

1. 请简述天然着色剂与人工合成着色剂的优缺点。
2. GB 2760 中规定允许使用的着色剂有哪些？
3. GB 2760 中规定可在各类食品中按生产需要适量使用的着色剂有哪些？
4. 食用色素在饮料中使用时的注意事项有哪些？
5. 当我们要确定某种食用色素在某类食品中的使用规定时，一般的流程是什么？
6. 简述硝酸盐和亚硝酸盐的护色机理。
7. 食品助色剂在发色过程中主要起什么作用？
8. 漂白剂在使用时应该注意哪些问题？
9. 某饮料中使用的复配食品添加剂色素各成分含量分别为：日落黄、柠檬黄以及诱惑红折算到产品中的实际添加量分别为 0.02g/kg、0.05g/kg 和 0.05g/kg，而 GB2760 规定的该食品类别中日落黄、柠檬黄以及诱惑红的最大使用量分别为 0.05g/kg、0.1g/kg、0.1g/kg，请说明该饮料中着色剂的使用是否符合 GB2760 的规定？为什么？

题1～6答题思路　　题7～10答题思路

10. 某果酱中使用的复配食品添加剂各成分含量分别为：日落黄、柠檬黄、亮蓝、苋菜红、胭脂红以及胭脂虫红折算到产品中的实际添加量分别为 0.2g/kg、0.3g/kg、0.1g/kg、0.12g/kg、0.2g/kg、0.18g/kg，而 GB2760 规定的该食品类别中日落黄、柠檬黄、亮蓝、苋菜红、胭脂红以及胭脂虫红的最大使用量分别为 0.5g/kg、0.5 g/kg、0.5 g/kg、0.3g/kg、0.5 g/kg、0.6 g/kg，请说明该果酱中着色剂的使用是否符合 GB2760 的规定？为什么？

（www.cipedu.com.cn）

3　调香类食品添加剂

草莓味糖果中一定含有草莓吗？

没有添加草莓的糖果为什么有草莓的味道？

产品合格证 A14-检

产品名称：草莓味硬糖

配料：白砂糖、麦芽糖浆、食品添加剂（柠檬酸、柠檬酸钠、胭脂红）、食用香精香料

净含量：计量称重　产品重量

保质期：18个月　产品标准号：SB/T 10018

产品类型：矽糖、淀粉糖浆型硬质糖果

贮存条件：请置于阴凉干燥处，避免阳光直射

营养成分表

项目	每100g	NRV%
能量	1665kJ	23%
蛋白质	0g	0%
脂肪	0g	0%
碳水化合物	97.8g	33%
糖	43mg	2%

 为什么学习食品香料和食品香精?

在食品色、香、味、形诸要素中,"香"和"味"的地位尤为突出。香味是食品的灵魂,只有香味诱人、美味可口的食品才能得到人们的青睐。香味化合物对于食品香味的形成起着举足轻重的作用。香味化合物天然存在于各类食品当中,或通过食品加工过程中一系列的物理化学变化生成。随着食品消费多元化及便捷化的发展,食品中本身存在的香味物质越来越难以满足人们的需求,必须额外添加能够补充和改善食品香味的物质。这种额外添加的能够补充和改善食品香味的物质称为食品香料,由食品香料组成的可直接用于食品加香的混合物称为食品香精。随着食品产业的发展,食品香料和食品香精的应用越来越普遍,为了更好地满足消费者对食品口味的需要,深入了解食品香料和香精的制备原理及应用工艺对食品加工制造是非常重要的。

👁 **学习目标**

○ 食品香料和食品香精概念,以及区别和联系。
○ 食品香料分类,并列举几类代表性的香料。
○ 天然食品香料的3种主要制品类型及制备工艺。
○ 肉香型含硫食品香料化合物分子特征结构单元并列举几种具有此结构单元的化合物。
○ 食品香精的四种成分组成法和三种成分组成法。
○ 热反应香精的制备工艺。
○ 食品香精功能的理解。

3.1　食品香味的来源和食品香料、食品香精的作用

人类不能没有食品,食品不能没有香味,食品的香味是食品的灵魂。在食品色、香、味、形诸要素中,"香"和"味"的地位尤为突出。只有香味诱人、美味可口的食品才能得到人们的青睐。大多数情况下,人们选择一种食品的首要出发点是要享受它的美味,正所谓"酒香不怕巷子深"。

食品香味的来源主要有三个方面:一是食品中原先就存在的,如新鲜水果、蔬菜的香味;二是食品中的香味前体物质在食品加工过程(如加热、发酵等)中发生一系列化学变化产生的,如米饭、腐乳的香味;三是在食品加工过程中通过加入食品香精、辛香料、调味品等带来的,如糖果、红烧肉及方便面调料中的部分香味。尽管食品中的香味化合物在食品组成中含量很小(表3-1),但其作用却是举足轻重的。

表3-1 食品的组成

名称	含量
水分	至95%
蛋白质	1%～25%
油脂	1%～45%
碳水化合物	1%～80%
矿物质	1%～5%
维生素	mg/kg级
香味物质	μg/kg～mg/kg级

对传统手工制作的大多数食品而言，由于制作方法精细、工艺繁琐、加热时间长等原因，其香味一般都能够令人满意。在制作过程中，除了部分品种，如酱牛肉、烧鸡等，添加辛香料外，大部分食品不添加香精。但食品厂采用现代化设备大规模、快速生产的食品，由于工艺简化、加热时间短等原因，其香味通常不如传统方法制作的浓郁，必须额外添加能够补充和改善食品香味的物质，也就是食品香精。

食品香精（flavorings）是含有多种香味成分的、用来补充和改善及提高食品香味质量的混合物。食品香精的主要原料是食品香料。

食品香料（flavorant）是指那些具有香味的、对人体安全的、用来制造食品香精的单一有机化合物或混合物，是食品香精的有效成分。其中的单一有机化合物一般称为单体香料，如肉桂醛、香兰素、2-甲基-3-巯基呋喃等。混合物主要有精油（如肉桂油、大蒜油等）、油树脂（如生姜油树脂、姜黄油树脂等）和酊剂（如香荚兰豆酊、枣酊等）等。传统的辛香料也属于食品香料的范畴，如花椒、八角茴香（大料）、桂皮、丁香、生姜、大葱、大蒜、芫荽、香叶、白芷、草果、砂仁、肉豆蔻、胡椒、辣椒等。

食品香料和食品香精的关系是原料和产品的关系。食品香料一般不直接在食品中使用，而是调制成食品香精以后再添加到食品中。通过香料调配来创拟香精配方的过程、方法和艺术统称为调香。从事调香的人员称为调香师。从事食品香精调香的人员称为食品调香师（flavorist）。

本章调香类食品添加剂指的就是食品香料和食品香精。传统的食品香精制备方法是调香法，许多水果香精、奶香精、酒香精大都采用调香法制备。随着科技的进步，酶解、发酵、热反应等方法成为制备食品香精的新技术，在肉味香精、奶香精、巧克力香精和酒用香精的生产中得到了广泛应用。因此，食品香精更全面的定义是：食品香精是通过酶解、发酵、热反应、调香等方法中的一种或几种制备的、具有一定香型的、可以直接添加到食品中的、含有多种香成分的混合物。

食用香精与食品香精的内涵不一样。食用香精包括食品香精，同时还包括那些可以直接进入或有可能带入人类口腔的用品中使用的香精，如牙膏等口腔卫生用品香精、药品香精、餐具和水果用洗涤剂香精等。烟用香精在中国属于食用香精管理的范畴。本章只讨论食品香料和食品香精。

综上所述，食品香料、食品香精是制造食品香味的主要来源之一，它们的使用使得制造食品的香味能够跟传统手工制作的食品相媲美。在世界范围内，添加了食品香料、食品香精的制造食品占绝大多数。随着食品产业的发展，食品香料和食品香精的应用越来越普遍。

3.2 食品香料及其分类

食品香料品种很多并且每年都在增加，目前世界各国允许使用的食品香料有4000多种，其中美国食品香料与萃取物制造者协会（Flavor and Extract Manufactures Association of the United States，FEMA）公

布的GRAS30（Generally Recognized as Safe），FEMA号已到4967（FEMA号从2001开始）。具有FEMA号的香料尽管在法律上是没有约束力的，但却是世界各国和国际组织确定是否允许食用的主要参考依据。

我国《食品安全国家标准　食品添加剂使用标准》（GB2760—2014）中包含有1870种中国允许使用的食品用香料，其中天然香料393种、合成香料1477种。中国在食品用香料名单确定方面是非常慎重的，一般世界上有两个以上发达国家许可使用的食品用香料中国才会考虑列入GB2760的食品用香料名单。在中国，食品香精生产中不允许使用GB2760食品用香料名单之外的食品香料。

为了促进食品香精安全，国际食品香料香精工业组织（International Organization of the Flavor Industry，IOFI）正在积极推动"全球食品香料安全工程（Worldwide Flavor Safety Program）"，对于能够安全使用的食品香料创建一个全球性的、开放的"确定名单（positive list）"。

需要强调的是，食品香料和食品香精具有"自我限量（self-limiting）"特性，即任何一种食品香料和食品香精当其使用量超过一定范围时，其气味会令人不愉快，使用者不得不将其用量降低到适宜的范围，想多加也办不到。因此，绝不会发生由于食品香料和食品香精使用过量而导致的安全问题。

 概念检查 3.1

○ 为什么在《食品安全国家标准　食品添加剂使用标准》中没有限制食用香料的使用范围和最大使用量？

（www.cipedu.com.cn）

食品香料的数量比其他所有允许使用的食品添加剂的总和还要多。如此多的品种不可能一一介绍，本章也只是介绍一些典型的代表性香料。

食品香料按照来源可以分为天然食品香料和合成食品香料两大类。

3.2.1　天然食品香料的分类

食品中使用的天然香料主要有三类，一类是芳香植物的花、枝、叶、根、皮、茎、籽或果等及其提取物，如玫瑰花、薄荷、柑橘、桂花、花椒、大蒜等，其提取物如玫瑰油、薄荷油、柑橘油、桂花浸膏、花椒油树脂等。第二类是从这些天然香料中分离出来的单一有效成分，一般称为单离香料，如从肉桂油中分离的肉桂醛、从山苍子油中分离的柠檬醛、从薄荷油中分离的薄荷脑等。第三类是以生物质为原料通过发酵等生化方法制备的香味物质，如发酵法制备的呋喃酮、3-羟基-2-丁酮等。

目前，天然香料的有效成分大部分可以单离出来或用有机合成的方法合成出来。分子结构相同的单离香料与合成香料，除了由于来源不同导致的不稳定同位素含量不同外，其安全性、香味特征和使用效果等并没有差别。

3.2.2　合成食品香料的分类

合成食品香料是通过有机合成的方法制取的食品香料。

如果某种合成食品香料是天然食物的香成分，这种食品香料则称为天然等同香料。如2-甲基-3-呋喃硫醇是金枪鱼、牛肉、猪肉等的香成分，因此，2-甲基-3-呋喃硫醇是一种天然等同香料。目前允许使用的合成食品香料多数是天然等同香料。

如果是用来源于天然动植物的原料合成的食品香料，其分子中所有C原子都来源于天然动植物，^{14}C同位素比例与天然动植物相同，则这种食品香料称为天然级香料，如采用发酵法生产的乙酸和乙醇为原料合成的乙酸乙酯。

同一种香料可能有天然产品、天然级产品和合成产品之分，尽管其安全性和使用性能没有差别，但价格差别很大。例如，2012年天然香兰素、天然级香兰素、合成香兰素的国际市场价格大致分别是1300\$/kg、120\$/kg、12\$/kg。

合成食品香料的分类方法主要有三种：一是按官能团分类，二是按碳原子骨架分类，三是按香味类型分类。

合成食品香料按官能团可分为烃类、醇类、酚类、醚类、醛类、酮类、缩羰基类、酸类、酯类、内酯类、硫醇类和硫醚类食品香料等。

合成食品香料按碳原子骨架分类大体的情况简介如下。

萜烯类食品香料，如萜烯、萜醇、萜醛、萜酮、萜酯。

芳香族类食品香料，如芳香族醇、醛、酮、酸、酯、内酯、酚、醚。

脂肪族类食品香料，如脂肪族醇、醛、酮、酸、酯、内酯、醚。

含氮、含硫、杂环和稠环类食品香料，如硫醇类、硫醚类、硫酯类、呋喃类、噻吩类、吡咯类、噻唑类、吡啶类、吡嗪类、喹啉类。

合成食品香料按香味类型可分为花香型、果香型、奶香型、辛香型、清香型、草香型、凉香型、烤香型、葱蒜香型、烟熏香型、肉香型、药香型食品香料等。

3.3　天然食品香料

3.3.1　天然食品香料的主要品种

人类最初使用食品香料是从天然食品香料开始的，主要用于烹调和食品调味。天然食品香料的品种数以百计，主要是香花、香草和辛香料，常见的品种有葱、洋葱、姜、蒜、花椒、八角茴香、肉桂、胡椒、辣椒、孜然、丁香、豆蔻、砂仁、草果、白芷、山奈、薄荷、留兰香、甘牛至、甜罗勒、枯茗、莳萝、月桂、小茴香、葫芦巴、迷迭香、韭菜、芹菜、芫荽、姜黄、香荚兰、桂花、茉莉花、菊花、柚、橙、橘、柠檬等。

3.3.2　天然食品香料的主要制品类型

人类最初使用天然食品香料大都是使用其植物的原始形态，这种使用方式至今还在延续，如炖肉时使用的花椒、大料、桂皮、葱、姜等。这种使用方式最大的优点是"原汁原味"，其中的呈香、呈味成分

都能发挥作用。缺点是许多香味成分由于在植物组织内部，在随食物烹煮的过程中不能有效溶出，香味成分利用率低。随着科技的进步，人们先后开发了辛香料粉、精油和油树脂等剂型。

（1）精油

精油（essential oil）是从香料植物中提取的挥发性油状液体，是植物性天然香料的主要品种。精油的制法主要有两种：一种是以植物的花、叶、枝、皮、根、茎、果、籽、树脂等为原料，经水蒸气蒸馏制取，例如薄荷油、小茴香油、肉桂油、八角茴香油等。另一种是将柑橘类的全果或果皮，经压榨法制取，例如柑橘油、甜橙油、柠檬油等。

（2）浸膏和油树脂

香料植物的花、叶、枝、茎、皮、果、籽或树脂等，用挥发性溶剂萃取，蒸馏回收溶剂后，蒸馏残余物即为浸膏（concrete），如茉莉浸膏、桂花浸膏等。以辛香料为原料萃取得到的浸膏习惯上称为油树脂（oleoresin），如花椒油树脂、大蒜油树脂等。

在浸膏和油树脂中，除含有精油外，尚含有相当数量的植物蜡、色素等，所以在室温下呈深色蜡状。目前最常用的挥发性浸提剂是石油醚和超临界二氧化碳。

（3）酊剂

以乙醇为溶剂，在加热或回流的条件下，浸提香料植物或植物的渗出物，乙醇浸出液经冷却、澄清、过滤后所得到的制品，通称为酊剂（tincture）。例如枣酊、香荚兰豆酊等。

 概念检查 3.2

○ 不同天然食品香料剂型的特点？

（www.cipedu.com.cn）

3.3.3　代表性的天然食品香料

（1）亚洲薄荷油（mentha arvensis oil）

亚洲薄荷为唇形科、薄荷属，多年生宿根性草本，原产中国，南美洲、澳大利亚等地也有栽培。

亚洲薄荷为药食兼用的植物，中国民间很早就把鲜薄荷作为蔬菜食用，至今一些菜肴中还在使用鲜薄荷。

亚洲薄荷油亦称薄荷原油，由新鲜的或半干的薄荷全草，用水蒸气蒸馏制得，为淡黄色至草绿色液体，其主要成分为薄荷脑，其他成分还有薄荷酮、胡薄荷酮、乙酸薄荷酯、丙酸乙酯、香叶醇、α-蒎烯、月桂烯、柠檬烯、水芹烯等。

亚洲薄荷油经过冻析后得到薄荷脑和脱脑薄荷油。脱脑薄荷油也称薄荷素油，是允许使用的食品香料。

亚洲薄荷油是重要的凉味香料，具有清凉的薄荷香，在软饮料、冰淇淋、糖果、焙烤食品、口香糖、果酒以及烟草香精中广泛使用，在食品中的建议用量为90～8300mg/kg。

（2）留兰香油（spearmint oil）

留兰香亦称绿薄荷、荷兰薄荷，为唇形科、薄荷属，多年生宿根草本植物，原产欧洲，主产地有美国、印度、英国、荷兰、意大利、匈牙利、巴西、日本、法国和中国。采用水蒸气蒸馏留兰香全草，可得留兰香油，为淡黄色至淡黄绿色液体，具有甜清带凉的轻微药草香气。其主成分为L-香芹酮，约占45%～65%，其他成分有薄荷酮、异薄荷酮、胡薄荷酮、二氢香芹酮、柠檬烯、水芹烯、蒎烯、桉叶油素、二氢香芹醇、3-辛醇、乙酸辛酯等。

留兰香属于药食同源的植物，嫩枝叶可直接用于食品调味，全草可以入药。留兰香精油可用于调配薄荷、留兰香、干酪、调味料等食品香精，在食品中的建议用量为75～6200mg/kg。

（3）甜橙油（orange oil）

甜橙为芸香科、柑橘属，常绿小乔木。原产中国和越南，巴西、美国、以色列、意大利、西班牙、摩洛哥、几内亚、澳大利亚、印度尼西亚等国都有栽培。甜橙是人们喜爱的鲜食水果。

冷磨新鲜整果或冷榨新鲜果皮得到冷榨甜橙油，为黄色至红黄色澄清流动液体。用冷榨后的残渣或收集的碎果皮进行水蒸气蒸馏，得到蒸馏甜橙油，为无色至苍黄色液体。

甜橙油的主成分有柠檬烯、柠檬醛、甜橙醛、辛醛、癸醛、芳樟醇、橙花醇、松油醇、香叶醇、乙酸辛酯、乙酸癸酯、邻氨基苯甲酸甲酯、月桂烯等。

甜橙油是最常用的果香香料之一，具有轻快新鲜的甜橙果香和甜橙果皮香气，主要用于调配甜橙、可乐、柠檬、混合水果等食品香精，在酒用香精中也常使用，在食品中的建议用量为50～400mg/kg。

（4）柠檬油（lemon oil）

柠檬为芸香科、柑橘属，常绿小乔木。中国1920年引种，美国、意大利、西班牙、澳大利亚、新西兰、印度尼西亚等国都有栽培。

一般采用冷磨整果和蒸馏果皮来制得柠檬油。冷磨柠檬油为绿黄色或黄色澄清液体，蒸馏法柠檬油为无色至苍黄色液体。

柠檬油主成分有柠檬烯、柠檬醛、香茅醛、乙酸、辛酸、癸酸、月桂酸、松油醇、芳樟醇、香叶醇、香茅醇、橙花醇、水芹烯、蒎烯等。

柠檬油是用途广泛的重要果香香料，具有轻快、新鲜的青甜果香，有成熟柠檬果皮的香气，主要用于调配柠檬、可乐、香蕉、菠萝、樱桃、甜瓜等食品香精，在海鲜香精中也常使用，在食品中的建议用量为15～100 mg/kg。

（5）大蒜油（garlic oil）和大蒜油树脂（garlic oleoresin）

大蒜为百合科、葱属，多年生宿根草本植物。原产亚洲西部高原及欧洲地区，中国各地普遍种植，栽培历史有2000多年。大蒜是中国人日常生活中普遍食用的辛香类蔬菜。

把大蒜瓣粉碎成蒜末，用水蒸气蒸馏制得的大蒜油为淡黄色至橙红色液体。大蒜经溶剂萃取，如超临界二氧化碳萃取，可制得大蒜油树脂。

大蒜油和大蒜油树脂的主成分有烯丙基硫醚、甲基烯丙基二硫、丙基丙烯基二硫、乙基丙烯基二硫、烯丙基二硫、甲基烯丙基三硫、烯丙基三硫、水芹烯等。

大蒜油和大蒜油树脂具有强烈刺激的大蒜特征香气和味道，主要用于调配肉香、海鲜、辛香等食品香精，在食品中的建议用量为0.01～20mg/kg。

（6）洋葱油（onion oil）

洋葱亦称圆葱、肉葱、洋葱头，为百合科、葱属二年生草本植物。世界大部分国家都有种植。洋葱

为蔬菜、调味兼药用的食用香料植物。脱水洋葱多用于汤类、香辣酱、果酱、肉汁、蛋类及罐头类食品。洋葱汁可用于热反应香精尤其是牛肉香精。

洋葱地下球茎切片后水蒸气蒸馏得洋葱油，为琥珀黄至琥珀橙色液体，具有强烈刺激和持久的洋葱辛辣气味，其主成分为甲基丙基二硫、甲基丙基三硫、二丙基三硫、二乙烯基硫醚、乙烯基烯丙基硫醚、大蒜素等。

洋葱油主要用于调配食品香精尤其是咸味食品香精，在食品中的建议用量为0.5~20mg/kg。

（7）生姜油（ginger oil）和生姜油树脂（ginger oleoresin）

生姜亦称姜、白姜，为姜科、姜属多年生草本植物，原产印度尼西亚和印度等地，主产区为中国、印度、斯里兰卡、美国和欧洲。生姜为药食同源的植物，用于烹饪、腌制酱菜和调味料，食品产业中可用于面包、饼干等焙烤食品和咖喱粉。

生姜冷榨或粉碎后用水蒸气蒸馏得到姜油，为淡黄色至深黄色液体，有姜的辛辣气味，其主成分为姜油酮、姜油酚、姜烯、水芹烯、金合欢烯、桉叶油素、龙脑、乙酸龙脑酯、香叶醇、芳樟醇、壬醛、癸醛等。

用超临界二氧化碳或乙醇、丙酮等萃取干姜，脱除溶剂后得到姜油树脂，为暗棕色黏稠液体，具有木香、辛香、药草、姜、柑橘、柠檬香气，以及辛香、木香、生姜味道。

生姜油和生姜油树脂主要用于调配软饮料、姜（啤）酒、肉类等食品香精，在食品中的建议用量为10~50mg/kg。

（8）丁香油（clove oil）

丁香亦称丁子香，为桃金娘科、番樱桃属常绿乔木。主产于马达加斯加、印度尼西亚、坦桑尼亚、马来西亚、印度、越南及中国的海南、云南。使用部分为花蕾、茎和叶。

用水中蒸馏法蒸馏花蕾，可得丁香花蕾油（clove bud oil），为黄色至澄清的棕色流动性液体，有时稍带黏滞性，具有药香、木香、辛香和丁香酚特征性香气。

用水蒸气蒸馏法蒸馏丁香茎，可得丁香茎油（clove stem oil），为黄色至浅棕色液体，具有辛香和丁香酚特征性香气，但品相不及花蕾油。

用水蒸气蒸馏法蒸馏叶片，可得丁香叶油（clove leaf oil），为黄色至浅棕色液体，具有辛香和丁香酚特征性香气。

丁香油的主要成分为丁香酚，其他成分主要有β-丁香烯、石竹烯、乙酸丁香酚酯、2-庚酮等。

丁香干燥后的花蕾和丁香油在世界许多地区是很受欢迎的调味香料，在食品工业中主要用于肉类、甜点、糕饼、腌制食品等，在食品中的建议用量为0.1~830mg/kg。

（9）八角茴香油（anise star oil）

八角茴香亦称大茴香、大料，为木兰科、八角属常绿乔木，原产中国广西，主产于中国的广西、广东、贵州、云南和越南北部。

水蒸气蒸馏八角茴香果实可得八角茴香油，亦称（大）茴（香）油、八角油。为无色至淡黄色液体，具有茴香、甘草、大茴香脑香气，味甜、性辛温。

其主要成分为大茴香脑，含量85%～95%，其他成分有黄樟素、桉叶素、茴香醛、茴香酮、苯甲酸、棕榈酸、松油醇、金合欢醇、蒎烯、水芹烯、柠檬烯、石竹烯、红没药烯、金合欢烯等。

茴油主要用于单离茴脑，也用来调配酒类、调味料、肉类等食品香精，在食品中的建议用量为1～230mg/kg。

（10）中国肉桂油（cassia oil）

中国肉桂亦称肉桂，为樟科、樟属常绿乔木。主产于中国的广西、广东、云南、江西等地区。远在公元前400年，周朝就有用肉桂作为食品调味香料的记载。桂皮是中国家喻户晓的辛香料，肉桂粉是中国传统调味料"五香粉"的重要配料之一。

水蒸气蒸馏树皮，得桂皮油，为淡黄色至红棕色液体，具有肉桂的特征香气、辛辣香味，主要成分为肉桂醛，含量在80%～95%，其他成分有苯甲醛、水杨醛、桂酸、水杨酸、丁香酚、香兰素、乙酸桂酯等。

水蒸气蒸馏桂叶，得桂叶油，主要成分为丁香酚，肉桂醛含量较少。

桂皮油主要用于调配软饮料、糖果、肉类、调味料、焙烤食品、口香糖等食品香精，在食品中的建议用量为3～300mg/kg，口香糖中可用到1900mg/kg。

（11）花椒提取物（ash barkprickly extract）

花椒为芸香科、花椒属落叶灌木或小乔木，常见的其他名称有秦椒、川椒、蜀椒等。花椒产于中国北部和西南地区，在中国广为种植。花椒是中国传统的调味香料，《诗经》中就有花椒的记述，史料记载黄帝时代已经会用椒桂调味，其中的"椒"就是花椒。花椒叶可以作为蔬菜食用，花椒果实和花椒粉可以直接用于烹调。

花椒提取物主要指花椒油和花椒油树脂，花椒经水蒸气蒸馏得花椒油，经超临界二氧化碳等溶剂萃取得花椒油树脂。花椒油的主要成分为花椒油素、柠檬烯、枯茗醇、花椒烯、水芹烯、香叶醇、香茅醇等。

花椒油和花椒油树脂具有花椒特有的芳香和辛温麻辣特征，主要用于肉类、调味料、菜肴等食品香精，在食品中的建议用量为1～82mg/kg。

（12）胡椒油（pepper oil）

胡椒为胡椒科、胡椒属木质性常绿攀缘性植物，原产印度西南部，主产于印度、印度尼西亚、越南、泰国和中国华南地区。胡椒经过不同的处理方法，可得白胡椒和黑胡椒，采用水蒸气蒸馏分别得白胡椒油和黑胡椒油。

胡椒是世界范围内使用最多的辛香料，烹调中多直接使用胡椒粒或胡椒粉，在肉类、汤类、鱼类、蛋类、色拉等菜肴中广为使用。

黑胡椒油为无色或稍带黄绿色液体，具有胡椒、萜香、木香香气以及辛香、木香、萜香、药草味道，主要成分为α-蒎烯、月桂烯、胡椒醛、α-水芹烯、石竹烯、松油烯、二氢葛缕酮等。

胡椒油主要用于调配药草、肉味、调味品等食品香精，在食品中的建议用量为0.1～140mg/kg。

（13）桂花浸膏（*Osmanthus fragrans* flower concrete）

桂花为木犀科、木犀属，常绿灌木或小乔木，为中国特产的芳香植物，原产中国中南部地区，已有2000多年的栽培历史。桂花香气高雅飘逸，中国民间素有用桂花制作食品的习俗，著名的有桂花糕、桂花糖、桂花酒、桂花茶、桂花馅元宵、桂花馅月饼等。

桂花采摘后一般立即腌制贮存，而后用石油醚提取桂花浸膏。桂花浸膏为黄色或棕黄色膏状物，具有新鲜桂花香气，主要成分为α-紫罗兰醇、α-紫罗兰酮、β-紫罗兰酮、β-二氢紫罗兰酮、芳樟醇、橙花醇、香叶醇、金合欢醇、松油醇、丁香酚、水芹烯等。

桂花浸膏可用于调配桂花、蜜糖、桃子、覆盆子、草莓、茶叶、酒、软饮料等食品香精，在食品中的建议用量为0.01～10mg/kg。

（14）香荚兰豆浸膏（vanilla bean concrete）和香荚兰豆酊（vanilla bean tincture）

香荚兰亦称香子兰、香果兰、香（兰）草，为兰科、香荚兰属多年生攀缘性藤本植物，原产于墨西哥，主产于马达加斯加、印度尼西亚、墨西哥、哥伦比亚、斯里兰卡等地，中国1960年从印度尼西亚引种，现云南、海南、福建、广东、广西有小面积栽培。香荚兰豆荚未经加工时不具有香味，经过生香加工方能生香。生香后的香荚兰豆荚粉碎后乙醇浸提可得香荚兰豆酊；用石油醚浸提可制得浸膏，为棕褐色黏稠液体，具有甜的香荚兰香、膏香和焦糖香。

香荚兰的主要成分有香兰素、大茴香醇、芳樟醇、香叶醇、大茴香醛、大茴香酸、洋茉莉醛、对羟基苯甲醛、苯甲醛、乙酸苄酯、苯甲酸苄酯、肉桂酸苄酯、噻吩、2-乙酰基呋喃、2-乙酰基吡咯等。

香荚兰豆浸膏和香荚兰豆酊可用于调配香草、椰子、焦糖、巧克力、可可、什锦水果等食品香精，也可用于啤酒、苹果酒香精及烟草香精中，在食品中的建议用量为0.01～20mg/kg。

3.4　合成食品香料

相对于天然食品香料，合成食品香料的主要优点是原料丰富、生产过程受气候和自然灾害影响小、能够随时根据需要批量生产、价格稳定、成分和结构明确、香味稳定。合成食品香料的安全性和使用效果并不低于单离香料及天然级香料，绝大部分合成食品香料是天然食品和天然食品香料的香成分。因此，合成食品香料在今后不仅不会消失，而且还会不断丰富和发展。两者共同推动食品香料和食品产业的可持续发展。

合成食品香料的分类方法有两种：一种是按官能团分类，另一种是按香味类型分类。

合成食品香料按官能团可分为醇类、酚类、醚类、醛类、酮类、酯类、内酯类、硫醇类、硫醚类、硫酯类和杂环类食品香料等。有些合成食品香料分子中含有一个以上官能团，在分类时一般按最主要的官能团归类。

合成食品香料按香味类型可分为花香型、果香型、奶香型、辛香型、清香型、草香型、凉香型、烤香型、葱蒜香型、烟熏香型、肉香型和药香型食品香料等。

合成食品香料的品种比天然食品香料要多一个数量级，全世界目前使用的约有3000种，本节简要介绍了38种，除了焦糖香型香料按香味类型归类介绍外，其他均按主要官能团归类介绍。

3.4.1　醇类食品香料

（1）叶醇（leaf alcohol）

叶醇系统命名顺-3-己烯-1-醇（*cis*-3-hexen-1-ol），天然发现于茶叶、薄荷、萝卜、草莓等挥发性成分中，为无色油状液体，具有清香和药草香，常用于调配草莓、浆果、甜瓜、茶等食品香精，在食品中的建议用量为1～5mg/kg。其结构式如下：

$$CH_3-CH_2-\overset{\displaystyle H}{C}=\overset{\displaystyle H}{C}-CH_2-CH_2OH$$

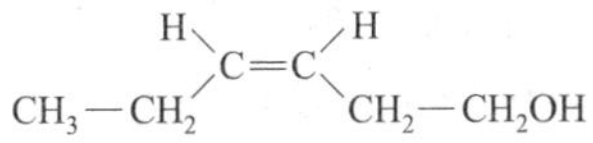

（2）芳樟醇（linalool）

芳樟醇亦称里哪醇，系统命名3,7-二甲基-1,6-辛二烯-3-醇，为无色液体，天然发现于芳樟油、香柠檬油、芫荽籽油、橙花油、甜橘油中，具有花香、木香、蜡香、清香、柑橘香，主要用于调配茶叶、辛香、桃、杏、柑橘、芒果、葡萄、奶油等食品香精，在食品中的建议用量为0.8～90mg/kg。其结构式如下：

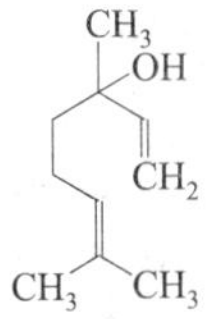

（3）薄荷醇（menthol）

薄荷醇又称薄荷脑，系统命名5-甲基-2-异丙基环己醇，为无色针状晶体。天然发现于薄荷油、香叶油、留兰香油等精油中，具有清凉的薄荷香气，是最重要的凉香味香料，主要用于调配凉香型、辛香型、水果香型食品香精，在食品中的建议用量为35～400mg/kg，口香糖中可高达1100mg/kg。其结构式如下：

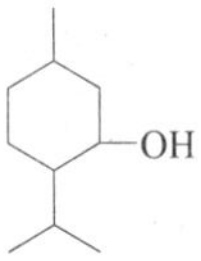

3.4.2　酚类食品香料

丁香酚（eugenol）

丁香酚系统命名2-甲氧基-4-烯丙基苯酚，为无色至淡黄色液体，是丁香油、丁香罗勒油、月桂叶油的主要香成分，具有辛香、烟熏香、熏肉样香气和味道，可用于配制薄荷、坚果、熏肉、猪肉、辛香型等食品香精，在最终加香食品中建议用量为0.6～2000mg/kg。其结构式如下：

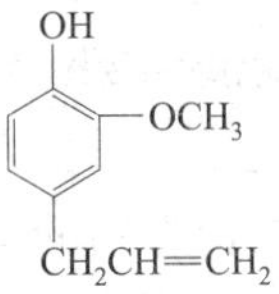

3.4.3　醚类食品香料

（1）对甲酚甲醚（p-cresyl methyl ether）

对甲酚甲醚亦称对甲基茴香醚、4-甲氧基甲苯，无色透明液体，天然发现于西红柿、乳酪中，浓度高时具有粗犷的动物香，稀释到一定程度后具有罗兰香、依兰香、清香、果香，常用于调配胡桃、坚果、葡萄干等食品香精，在食品中建议用量为0.5～8mg/kg。其结构式如下：

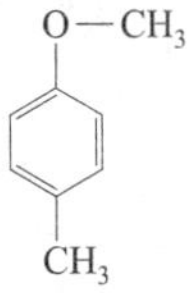

（2）大茴香脑（anise camphor）

大茴香脑系统命名1-甲氧基-4-丙烯基苯，为白色晶体，天然发现于八角茴香、小茴香精油中，具有茴香、辛香和甘草香气，常用于调配香荚兰、茴香、樱桃、薄荷等食品香精，在食品中的建议用量为11～1500mg/kg。其结构式如下：

$$CH_3—O—\langle\ \rangle-CH=CH—CH_3$$

3.4.4　醛类食品香料

（1）2,4-庚二烯醛（2,4-heptadienal）

2,4-庚二烯醛为无色至淡黄色液体，天然发现于鸡肉、红茶、番茄、土豆片、花生中，具有清香、脂肪、水果、辛香香气，是鸡肉香精的常用香料，可用于调配鸡肉、土豆、鱼、蘑菇、浆果、覆盆子等食品香精，在食品中的建议用量为0.2～38mg/kg。其结构式如下：

$$CH_3—CH_2—CH=CH—CH=CH—CHO$$

（2）柠檬醛（citral）

柠檬醛系统命名3,7-二甲基-2,6-辛二烯醛，有顺反异构体，顺式称为橙花醛，反式称为香叶醛。柠檬醛为黄色液体，天然发现于柠檬、山苍子油、柠檬草油、丁香罗勒油、酸柠檬叶油中，具有甜香、清香、果香，可用于调配柠檬、橘子、甜橙等食品香精，在食品中的建议用量为9.2～170mg/kg。其结构式如下：

顺式　　　　　反式

（3）苯甲醛（benzaldehyde）

苯甲醛为无色液体，天然发现于香茅、肉桂、杏仁中，具有苦杏仁、樱桃及坚果香气，是杏仁露香精的常用香料，可用于调配杏仁、樱桃、热带水果等食品香精，在食品中的建议用量为36～840mg/kg。其结构式如下：

$$\langle\ \rangle-CHO$$

（4）乙基香兰素（ethyl vanillin）

乙基香兰素系统命名4-羟基-3-乙氧基苯甲醛，为白色晶体，尚未发现天然存在的文献报道，具有甜的、巧克力、香草、奶油香气，香气强度为香兰素的3～4倍，可用于调配香草、奶油、巧克力、焦糖等食品香精，在食品中的建议用量为20～28000mg/kg。其结构式如下：

3.4.5　酮类食品香料

（1）2,3-丁二酮（diacetyl）

2,3-丁二酮，亦称双乙酰，为黄色至浅绿色液体，天然发现于牛奶、草莓、咖啡、覆盆子中，也存在于当归、肉豆蔻、香叶等精油中，具有奶油、黄油香气。主要用于调配奶油、奶酪、巧克力、草莓、焦糖、白酒等食品香精，在食品中的建议用量为2.5～44mg/kg。其结构式如下：

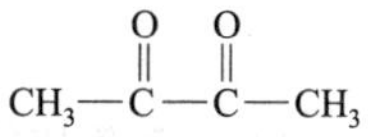

（2）β-紫罗兰酮（β-ionone）

β-紫罗兰酮系统命名4-（2,6,6-三甲基-1-环己烯-1-基）-3-丁烯-2-酮，为无色至浅黄色液体，天然发现于覆盆子、西红柿、玫瑰中，具有果香、木香、紫罗兰香、清香，可用于调配樱桃、菠萝、覆盆子、草莓等食品香精，在食品中的建议用量为1.6～89mg/kg。其结构式如下：

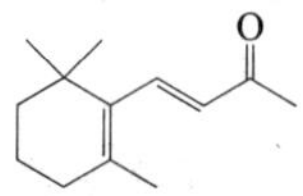

（3）覆盆子酮（raspberry ketone）

覆盆子酮亦称悬钩子酮，系统命名4-（4-羟基苯基）-2-丁酮，为白色针状晶体，天然发现于覆盆子、欧黑莓中，具有果香及覆盆子的味道，可用于调配菠萝、桃子、覆盆子、草莓等食品香精，在食品中的建议用量为5～320mg/kg。其结构式如下：

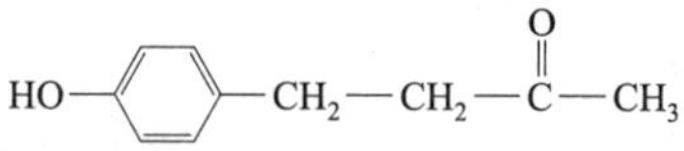

3.4.6　焦糖香型食品香料

焦糖香型食品香料是食品香精不可或缺的一类香料，尽管它们的化学结构看上去有很大不同，却都可以用下面烯醇化的平面结构式表示：

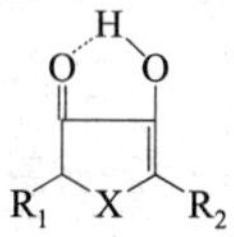

式中，R_1、R_2为H或烷基，X为构成环的原子或基团。符合上述结构的化合物都具有焦糖样香味，已经允许作为食品香料使用的部分此类化合物列于表3-2。

表3-2　部分焦糖香型的食品香料

FEMA 号	名称	结构式
2656	麦芽酚	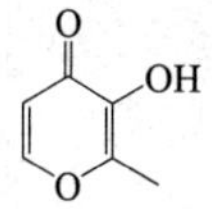
3487	乙基麦芽酚	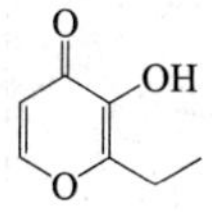

续表

FEMA 号	名称	结构式
3635	4-羟基-5-甲基-3-(2H)呋喃酮	
3174	4-羟基-2,5-二甲基-3(2H)-呋喃酮	
3623	2-乙基-4-羟基-5-甲基-3(2H)-呋喃酮	
3634	4,5-二甲基-3-羟基-2,5-二氢呋喃-2-酮	
3153	5-乙基-4-甲基-3-羟基-2,5-二氢呋喃-2-酮	
2700	甲基环戊烯醇酮（MCP）	
3152	3-乙基-2-羟基-2-环戊烯-1-酮	
3268	3,4-二甲基-2-羟基环戊-2-烯-1-酮	
3269	3,5-二甲基-2-羟基-2-环戊烯-1-酮	
3453	3-乙基-2-羟基-4-甲基-2-环戊烯-1-酮	
3454	5-乙基-2-羟基-3-甲基-2-环戊烯-1-酮	
3458	2-羟基-2-环己烯-1-酮	
3305	2-羟基-3-甲基-2-环己烯-1-酮	
3459	2-羟基-3,5,5-三甲基-2-环己烯-1-酮	

（1）乙基麦芽酚（ethyl maltol）

乙基麦芽酚系统命名2-乙基-3-羟基-γ-吡喃酮，为白色晶体，尚未见天然发现的文献报道，具有焦糖、棉花糖香气，香气强度为麦芽酚的4～6倍，主要用于草莓、红糖、果酱、菠萝蜜、肉味等食品香精和酒用香精，在食品中的建议用量为12.4～152mg/kg。其结构式如下：

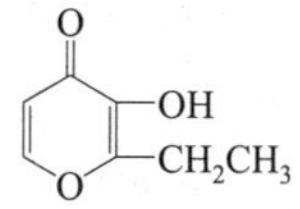

（2）甲基环戊烯醇酮（methylcyclopentenolone，MCP）

甲基环戊烯醇酮系统命名2-羟基-3-甲基-2-环戊烯-1-酮。甲基环戊烯醇酮为白色晶体，天然发现于花生、咖啡及葫芦巴油中，具有焦糖、面包、坚果、当归香气，可用于调配咖啡、面包、焦糖、杏子、肉味、葡萄酒等食品香精，在食品中的建议用量为5.6～30mg/kg。其结构式如下：

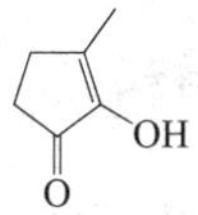

（3）4-羟基-2,5-二甲基-3(2H)呋喃酮［4-hydroxy-2,5-dimethyl-3(2H)furanone］

4-羟基-2,5-二甲基-3(2H)呋喃酮亦称呋喃酮、菠萝呋喃酮、草莓呋喃酮，为白色固体，纯品在空气中容易氧化。呋喃酮天然发现于菠萝蜜、草莓、咖啡、炒杏仁中，具有果香、烤香、焦糖、似麦芽酚香气，可用于焦糖、热带水果、焙烤食品、坚果、肉味等食品香精，在食品中的建议用量为5～10mg/kg。其结构式如下：

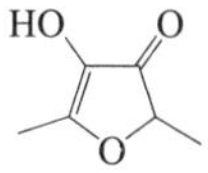

3.4.7 缩羰基类食品香料

（1）乙醛二乙缩醛（acetaldehyde diethyl acetal）

乙醛二乙缩醛亦称（二）乙缩醛，系统命名1,1-二乙氧基乙烷，为无色液体，天然发现于白酒香成分中，具有清香、木香香气，可用于调配菠萝、水果、白酒、坚果等食品香精，在食品中的建议用量为7～120mg/kg。其结构式如下：

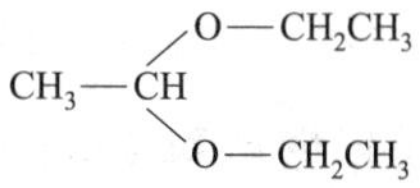

（2）乙醛苯乙醇丙醇缩醛（acetaldehyde phenylethyl propyl acetal）

乙醛苯乙醇丙醇缩醛为无色至浅黄色液体，尚未见天然发现的文献报道，具有令人愉快的清新、清香和青椒气味，可用于蔬菜、水果等食品香精，在食品中的建议用量为1～2.5mg/kg。其结构式如下：

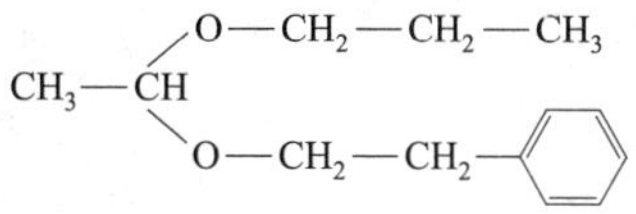

3.4.8 羧酸类食品香料

（1）异戊酸（isovaleric acid）

异戊酸系统命名3-甲基丁酸，为无色黏稠液体，天然发现于白面包、干酪、蘑菇、香茅中，具有刺激性酸败气味，稀释后具有干酪、奶制品、水果香气，主要用于调配干酪、奶油、草莓、坚果、肉味等食品香精，在食品中的建议用量为1.2～14mg/kg。其结构式如下：

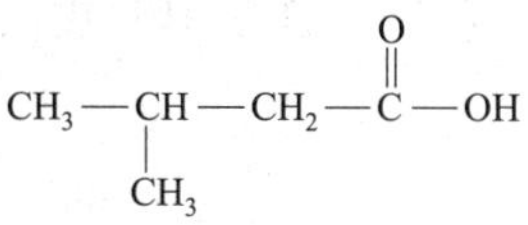

（2）2-甲基-2-戊烯酸（2-methyl-2-pentenoic acid）

2-甲基-2-戊烯酸俗称草莓酸，为无色液体，天然发现于草莓中，具有酸的、木香、果香气味，主要用于调配草莓、乳酪、覆盆子、热带水果等食品香精，在食品中的建议用量为1mg/kg。其结构式如下：

$$CH_3-CH_2-CH=C-\overset{\displaystyle O}{\overset{\|}{C}}-OH$$
$$\underset{CH_3}{|}$$

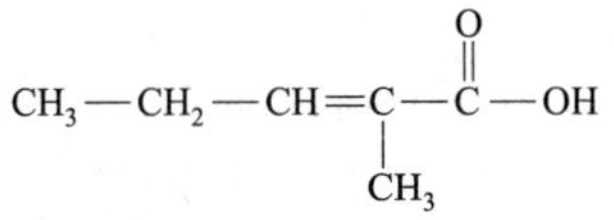

3.4.9　酯类食品香料

（1）乙酸乙酯（ethyl acetate）

乙酸乙酯为无色液体，天然发现于黄酒、白酒、朗姆酒、葡萄酒、啤酒、西红柿、菠萝中，具有甜的如菠萝的果香及葡萄、樱桃香韵，同时还有酒样味道。乙酸乙酯是白酒的基础香成分之一，与乳酸乙酯一起构成清香型白酒的典型香气，常用于调配酒用香精和樱桃、香蕉、草莓、葡萄等食品香精，在食品中的建议用量为50～200mg/kg。其结构式如下：

$$CH_3-\overset{\displaystyle O}{\overset{\|}{C}}-O-CH_2-CH_3$$

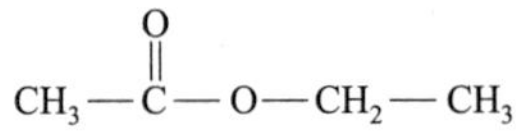

（2）己酸乙酯（ethyl hexanoate）

己酸乙酯为无色至浅黄色液体，天然发现于白酒、白兰地、朗姆酒、菠萝、茶、羊肉中，具有甜的、果香、菠萝、香蕉香气和酒香，是浓香型白酒香精的主香剂，常用来调配白酒、白兰地、苹果、香蕉等食品香精，在食品中的建议用量为1～40mg/kg。其结构式如下：

$$CH_3-(CH_2)_4-\overset{\displaystyle O}{\overset{\|}{C}}-O-CH_2-CH_3$$

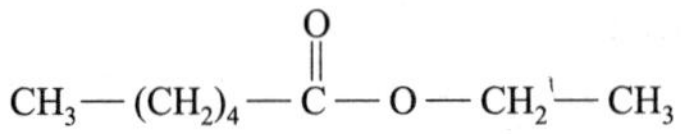

（3）邻氨基苯甲酸甲酯（methyl anthranilate）

邻氨基苯甲酸甲酯为无色至浅黄色液体，带有蓝色荧光，天然发现于葡萄（酒）中，具有果香、花香、霉香，可用于调配葡萄、樱桃等食品香精和酒用香精，在食品中的建议用量为0.2～2200mg/kg。其结构式如下：

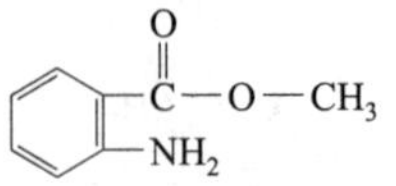

3.4.10　内酯类食品香料

（1）γ-壬内酯（γ-nonalactone）

γ-壬内酯亦称γ-戊基丁内酯，俗称椰子醛，为无色至浅黄色透明液体，天然发现于桃子、草莓、绿茶、啤酒、白兰地、朗姆酒中，具有奶油、椰子样香气，在食用香精中除了作为椰子香精的主香剂外，还用于调配奶油、坚果、热带水果等食品香精，在食品中的建议用量为0.2～38mg/kg。其结构式如下：

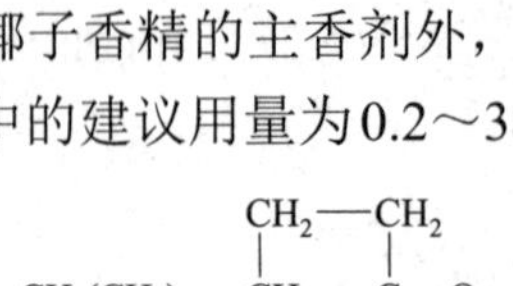

（2）二氢香豆素（dihydrocoumarin）

二氢香豆素亦称苯并二氢吡喃酮，为无色至浅黄色黏稠液体，天然发现于草木犀中，具有奶油香、椰子香、干草香，主要用于调配香草、椰子、樱桃、坚果、奶油等食品香精和酒用香精，在食品中的建议用量为7.8～78mg/kg。其结构式如下：

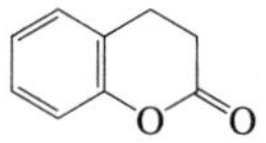

3.4.11　杂环类食品香料

（1）2-乙酰基呋喃（2-acetylfuran）

2-乙酰基呋喃为浅黄色液体或晶体，天然发现于西红柿、啤酒、咖啡中，具有谷类、焦糖、坚果、烤香、牛奶香气，可用于调配杏仁、面包、火腿、糖蜜、坚果、烘烤食品等食品香精，在食品中的建议用量为20mg/kg。其结构式如下：

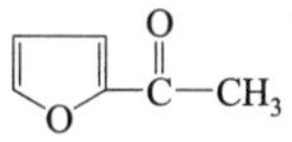

（2）5-羟乙基-4-甲基噻唑（5-hydroxyethyl-4-methylthiazole）

5-羟乙基-4-甲基噻唑又称4-甲基-5-β-羟乙基噻唑，俗称噻唑醇，为无色或浅黄色黏稠油状液体，天然发现于烤牛肉、啤酒中，具有肉香、烤香、坚果香、酵母样香气，可用于调配坚果、肉、辛香料等食品香精，在食品中的建议用量为55mg/kg。其结构式如下：

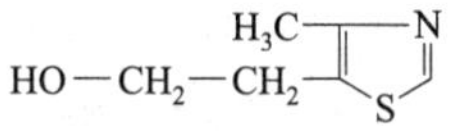

（3）2,3,5-三甲基吡嗪（2,3,5-trimethylpyrazine）

2,3,5-三甲基吡嗪为白色针状晶体，天然发现于可可、牛肉、绿茶、花生中，具有坚果香、土豆、蔬菜样香气，可用于调配坚果、可可、咖啡、谷物等食品香精，在食品中的建议用量为1～10mg/kg。其结构式如下：

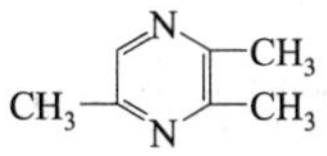

3.4.12　硫醇类食品香料

（1）2-巯基-3-丁醇（2-mercapto-3-butanol）

2-巯基-3-丁醇亦称3-巯基-2-丁醇，俗称"935"，为无色透明液体，尚未见天然发现的文献报道，具有肉香、烤肉香、洋葱、大蒜香气，可用于调配鸡肉、烤牛肉、洋葱、大蒜等食品香精，在食品中的建议用量为0.2mg/kg。其结构式如下：

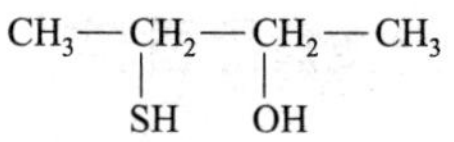

（2）糠硫醇（furfuryl mercaptan）

糠硫醇亦称2-呋喃基甲硫醇，俗称咖啡醛，为无色至浅黄色透明油状液体，天然发现于芝麻油、咖啡、鸡肉、牛肉、猪肉中，具有特征的芝麻、咖啡香气和洋葱、大蒜、肉香等香气特征，可用于调配咖啡、芝麻、洋葱、大蒜、肉等食品香精，在食品中的建议用量为0.1～2.1mg/kg。其结构式如下：

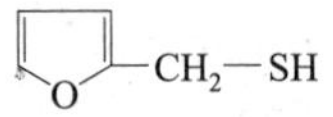

（3）2- 甲基 -3- 呋喃硫醇（2-methyl-3-furanthiol）

2- 甲基 -3- 呋喃硫醇亦称 2- 甲基 -3- 巯基呋喃，俗称"030"，是肉味香精的关键性香料，为浅黄色透明液体，天然发现于金枪鱼、牛肉、猪肉、鸡肉中，具有肉香、烤肉香、鱼香香气，是最重要的肉香味香料之一，可用于调配牛肉、猪肉、鸡肉、火腿、鱼、金枪鱼、大马哈鱼及贝类等食品香精，在食品中的建议用量为 0.25mg/kg。其结构式如下：

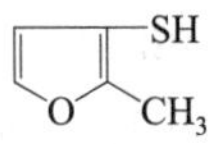

3.4.13　硫醚类食品香料

（1）二丁基硫醚（dibutyl sulfide）

二丁基硫醚为无色液体，天然发现于大葱、大蒜中，具有硫化物样气味，高度稀释后呈青叶香，可用于调配洋葱、大蒜、水果、花香等食品香精，是不多见的可用于花香香精的含硫香料，在食品中的建议用量为 0.01～1mg/kg。其结构式如下：

$$CH_3(CH_2)_3{-}S{-}(CH_2)_3CH_3$$

（2）3- 甲硫基丙醛 ［3-（methylthio）propionaldehyde］

3- 甲硫基丙醛俗称菠萝醛，为无色至浅黄色液体，天然发现于马铃薯、番茄、乳酪、土豆中，具有硫化物样、蔬菜、霉味和肉香气味，可用于调配番茄、土豆、肉等食品香精，在食品中的建议用量为 0.01～1.9mg/kg。其结构式如下：

$$CH_3S{-}CH_2{-}CH_2{-}\overset{\displaystyle O}{\overset{\|}{C}}{-}H$$

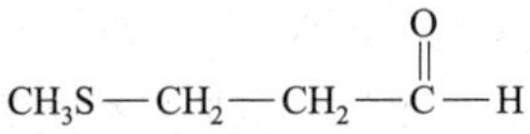

（3）2,5- 二甲基 -2,5- 二羟基 -1,4- 二硫代环己烷（2,5-dimethyl-2,5-dihydroxy-1,4-dithiane）

2,5- 二甲基 -2,5- 二羟基 -1,4- 二硫代环己烷亦称 2,5- 二甲基 -2,5- 二羟基 -1,4- 二硫杂环己烷、2,5- 二甲基 -2,5- 二羟基 -1,4- 二噻烷，俗称"705"，为白色至灰白色晶体，尚未见发现天然存在的文献报道，具有鸡肉、烤香、洋葱香气，常用于调配肉、蔬菜等食品香精，在食品中的建议用量为 1.0～7.5mg/kg。其结构式如下：

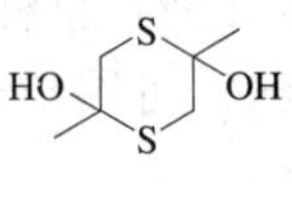

3.4.14　二硫醚类食品香料

（1）甲基丙基二硫醚（methyl propyl disulfide）

甲基丙基二硫醚为无色至淡黄色液体，天然发现于卷心菜、洋葱、大蒜、土豆、牛肉、花生中，具有硫黄、葱蒜、小萝卜、土豆和大蒜香气，可用于调配小萝卜、土豆、洋葱、肉类等食品香精，在食品中的建议用量为 1.0mg/kg。

其结构式如下：

$$CH_3—S—S—CH_2—CH_2—CH_3$$

（2）甲基2-甲基-3-呋喃基二硫醚（methyl 2-methyl-3-furyl disufide）

甲基2-甲基-3-呋喃基二硫醚俗称"719"，为浅黄色透明液体，天然发现于咖啡、烤牛肉、煮猪肉中，具有肉香、蔬菜、洋葱样香气，是肉味香精的关键性香料，可用于调配肉、洋葱、大蒜、番茄等食品香精，在食品中的建议用量为0.1～5mg/kg。其结构式如下：

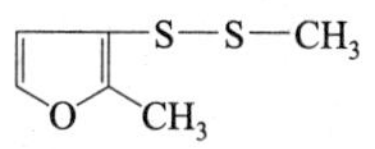

3.4.15 硫代羧酸酯类食品香料

硫代乙酸糠酯（furfuryl thioacetate）

硫代乙酸糠酯亦称糠硫醇乙酸酯，为浅黄色油状液体，天然发现于芝麻油中，具有蔬菜、硫黄、烤香、大蒜、咖啡和肉香气，可用于调配肉类、调味品、咖啡、洋葱、大蒜、芥末等食品香精，在食品中的建议用量为0.2～1.5mg/kg。其结构式如下：

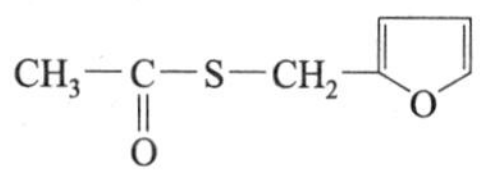

3.4.16 异硫氰酸酯类食品香料

异硫氰酸3-甲硫基丙酯（3-methylthiopropyl isothiocyanate）

异硫氰酸3-甲硫基丙酯为无色至浅黄色油状液体，天然发现于十字花科植物的种子和热的花椰菜中，具有类似辣根、萝卜的香味，可用于调配卷心菜、辣根、芥菜、洋葱、韭菜、大蒜等食品香精，在食品中建议用量为4mg/kg。其结构式如下：

$$CH_3—S—CH_2—CH_2—CH_2—N{=}C{=}S$$

3.4.17 肉香型含硫食品香料化合物分子特征结构单元

肉香型含硫食品香料是调配咸味食品香精最重要的原料，在分子结构上含有图3-1特征结构单元的含硫化合物都具有基本肉香味特征，目前已经合成并进行了香气评价的这类化合物有300多种，除了前面已经介绍的含硫食品香料以外，其他比较重要的还有1,2-乙二硫醇、1,2-丁二硫醇、4-甲基-5-β-羟乙基噻唑乙酸酯、2-甲基-3-四氢呋喃硫醇、2,5-二甲基-3-呋喃硫醇、2,5-二羟基-1,4-二噻烷、α-甲基-β-羟基丙基α'-甲基-β'-巯基丙基硫醚、3-巯基-2-丁酮、3-巯基-2-戊酮、丙基2-甲基-3-呋喃基二硫醚、双（2-甲基-3-呋喃基）四硫醚、硫代甲酸糠酯、硫代丙酸糠酯和硫代乳酸等，在此不再一一详细介绍。

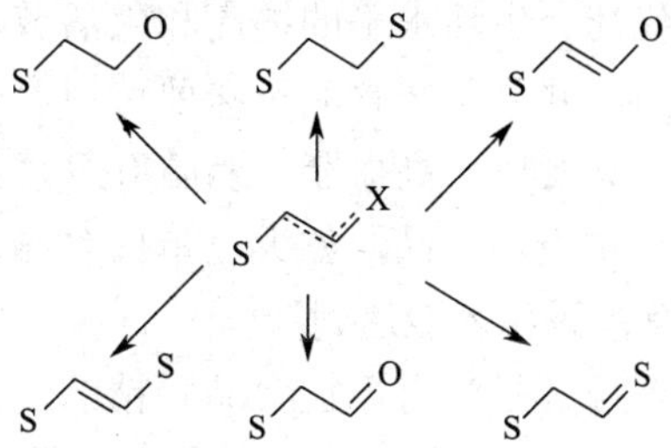

图3-1 肉香味含硫化合物分子的6种特征结构单元

上述特征结构单元既可用于指导肉香味含硫新化合物的分子设计，避免合成的盲目性，提高遴选成功率；又可用来指导肉味香精调香，提高肉香味含硫香料选择的准确性。

3.5　食品香精

食品香料一般不直接用于食品加香，而是调配成食品香精以后再添加到食品中。食品香料、食品香精和食品的渊源可以用图3-2简要概括。

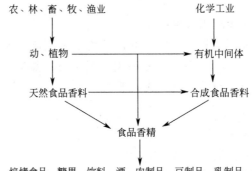

图 3-2　食品香料、食品香精和食品的渊源

3.5.1　食品香精的功能

食品香精是食品加工制造的必要配料，其功能主要是使食品的香味能够满足消费者的需求。

（1）为食品提供香味

一些食品基料本身没有香味或香味很小，加入食品香精后具有了宜人的香味，如软饮料、冰淇淋、果冻、糖果等。

（2）补充和改善食品的香味

一些食品由于加工工艺、加工时间等的限制，香味往往不足、或香味不正、或香味特征性不强，加入食品香精后能够使其香味得到补充和改善，如罐头、香肠、面包等。

关于食品香精一定要走出认识上的三个误区：第一个误区是食品不应该加香精。现代社会生活水平的提高和生活节奏的加快使人们越来越喜爱食用快捷方便的食品，并且希望食品香味要可口、丰富多样，这些必须通过添加食品香精来实现。高血压、高血脂、脂肪肝等"富贵病"的增多使人们越来越希望多食用一些植物蛋白食品，如大豆蛋白食品，而又要求有可口的香味，这只有添加相应的食品香精才能达到。

第二个误区是没有添加食品香精的食品好。一些厂商刻意在食品包装上标出"不含香料""不含香精"等字样误导消费者，加深了人们对食品香料香精的误解。食品香料香精是确保制造食品质量的必要配料，即便是那些标有"不含香料""不含香精"等字样的食品，大多数还是添加了食品香精。

第三个误区是外国人不吃和很少吃添加了食品香精的食品。食品香精是人类文明程度提高和科学技术进步的产物，食品香精的人均消费量与国家经济的发展水平是一致的，越是发达国家食品香精人均消费量越高。

3.5.2　食品香精的分类

食品香精的种类繁多，并且在不断发展变化，有什么类型的食品就会有相应的食品香精。食品香精的分类主要有以下几种。

（1）按来源分类

食品香精按香味物质来源分类如下：

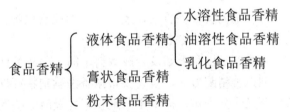

食品香精 ┤ 调和型食品香精
　　　　　　反应型食品香精
　　　　　　发酵型食品香精
　　　　　　酶解型食品香精
　　　　　　脂肪氧化型食品香精

（2）按剂型分类

食品香精按剂型分类如下：

食品香精 ┤ 液体食品香精 ┤ 水溶性食品香精
　　　　　　　　　　　　　　油溶性食品香精
　　　　　　　　　　　　　　乳化食品香精
　　　　　　膏状食品香精
　　　　　　粉末食品香精

（3）按香型分类

食品香精的香型丰富多样，每一种食品都有自己独特的香型。食品香精按香型可分为很多类型，概括起来主要有以下几类：

食品香精 ┤ 水果香型食品香精
　　　　　　坚果香型食品香精
　　　　　　乳香型食品香精
　　　　　　肉香型食品香精
　　　　　　辛香型食品香精
　　　　　　烤香型食品香精
　　　　　　蔬菜香型食品香精
　　　　　　酒香型食品香精
　　　　　　花香型食品香精等

每一类中又可细分为很多具体香型，如水果香型食品香精可以按水果品种分为苹果、草莓、香蕉、菠萝、柠檬、哈密瓜等香型。同一种水果香型食品香精还可以分为若干种，如苹果香精可分为青苹果香型、香蕉苹果香型、红富士苹果香型等。

（4）按用途分类

每一种食品都有与之相配套的食品香精。因此，食品香精按用途可分为很多种，概括起来主要有以下几类：

食品香精 { 焙烤食品香精 / 肉制品香精 / 奶制品香精 / 糖果香精 / 软饮料香精 / 酒用香精等

其中每一类还可以再细分，如奶制品香精可分为牛奶香精、酸奶香精、奶油香精、奶酪香精等。

食品香精的品种是不断增加的，传统食品工业化生产后就会出现相应的食品香精，如榨菜香精、老坛酸菜香精、八宝粥香精、粽子香精、菜肴香精等都是近几年问世的品种。新发明的食品也需要配套的香精，例如果茶、奶茶香精。随着食品产业和食品香料工业的发展，食品香精的品种会越来越丰富。

3.5.3 食品香精的四种成分组成法

该方法是将食品香精的各种呈香、呈味成分按它们在香精中的不同作用划分为四类，即主香剂、协调剂、变调剂和定香剂。

（1）主香剂

主香剂为特征性香料，使人很自然地联想到目标香精的香味，它们构成香精的主体香味，决定着香精的香型。

主香剂可以是天然及合成香料中的一种或多种。

创拟香精配方时，首先要根据香型确定特征性香料。确定特征性香料既非常重要又十分困难，需要不断地积累并及时吸收新的研究成果。常见的一些特征性香料如：己酸乙酯是浓香型白酒香精的特征性香料，2,6-壬二烯醛是黄瓜香精的特征性香料，芳樟醇是花椒香精的特征性香料，己酸烯丙酯是菠萝香精的特征性香料等。

有时一种香料可能是不止一种香精的特征性香料，如印蒿油是覆盆子香精和草莓香精的特征性香料，γ-十一内酯是桃子、杏子香精的特征性香料等。

（2）协调剂

协调剂又称协调香料，其香型与特征性香料属于同一类型，它们并不一定使人联想到目标香精的香味，当用于香精配方时，它们的协调作用使香精的香味更加协调一致。

协调香料可以是天然及合成香料中的一种或多种。

常见的一些协调香料如：在调配橙子香精时常用乙醛做协调香料，用来增加天然感、果香和果汁味；在调配草莓、葡萄香精时常用丁酸乙酯做协调香料，以增加天然感；在调配苹果香精时常用 β-甲基-β-苯基缩水甘油酸乙酯做协调香料，以增加果香。

（3）变调剂

变调剂又称变调香料，其香型与特征性香料属于不同类型，它们的使用可以使香精具有不同的风格。

变调香料可以是天然及合成香料中的一种或多种。

常见的变调香料如：在薄荷香精中常用香兰素做变调香料，在调配香草香精时常用己酸烯丙酯做变调香料，在调配草莓香精时常用茉莉油做变调香料，在调配菠萝香精时常用乳香油做变调香料等。

（4）定香剂

定香剂又称定香香料，可分为两类：一类是特征定香香料，另一类是物理定香香料。

特征定香香料的沸点较高，在香精中的浓度大，远高于它们的阈值，当香精稀释后它们还能保持其特征香味。这类定香香料如香兰素、乙基香兰素、麦芽酚、乙基麦芽酚、胡椒醛等。

物理定香香料是一类沸点较高的物质，它们不一定有香味，在香精配方中的作用是降低蒸气压，提高沸点，从而增加香精的热稳定性。当香精用于加工温度超过100℃的热加工食品时，一般要添加物理定香香料。

物理定香香料一般是高沸点的溶剂，如植物油、硬脂酸丁酯等。

同一种香料在同一种香精中可能有几种作用。如：油酸乙酯在奶油香精中是协调香料和溶剂，苯甲醇在坚果香精中是协调香料和溶剂。

同一种香料在不同的香精中可能有不同的作用。如：庚酸乙酯在白兰地酒香精中是特征性香料，在朗姆酒香精中是协调香料，在椰子香精中是变调香料；香兰素在香草香精中是特征性香料，在葡萄香精中是变调香料；γ-己内酯在椰子香精中是特征性香料，在薄荷、桃子香精中是协调香料。

食品香精配方千变万化，各种香型香精的配方也在不断增加，但每一种成功的香精配方中都含有特征性香料、协调香料、变调香料、定香香料这四类香料。调香师创拟香精配方时，在遵循这一原则的前提下，可以充分发挥自己的想象力，创拟出丰富多彩的食品香精。

3.5.4　食品香精的三种成分组成法

该方法是将食品香精的各种呈香、呈味成分按它们在香精中挥发性的不同划分为三类，即头香香料、体香香料和底香香料。

（1）头香香料

头香是对香精辨嗅或品尝时的第一香味印象，这一香味印象主要是由香精中挥发性较强的香料产生的，这部分香料称为头香香料。如在调配蜂蜜香精时常用橙花醇、甲酸香茅酯、苯乙酸乙酯、丁酸芳樟酯等作为头香香料，调配水果香精时常用戊醇、己醇、叶醇、庚醇、乙醛、丙醛、戊醛、乙缩醛、甲酸、甲酸乙酯、甲酸芳樟酯、甲酸玫瑰酯、甲酸松油酯、乙酸异丁酯、乙酸苄酯、丙酸乙酯、丙酸肉桂酯、丁酸甲酯、丁酸苄酯、异戊酸龙脑酯等作为头香香料，调配酒精饮料香精时常用乙酸甲酯、丁酸异戊酯、壬酸乙酯、小茴香油、康酿克油等作为头香香料等。

（2）体香香料

体香是香精的主体香味，是在头香之后被感觉到的香味特征。体香主要是由香精中挥发性中等的香料产生的，这部分香料称为体香香料。如调配奶油香精时常用2,3-丁二酮、丁酸、正戊酸丁酯、苯乙酸丁酯、苯乙酸苄酯、γ/δ-十二内酯等作为体香香料，调配水果香精时常用α-松油醇、藜芦醛、2-庚酮、异戊酸、对甲氧基烯丙基苯、甲酸正戊酯、乙酸丁酯、乙酸苯丙酯、丁酸乙酯、丁酸戊酯、己酸烯丙酯、α-戊基桂醇乙酸酯、水杨酸乙酯、苯乙酸香叶酯、肉桂酸肉桂酯等作为体香香料。

（3）底香香料

底香是继头香和体香之后，最后留下的香味。底香主要是由香精中挥发性差的香料和某些定香剂产生的。例如在调配水果香精时常用二苯甲酮、乙酸肉桂酯、水杨酸苄酯等作为底香香料，调配调味品香精时常用丁香酚、柏木脑、肉桂酸乙酯、肉桂酸苄酯等作为底香香料。

　　头香香料、体香香料和底香香料的分类方法对于食品香精调香非常重要，在调配食品香精配方时，要充分考虑到头香、体香和底香香料的平衡，使香精保持协调一致的香味效果。

　　上述食品香精香味组分的两种分类方法各有优势，可以互相借鉴和补充。

3.5.5　食品香精的其他组分

　　食品香料是食品香精的有效成分，各种公开的香精配方中大多只列出了所用食品香料的名称和用量，但食品香精中除了香料以外的其他添加物在绝大多数情况下都是不可缺少的，这些添加物包括溶剂、载体、抗氧剂、螯合剂、防腐剂、乳化剂、稳定剂、增重剂、抗结剂、酸、碱、盐等。

　　（1）溶剂

　　食品香精常用的溶剂有水、乙醇、丙二醇、甘油、苯甲醇、食用油、三乙酸甘油酯、辛癸酸甘油酯等。

　　（2）载体

　　食品香精常用的载体有变性淀粉、β-环糊精、麦芽糊精、明胶、蔗糖、羧甲基纤维素钠盐、食盐、碳酸钙、碳酸镁、硅酸钙等。

　　（3）抗氧剂

　　食品香精常用抗氧剂有生育酚、（异）抗坏血酸（钠/钙）、叔丁基羟基茴香醚、没食子酸（丙/辛/十二）酯、茶多酚、植酸、卵磷脂等。

　　（4）螯合剂

　　食品香精常用的螯合剂有柠檬酸、乙二胺四乙酸、乙二胺四乙酸单钠盐、乙二胺四乙酸二钠盐、六偏磷酸钠、酒石酸等。

　　（5）防腐剂

　　食品香精常用的防腐剂有苯甲酸（钠/钾/钙）、对羟基苯甲酸甲酯、对羟基苯甲酸（乙/丙）酯、山梨酸（钠/钾/钙）、肉桂醛、邻苯基苯酚等。

　　（6）乳化剂

　　食品香精常用的乳化剂有乙酰化脂肪酸单甘油酯、硬脂酰乳酸钙、双乙酰酒石酸（单/双）甘油酯、（氢化）松香甘油酯、单硬脂酸甘油酯、改性大豆磷脂、聚氧乙烯山梨醇酐单（油酸/棕榈酸/硬脂酸）酯、山梨醇酐单（油酸/月桂酸/棕榈酸/硬脂酸）酯、木糖醇酐单硬脂酸酯等。

　　（7）增重剂

　　食品香精常用的增重剂有溴代植物油、（氢化）松香甲甘油酯、三苯甲酸甘油酯、氢化松香、二苯甲酸丙二醇酯等。

　　（8）抗结剂

　　食品香精常用的抗结剂有碳酸钙、碳酸镁、磷酸三钙、硅酸镁、硬脂酸钙等。

3.5.6　食品香精配方实例

　　本节食品香精配方所列数据均为质量分数，不再一一说明。所有配方仅供学习、研究时参考，不是生产用配方。配方中的食品香料和辅料仅供调香时参考，实际生产时一定要选用有关法规允许使用的食品香料和辅料。

（1）糕点用草莓香精（表3-3）

表3-3　糕点用草莓香精

序号	香料	用量	序号	香料	用量
1	乙基麦芽酚	3.00	8	大茴香醛	0.30
2	丁酸乙酯	2.50	9	甜橙油	0.10
3	戊酸乙酯	0.15	10	丁酸异戊酯	0.04
4	乙酸异戊酯	0.01	11	顺-3-己烯醇	0.10
5	乙酸苯乙酯	0.02	12	乙醇	10.00
6	乙酸苄酯	0.40	13	甘油	82.00
7	γ-癸内酯	0.25			

（2）蓝纹奶酪香精（表3-4）

表3-4　蓝纹奶酪香精

序号	香料	用量	序号	香料	用量
1	3-羟基-2-丁酮	0.850	14	戊酸	0.298
2	1-辛烯-3-醇	2.265	15	己酸	26.496
3	2-戊酮	0.905	16	庚酸	0.543
4	2-庚酮	6.340	17	辛酸	8.900
5	2-壬酮	11.641	18	肉桂酸	0.003
6	2-十一酮	0.973	19	2-氧代-3-甲基丁酸	1.722
7	2-十三酮	0.213	20	2-氧代-4-甲基戊酸	4.325
8	3-甲硫基丙醛	0.010	21	2-氧代丁二酸	5.119
9	乙醛酸	7.089	22	2-氧代戊二酸	4.257
10	丙酮酸	2.044	23	壬酸	0.455
11	丁酸	0.645	24	癸酸	13.361
12	异丁酸	0.213	25	丁酰乳酸丁酯	0.900
13	3-甲基丁酸	0.280	26	δ-癸内酯	0.071

（3）牛肉香精（表3-5）

表3-5　牛肉香精

序号	香料	用量	序号	香料	用量
1	热反应牛肉香基	100000.0	12	3-巯基-2-戊酮	2.0
2	2,6-二甲基吡嗪	2.0	13	三硫代丙酮	2.0
3	2,3,5-三甲基吡嗪	2.0	14	2-甲基-3-呋喃硫醇	2.0
4	噻唑	2.0	15	双（2-甲基-3-呋喃基）二硫醚	4.0
5	2-乙酰基噻唑	0.5	16	2-甲基-3-甲硫基呋喃	2.0
6	三甲基噻唑	3.0	17	甲基2-甲基-3-呋喃基二硫醚	4.0
7	2,4-二甲基噻唑	2.0	18	糠硫醇	1.0
8	5-甲基糠醛	2.0	19	二糠基二硫醚	2.0
9	3-甲硫基丙醛	3.0	20	4-羟基-2,5-二甲基-3（2H）-呋喃酮	10.0
10	2,3-丁二硫醇	2.0	21	4-羟基-5-甲基-3（2H）-呋喃酮	5.0
11	3-巯基-2-丁醇	2.0	22	3-巯基-2-戊酮	2.0

（4）浓香型白酒香精（表3-6）

表3-6　浓香型白酒香精

序号	香料	用量	序号	香料	用量
1	乙酸乙酯	8.80	16	丙三醇	8.80
2	丁酸乙酯	2.05	17	丁醇	0.59
3	戊酸乙酯	0.51	18	异丁醇	0.88
4	己酸乙酯	21.25	19	仲丁醇	0.88
5	庚酸乙酯	0.59	20	2,3-丁二醇	1.47
6	辛酸乙酯	0.22	21	异戊醇	4.40
7	壬酸乙酯	0.15	22	己醇	0.15
8	乳酸乙酯	14.66	23	甲酸	0.29
9	油酸乙酯	0.29	24	乙酸	3.81
10	棕榈酸乙酯	0.37	25	丙酸	0.15
11	乙醛	3.67	26	丁酸	0.95
12	乙缩醛	7.33	27	戊酸	0.22
13	2,3-丁二酮	4.76	28	异戊酸	0.15
14	3-羟基-2-丁酮	4.03	29	己酸	3.08
15	丙醇	2.93	30	乳酸	2.57

3.5.7　热反应香精

（1）概述

　　热反应亦称为非酶褐变反应、羰-氨反应、Maillard反应。1912年法国化学家Louis Maillard发现甘氨酸和葡萄糖一起加热时，形成颜色褐变反应的类黑精。后来的研究发现这类反应不但影响食品的颜色，而且对食品香味的形成影响极大。热反应的种类是多种多样的，其机理非常复杂，但基本类型是氨基酸与还原糖的加热反应。研究表明，氨基酸与各种羰基化合物之间的热反应是构成各种热加工食品香味的主要来源。但是，在实际应用中，反应配料是可以有许多变化的，除了氨基酸和还原糖，其他如维生素、脂肪及其调控氧化产物、肽、蛋白质等都可以参与反应。

　　热反应技术可用于肉味香精、海鲜香精、咖啡香精、巧克力香精、奶油香精、烟草香精等食用香精的制备。用热反应技术制备的香精通称热反应香精（process flavor or reaction flavor）。

　　热反应香精亦称反应香精，它是由两种或两种以上的香味前体物质（还原糖、氨基酸等）在一定条件下加热反应产生的。

　　氨基酸、还原糖和其他原料的种类及配比，加热方式、温度、时间等因素直接影响热反应香精的香味。表3-7列举了葡萄糖与不同的氨基酸在100℃下热反应产生的香味情况。

表3-7　葡萄糖与氨基酸在100℃下热反应产生的香味情况

名称	香味
甘氨酸	焦糖香味，弱的啤酒香味
α-丙氨酸	啤酒香味

右上角：续表

名称	香味
缬氨酸	黑麦面包香味
亮氨酸	甜的巧克力香味，吐司香味，黑面包香味
蛋氨酸	烤过头的土豆香味
半胱氨酸	肉香味、硫化物样气味
胱氨酸	肉香味、焦煳香味、土耳其火鸡香味
脯氨酸	玉米香味、焦煳蛋白香味
羟基脯氨酸	土豆香味
精氨酸	爆玉米花香味、奶糖香味
组氨酸	奶油香
谷氨酸	巧克力香味

　　热反应肉味香精生产的关键是选择合适的前体物质及配比、反应温度、反应时间。

　　热反应过程中香味的形成机理是非常复杂的，总的来说，就是在热反应过程中还原糖、氨基酸等香味前体物质发生一系列重排、降解等复杂反应，最终产生了成百上千的小分子有机化合物，它们共同作用的结果使反应香精具有香味。

　　目前热反应技术应用最多的是肉味香精生产领域，其基本工艺流程可以用图3-3简要说明。

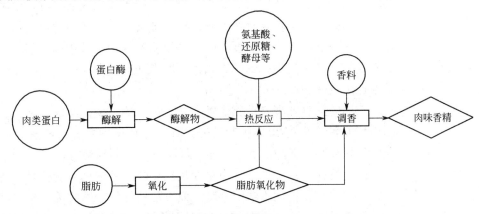

图 3-3　肉味香精基本工艺流程

　　用于制造肉味香精的热反应主要有液相热反应和固相热反应两种。

　　用于制造肉味香精的液相热反应一般控制在100℃至回流温度下进行，反应温度最高不能超过180℃，在180℃条件下反应时间不应超过15min，温度每降低10℃最长反应时间可延长一倍，反应时间最长不应超过12h。热反应过程中pH值不应大于8，反应可以在常压回流状态下进行，也可以在密闭加压状态下进行，其基本设备是不锈钢反应釜。

　　用于制造肉味香精的固相热反应一般采用半连续方式，在室温下将水解动物蛋白粉、水解植物蛋白粉、酵母粉、固体氨基酸和还原糖等原料按比例混合均匀，物料在密闭状态下依次通过加热炉加热反应、冷却工序冷却，然后直接密封包装。

（2）水解肉类蛋白

　　水解肉类蛋白是用热反应生产肉味香精的关键原料之一。中国肉味香精的制造理念是"味料同源"，其核心是制造什么味的肉味香精，就用什么肉作为原料。例如制造牛肉香精用牛肉、制造猪肉香精用猪肉、制造扇贝香精用扇贝肉作为原料。肉作为蛋白质水解物来源，包含了所有构成肉香味的因子，可以

产生逼真的肉香味。肉通过酶解，肽和氨基酸的含量大大增加，肉分解物加热产生的肉香味是加热相同肉产生的肉香味的100倍左右。肉类加工过程中产生的大量副产品，如血、骨头、毛、蹄等下脚料通常含高蛋白，通过酶解这些副产品可以得到与酶解肉相同的效果，且价格低廉，在经济上是合理的。

可用于肉类蛋白水解的酶有许多种，如植物蛋白酶（木瓜蛋白酶、菠萝蛋白酶、无花果蛋白酶）、动物蛋白酶（胰蛋白酶、胃蛋白酶）、微生物蛋白酶（中性蛋白酶、碱性蛋白酶、复合风味酶、复合风味分解酶等）。这些蛋白酶有其各自的优缺点，并且各种酶最佳作用时间、温度、pH值及最适合的底物都不相同。不同的酶作用于同一种底物，所能达到的水解度也不一样。生成肉香味的Maillard反应发生在氨基酸和还原糖之间，需要氨基酸源尽可能多地包含游离氨基酸，特别是天冬氨酸、丙氨酸、半胱氨酸、精氨酸、脯氨酸、谷氨酸、甘氨酸等。不同条件下生成不同水解度的蛋白质水解液，对最终香精的香味有决定性作用。一般要求水解度最好达到30%，即肽分子量在2000至5000之间最好。

（3）调控氧化脂肪

一般认为肉的特征香味来自动物脂类部分。

肉中的脂类包括三脂肪酸甘油酯、磷脂、脑苷脂等，可分为蓄积脂肪和组织脂肪两大类。蓄积脂肪包括皮下脂肪、肌肉间脂肪、肾周围脂肪和大网膜脂肪等，组织脂肪为肌肉及脏器内的脂肪。脂类在肉的加热过程中降解主要生成醛、酮、酸和内酯类化合物，它们在特征肉香味形成中起重要作用，其中磷脂对烤牛肉香味的产生有重要影响。如果将不含脂类的牛肉、猪肉及羊肉提取物分别加热，产生的肉香味基本相似。而当加热各种肉的脂类时便可产生各种肉的特征肉香味。

三脂肪酸甘油酯是动物脂类中含量最多的一类，组成动物脂肪的都是混合脂肪酸甘油酯，有20多种脂肪酸。其中对特征性香味影响最大的是不饱和脂肪酸，如油酸、亚油酸、十八碳三烯酸、花生四烯酸等。

用热反应方法生产肉味香精在反应配料中外加部分脂肪是很有必要的，可以有效地提高特征肉香味的强度。但过量地外加脂肪容易影响产品的外观并给使用带来不便。目前先进的生产方法是在热反应配料中添加脂肪调控氧化产物。

脂肪调控氧化对特征肉香味的贡献主要从两个方面来实现：一是脂肪用空气调控氧化降解生成特征肉香味成分；二是脂肪调控氧化产物中的小分子醛、酮、羧酸等含羰基化合物与氨基酸、肽等氨基化合物的热反应进一步产生特征肉香味物质。因此，脂肪调控氧化产物既可以作为热反应生产肉味香精的原料，也可以直接用于肉味香精调配或食品加香。

随着近几年人造肉研究热的兴起，对制备肉味香精时蛋白质源和脂肪源的选择范围会越来越宽，但技术上必须有重大突破，才能越过中国肉味香精"味料同源"的制造阶段。

 参考文献

[1] 中国香料香精化妆品工业协会. 中国香料香精发展史 [M]. 北京: 中国标准出版社, 2001.

[2]　中国标准出版社第一编辑室.食用香精香料标准汇编[M].北京:中国标准出版社,2010.

[3]　文瑞明.香料香精手册[M].长沙:湖南科学技术出版社,2000.

[4]　阿什赫斯特.食品香精的化学与工艺学[M].北京:中国轻工业出版社,2005.

[5]　林旭辉.食品香精香料及加香技术[M].北京:中国轻工业出版社,2010.

[6]　魏书华,赖艳,张琪,等.对我国食用香精香料规范使用的几点思考[J].食品安全导刊,2017(3):75-77.

[7]　李春艳,冯爱国.食用天然香料的应用及研究进展[J].农业工程,2014,4(3):55-57.

[8]　范武,柴国璧,赵无垛,等.生物法合成食品香料的研究进展[J].化学通报,2016,79(03):232-237.

[9]　Khoyratty S, Kodja H, Verpoorte R. Vanilla flavor production methods:　A review［J］. Industrial Crops and Products, 2018, 125: 433-442.

[10]　徐欣如,尤梦晨,宋焕禄,等.不同酶对牛骨素热反应香精气味及滋味的影响[J].食品工业科技,2019,40(03):234-244.

总结

○　食品香精和食品香料的区别

- 食品香料是具有香味的、对人体安全的单一有机化合物或混合物。
- 食品香精是含有多种香味成分的,用来补充、改善和提高食品香味质量的混合物。
- 食品香料是食品香精的有效成分,食品香精的主要原料是食品香料。
- 通常食品加香不能直接用食品香料,要用食品香精。

○　食用香精和食品香精的区别

- 食品香精是含有多种香味成分的,用来补充、改善和提高食品香味质量的混合物。
- 食用香精是指可以直接进入或有可能带入人类口腔的用品中使用的香精。
- 食用香精包含食品香精,但范围更大。牙膏、药品、餐具洗涤剂、香烟等不属于食品,但其所用香精均属于食用香精。

○　食品香精的功能

- 为食品增加香味。
- 为食品增强香味。
- 修饰食品的原风味。
- 掩蔽食品的异味。

课后练习

1. 为什么食品中需要添加香料香精?
2. 哪些食品中不允许使用香料香精?为什么?
3. 设计葡萄风味调配型香精的配方结构。
4. 设计热反应牛肉香精的配方结构及加工工艺。

题1答题思路　　题2答题思路　　题3答题思路　　题4答题思路

（www.cipedu.com.cn）

推荐阅读材料

1. 孙宝国.含硫香料化学.北京:科学出版社,2007.

2. 孙宝国,何坚.香精概论.2版.北京:化学工业出版社,2008.

3 孙宝国,陈海涛.食用调香术.3版.北京:化学工业出版社.2017.

4 调味类食品添加剂

你知道水果中含有的糖类和有机酸类的种类和含量吗?

你发现决定水果甜感和酸感的成分都是哪些吗?

各种果汁饮料(注意不是纯果汁)在生产时都使用了什么成分赋予它们甜感和酸感?

> **❀ 为什么要知道调味类食品添加剂？**
>
> 　　我们日常食用的食品千千万，不只是水果和果汁饮料！食品风味由色、香、味、形（质构）构成。口味是食品最基本的风味之一，包含了甜、酸、鲜、咸。各种食品加工制造时是怎样赋予它们特色风味的？本书第2章会告诉你食品的颜色是怎么来的，第3章会教给你食品的芳香是怎么形成的，第5章会让你明白食品的黏稠、Q弹是怎样制造出来的。而学习本章你就可以为食品设计适宜的特征甜、酸、鲜、咸，学会在保证食品安全的前提下，满足消费者对食品口味和食品加工制造的需要正确使用调味类食品添加剂。

> **◉ 学习目标**
>
> ○ 甜感的评价方法。
> ○ 不同甜味剂的特点。
> ○ 酸感的评价方法。
> ○ 不同酸度调节剂的特点。
> ○ 不同鲜味剂的特点。
> ○ 甜酸比的定义与计算方法。

4.1　食品甜味剂

　　甜味是各类食品风味的基础，是由具有甜味的成分赋予的。蔗糖、葡萄糖、果糖、麦芽糖和乳糖等甜味物质，被人类食用的历史久远，而且还是人类维持生命活动重要的营养素，因此通常被视为食品配料。人们常说的甜味剂（sweetening agents）是赋予食品以甜味的物质，其生产、使用受到相关国家标准的规范。

4.1.1　甜味与甜味特性

　　人们最喜好的基本味感就是甜味。甜味是调整和协调平衡风味、掩蔽异味、增加适口性的重要因素。甜味食品的数量很多，其甜度和水分各不相同，以甜味为主味的食品含糖量不同，食品甜味也不同。一些食品的蔗糖与水分含量见表4-1。

表4-1　一些食品的蔗糖与水分含量

食品名称	蔗糖含量 /%	水分含量 /%
饮料（红茶、咖啡）	8～15	92～85
冰淇淋	12～20	70～62
果酱	60～70	35～25
点心馅	30～50	55～35
栗羊羹	40～60	45～25
中式肉制品	0.7～5	15
奶糖	75	8

呈甜味的物质很多，由于组成和结构的不同，产生的甜感也有很大的不同，主要表现在甜味强度和甜感特色两个方面。天然糖类一般是随碳链增长甜味减弱，单糖、双糖类都有甜味，但乳糖的甜味较弱，多糖大多无甜味。蔗糖的甜味纯，且甜度的高低适当，刺激舌尖味蕾1s内产生甜味感觉，很快达到最高甜度，约30s后甜味消失，这种甜味的感觉是愉快的，因而成为确定不同甜味剂甜度和甜感特征的标准物。

一般用相对甜度来表示甜味的强度，简称甜度，是甜味剂的重要指标，但不是物理或化学参数，因为目前还是凭人的感官来判断、评价甜度。通常的方法是以5%或10%的蔗糖水溶液（蔗糖是非还原糖，在水中较稳定）为参照物，在20℃的条件下某种甜味剂水溶液与参照物相等甜度时与参照物的浓度比，也称为比甜度或甜度倍数。由于人为的主观因素影响很大，故所得的结果有时差别很大。

一般而言，糖的甜度随浓度的增加而提高，但各种糖的甜度提高程度不同，大多数糖其甜度随浓度增高的程度都比蔗糖大，尤其以葡萄糖最为明显，如葡萄糖浓度在8%时甜度为0.53，35%时为0.88，一般讲葡萄糖的甜度比蔗糖低，是指在较低浓度情况下。另外，当蔗糖的浓度在小于40%的范围内，其甜度比葡萄糖大；但当两者的浓度大于40%时，甜度却几乎没有差别。相等甜度糖液浓度的对数呈直线关系。

在较低的温度范围内，大多数糖的甜度受温度影响并不明显，尤其对蔗糖和葡萄糖的影响很小；但果糖的甜度受温度的影响却十分显著。在浓度相同的情况下，当温度低于40℃时，果糖的甜度较蔗糖大，在0℃时果糖比蔗糖甜1.4倍；而在大于50℃时，其甜度反比蔗糖小，在60℃时则只是蔗糖甜度的0.8倍。这是因为果糖环形异构的平衡体系受温度影响较大，温度高甜度大的β-D-吡喃果糖的含量下降，而不甜的β-D-呋喃果糖含量增加。

各种糖的溶解度不相同，甜感就有差别。果糖溶解度最高，其次是蔗糖、葡萄糖。

将各种糖液混合使用显示出相乘效果。葡萄糖对蔗糖甜度的影响随浓度增加稍有加强。将蔗糖与果糖或将果糖与糖精共用，均能相互提高甜度。但糖精与蔗糖共用时，相乘效果与浓度有关，随糖精浓度提高相乘效果逐渐减弱，到0.1%为止，超过0.1%就不呈甜味。在糖液中加入少量多糖增稠剂，在1%～10%的蔗糖液中加2%的淀粉或少量树胶，不仅使黏度提高，也能使其甜度增加。

4.1.2　食品甜味剂特点

由中华人民共和国国家标准GB2760《食品安全国家标准　食品添加剂使用标准》规范管理的甜味剂，分为天然甜味剂（包括糖的衍生物和非糖天然甜味剂）和人工合成甜味剂（采用化学合成、改性等技术得到的各种有不同特性的人工甜味剂）。

通常所说的甜味剂是指人工合成的非营养甜味剂、糖醇类甜味剂与非糖天然甜味剂等三类。

甜味剂的甜度远高于蔗糖，但是不同的甜味剂甜感特点不同，有的甜味剂不仅甜味不纯，还带有酸味、苦味等其他味感，而且从含在口中瞬间的留味到残存的后味都各不相同。糖精的甜味与蔗糖相比，

糖精浓度在0.005%以上即显示出苦味和有持续性的后味,浓度愈高,苦味愈重;甘草的甜感是慢速的、带苦味的强甜味,有不快的后味;木糖醇和甘露醇的甜感与葡萄糖极相似,除因木糖醇溶解吸热为145.7J/g而呈现突出的凉爽感觉外,还带香味。

4.1.3 化学合成甜味剂

化学合成甜味剂也称合成甜味剂,是人工合成的具有甜味的有机化合物。主要特点为:化学性质稳定,耐热、耐酸和碱,在一般的使用条件下不易出现分解失效现象,故使用范围比较广泛;不参与机体代谢,大多数合成甜味剂不提供能量,适合糖尿病患者、肥胖症患者和老年人等特殊营养消费群使用;甜度较高,一般都是蔗糖甜度的数十倍以上,等甜度条件下的价格均低于蔗糖;不能为口腔微生物利用,不会引起牙齿龋变;有些合成甜味剂甜味不够纯正,带有苦后味或金属异味,甜味特性与蔗糖还有一定的差距,需要较好的甜味时不单独使用合成甜味剂;由于人类使用合成甜味剂的历史远远低于天然甜味剂,人们对合成甜味剂的安全性始终保持警惕。

(1)糖精钠(sodium saccharin,CNS:19.001,INS:954)

糖精钠是二水邻磺酰苯甲酰亚胺钠的商品名,又称可溶性糖精或水溶性糖精,分子式$C_7H_4O_3N_5Na \cdot 2H_2O$,分子量241.21。其结构式如下:

$$\text{NNa} \cdot 2H_2O$$

甜度与甜感特征:甜度是蔗糖的200～700倍,明显后苦。

性状与性能:无色结晶,性能稳定,易溶于水,在水中的溶解度随温度的上升而迅速增加。在常温时,糖精钠的水溶液长时间放置后甜味亦降低,故配好的溶液不应长时间放置。其稳定性与糖精类似,但较糖精更好。摄食后在体内不分解,随尿排出,不供给热能,无营养价值。微有芳香气。

糖精钠分解出来的阴离子有强甜味,而在分子状态下没有甜味,反而感到有苦味。糖精钠水溶液浓度高也会感到苦味。糖精钠溶解度大,解离度也大,因而甜味强。糖精钠经煮沸会缓慢分解,如以适当比例与其他甜味料并用,更可接近砂糖甜味。糖精钠不会引起食品染色和发酵。

在我国绿色食品的行业标准中禁止糖精钠在绿色食品中使用。我国规定婴儿食品中不得使用糖精钠。

(2)环己基氨基磺酸钠或钙盐(sodium cyclohexyl sulfamate,CNS:19.002,INS:952)

环己基氨基磺酸钠或钙盐的商品名为甜蜜素。分子式$C_6H_{12}NNaO_3S$,分子量201.24。其结构式如下:

$$\text{CHNHSO}_3\text{Na}$$

甜度与甜感特征:甜度是蔗糖的30～80倍,其优点是甜味纯正,风味自然，不带异味。甜味刺激来得较慢，但持续时间较长。

性状与性能：无色结晶，对热、光、空气以及较宽范围的pH值均很稳定，不易受微生物感染，无吸湿性，易溶于水。无能量。当水中亚硝酸盐、亚硫酸盐量高时，可产生石油或橡胶样气味。

可以代替蔗糖或与蔗糖混合使用，能高度保持原有食品的风味，并能延长食品的保存时间。与糖精钠混合使用（即1:10混合液）可增强甜度并减少糖精的后苦味，同时降低成本。可用于多种食品的生产中，在每种食品中的用量都有严格规定。

（3）乙酰磺胺酸钾（acesul fame-K，CNS：19.011，INS：950）

乙酰磺胺酸钾又称AK糖、安赛蜜。分子式$C_4H_4KNO_4S$，分子量201.24。其结构式如下：

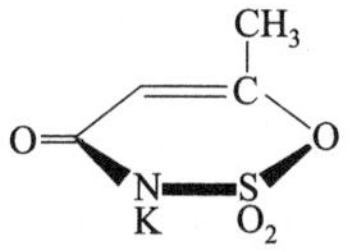

甜度与甜感特征：甜度为蔗糖的200倍，甜味纯正而强烈，甜味持续时间长。其水溶液甜度不随温度的上升而下降。高浓度时会感到略带些苦味。

性状与性能：白色结晶状粉末，对光、热稳定（能耐225℃高温），pH值适用范围较广（pH3~7），是目前世界上稳定性最好的甜味剂之一，价格便宜，性能优于阿斯巴甜，被认为是最有前途的甜味剂之一。

安赛蜜与阿斯巴甜1:1合用有明显增效作用，与甜蜜素共用时会发生明显的协同增效作用，但它与糖精的协同增效作用较小。有报道安赛蜜与糖醇或糖共同使用时味觉情况很好，与山梨糖醇混合时其甜味特性甚佳。

4.1.4 天然甜味剂

4.1.4.1 糖醇类天然甜味剂

糖醇是世界上广泛采用的甜味剂之一。它可由相应的糖加氢还原制成。这类甜味剂口味好，化学性质稳定，对微生物的稳定性好，不易引起龋齿。常以多种糖醇混用，代替部分或全部蔗糖。糖醇产品有3种形态：糖浆、结晶、溶液。

（1）麦芽糖醇 [maltitol，CNS：19.005，INS：965（i）]

麦芽糖醇分子式$C_{12}H_{23}O_{11}$，分子量344.31。其结构式如下：

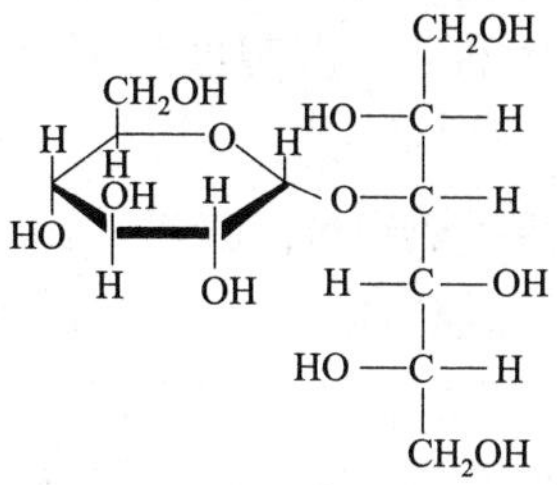

甜度与甜感特征：甜味特性接近于蔗糖。

性状与性能：纯净的麦芽糖醇为无色透明的晶体，对热、酸都很稳定。其水溶液的黏度比蔗糖或蔗糖-葡萄糖水溶液低，因此它对加工过程中食品物料的流变学特性有影响。例如，在硬糖制造过程中，需要采用适当改变成型温度的方法调整糖浆黏度。麦芽糖醇的保湿性能比山梨糖醇好。在体内不被消化吸收，不产生热量，不使血糖升高，不增加胆固醇，不被微生物利用，为糖尿病、肥胖等患者食品的理想甜味剂。由于麦芽糖醇分子中无还原性基团，不会发生美拉德反应。

结晶麦芽糖醇制出的糖果有玻璃质外观，而且甜度和口感等品质均较好。液体麦芽糖醇含较多的麦芽三糖醇及其他高级糖醇，所以制出的糖果吸湿性小，且抗结晶的能力大，但仍需用防水性好的包装材

料以保证其货架寿命。

用结晶或液体麦芽糖醇制出的太妃糖和棉花糖其品质都很好，必须将熬糖温度提高至135～140℃，而使用蔗糖则为120～124℃，但是成型温度必须低些，一般为30～35℃。麦芽糖醇还可用于阿拉伯胶糖、明胶糖、口香糖和泡泡糖中。

麦芽糖醇抗微生物强，用它制造的果酱、果冻产品的货架寿命长，品质好。

（2）山梨糖醇（sorbitol，CNS：19.006，INS：420）

山梨糖醇分子式$C_6H_{14}O_6$，分子量182.17。其结构式如下：

$$
\begin{array}{c}
CH_2OH \\
H-C-OH \\
HO-C-H \\
H-C-OH \\
H-C-OH \\
CH_2OH
\end{array}
$$

甜度与甜感特征：甜度是蔗糖的60%～70%，具有爽快之甜味。

性状与性能：无色针状晶体，溶于水，微溶于甲醇、乙醇和乙酸等，在水溶液中不易结晶析出，能螯合各种金属离子。由于其结构中没有还原性基团，在通常条件下有稳定的化学性质，不会与酸、碱反应，不易在空气中氧化，也不易与可溶性氨基化合物发生美拉德反应。山梨糖醇对热稳定性较好，比相应的糖高很多，对微生物的抵抗力也较强，浓度在60%以上就不易受微生物侵蚀。山梨糖醇有吸湿性和持水性，可防止糖、盐等析出结晶，这是因为分子环状结构外围的羟基呈亲水性，而环状结构内部呈疏水性。

山梨糖醇具有良好的吸湿性和保湿性，且与其他糖醇类共用时呈现吸湿性增加的相乘现象。利用其具有良好的吸湿性和保湿性，可以保持食品具有一定水分以调整食品的干湿度，防止食品干燥、老化，延长产品货架期。用于面包、蛋糕保水的用量为1%～3%，巧克力为3%～5%，肉制品为1%～3%。山梨糖醇不适宜作为酥、脆食品和粉末食品的甜味剂。此外，由于山梨糖醇吸湿性较强，能有效地防止糖、盐等结晶析出，可维持甜、酸、苦味强度平衡和增加食品风味，而且作为不挥发多元醇，在保持食品香气方面也发挥作用。

除了作甜味剂外，山梨糖醇还可作为润湿剂、多价金属螯合剂、稳定剂与黏度调节剂等。

（3）木糖醇（xylitol，CNS：19.007，INS：967）

木糖醇分子式$C_5H_{12}O_5$，分子量152.15。其结构式如下：

$$
\begin{array}{c}
CH_2OH \\
H-C-OH \\
HO-C-H \\
H-C-OH \\
H-C-OH \\
CH_2OH
\end{array}
$$

甜度与甜感特征：甜度是蔗糖的60%～70%，甜味纯正，甜味特性良好。

性状与性能：一种有甜味的白色粉状晶体，热量和葡萄糖相同，在水中溶解度很大，达到1.6g/mL，还易溶于乙醇和甲醇。水溶液偏酸性，10%水溶液的pH值为5～7。热稳定性好，不与可溶性氨基化合物发生美拉德反应。木糖醇溶于水中会吸收很多能量，是所有糖醇甜味剂中吸热最大的一种，食用时会感到一种凉爽愉快的口感。

木糖醇作为一种功能性甜味剂主要作为防龋齿糖果（如口香糖、糖果、巧克力和软糖等）和糖尿病患者等专用食品的甜味剂，也用于医药品和洁齿品。

如果不需要利用美拉德反应产生特有风味时，木糖醇也可用于焙烤食品。另外，木糖醇会抑制酵母的生长及其发酵活性。

（4）赤藓糖醇（erythritol，CNS：19.018，INS：968）

化学名称为1,2,3,4-丁四醇（1,2,3,4-butanetetrol），分子式$C_4H_{10}O_4$，分子量122.12。

甜度与甜感特征：甜度是蔗糖的60%～70%，其甜味纯正，甜味特性良好，与蔗糖的甜味特性十分接近，无不良后苦味，还有一种凉爽的口感。与糖精、阿斯巴甜、安赛蜜共用时的甜味特性可很好地掩盖强力甜味剂通常带有的不良味感或风味；与甜菊苷以1000:（1～7）混合使用，可掩盖甜菊苷的苦后味。

性状与性能：结晶性好、吸湿性低，对热、酸、碱十分稳定。不会使牙齿发生龋变。不会影响正常的糖代谢，适合糖尿病患者食用。发热量为蔗糖的10%，适于肥胖患者食用。而且赤藓糖醇进入人体后会很快被小肠吸收，而后又很快随尿排出体外，可避免引起胃肠不适，故其耐受量高、副作用小。赤藓糖醇在糖果配方中用以替代蔗糖等，除可明显降低热量外，还可改善低热量糖果的消化耐受性，同时改善产品风味、组织以及贮存稳定性。特别是赤藓糖醇能和液体麦芽糖醇混合生产出品质良好的各种硬糖、软糖和口香糖。在水中的溶解热约为葡萄糖的3倍，山梨醇的1.8倍，清凉感强，是所有糖醇中最好、最适合生产无糖糖果的甜味剂。

我国《食品安全国家标准　食品添加剂使用标准》允许使用的糖醇还有甘露糖醇（CNS号19.017），可用于胶基糖果的甜味剂。乳糖醇（CNS号19.014）为乳糖的加氢产物，甜度只有蔗糖的40%，不引起牙齿龋变，也不影响血糖和胰岛素水平，代谢特性类似于膳食纤维，其物理特性比山梨糖醇更接近于蔗糖，在各种食品中的用量没有限制，按生产需要适量使用。

异麦芽糖醇是蔗糖经酶异构转化的产物，甜度为蔗糖的42%，甜味纯正，不引起牙齿龋变，水解速度较蔗糖慢，有可能作为糖尿病患者或其他疾病患者的非肠道能量来源而应用于临床。

4.1.4.2　糖苷类天然甜味剂

这是从一些植物的果实、叶、根等提取的物质。也是当前食品科学研究中正在极力开发的甜味剂。具有较高甜味的糖苷在自然界中数量不多，可作为甜味剂资源加以开发的种类就更少了。

（1）甜菊糖苷（steviol glycosides，CNS：19.008，INS：960）

甜菊糖苷简称甜菊糖、甜菊苷，它是从菊科植物*Stevia rebaudia*叶子中提取出来的一种甜苷，该植物在我国称作甜叶菊。甜叶菊原产于巴拉圭和巴西，现在中国、新加坡、马来西亚等国家也有种植，其甜味成分由甜菊苷及甜菊A苷、B苷、C苷、D苷和E苷组成。其结构式如下：

甜度与甜感特征：甜度为蔗糖的250～450倍，带有轻微涩味。甜菊A苷带有明显的苦及一定程度的涩味和薄荷醇味，味觉特性要比甜菊双糖苷A差些，适度可口，纯品后味较少，是最接近砂糖的天然甜味剂，但浓度高时会有异味感。

性状与性能：甜菊糖苷在酸和盐的溶液中稳定，室温下性质较为稳定。甜菊糖苷易溶于水，在空气中会迅速吸湿，室温下的溶解度超过40%。与柠檬酸或甘氨酸并用，味道良好；与蔗糖、果糖等其他甜味料配合，味质也好。食用后不被吸收，不产生热能，故为糖尿病、肥胖病患者良好的天然甜味剂。

甜菊糖苷和甜菊双糖苷A可用于冰淇淋和软饮料；甜菊糖苷用来增强氯化蔗糖、aspartame和cyclamate的甜味；甜菊糖苷及其盐类可用于水果、蔬菜的催熟；甜菊糖苷添加于食品、饮料或医药品中作芳香风味增强剂；用于食品的无盐储藏。

甜菊糖苷与乳糖、麦芽糖浆、果糖、山梨糖醇、麦芽糖醇及乳酮糖等一起用于制造硬糖。甜菊糖苷可用于生产口香糖和泡泡糖，也可用来生产各种风味糖果，如具有番木瓜、菠萝、番石榴、苹果、橘子、葡萄或草莓风味的软糖。甜菊糖苷还可与山梨糖醇、甘氨酸、丙氨酸等混用生产蛋糕粉。

各种软饮料，如低能量可乐饮料也可用甜菊糖苷和高果糖浆复配来增甜。甜菊糖苷还可用于固体饮料、健康饮料、甜酒和咖啡。

（2）甘草类甜味剂

甘草类甜味剂是从中国常用传统药材——甘草中用水浸取精制的甜味剂。包括：甘草素、甘草酸铵、甘草酸一钾及三钾。甘草素分子式$C_{42}H_{62}O_{16}$，分子量822.54。其结构式如下：

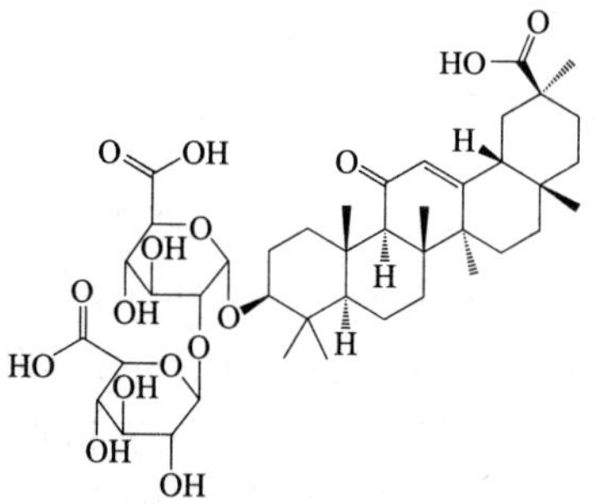

甜度与甜感特征：甜度为蔗糖的200～500倍，其甜刺激与蔗糖相比来得较慢，去得也较慢，甜味持续时间较长。有甘草特殊风味。

性状与性能：为白色结晶粉末。本身并不带香味物质，但有增香作用。与蔗糖、糖精配合效果较好，若替代20%的蔗糖，其甜度保持不变。若添加适量的柠檬酸，则甜味更佳。不是微生物的营养成分，在腌制品中代替糖，可避免加糖出现的发酵、变色、硬化等现象。

甘草是我国传统的调味料与中药，属于《中华人民共和国食品安全法》第五十条规定的按照传统既是食品又是中药材的物质，目录由国务院卫生行政部门制定、公布。甘草自古以来作为解毒剂及调味品，使用历史悠久。

有特殊风味，一般不应单独使用，应该在需要其特殊风味的食品中使用。

（3）罗汉果甜苷（Lo-Han-Kuo extract，CNS：19.015）

罗汉果甜苷化学结构为$C_{60}H_{102}O_{29} \cdot 2H_2O$与5～6个葡萄糖连接的三萜类苷结合体，是一种三萜烯葡萄糖苷，其配糖苷原是三萜烯醇，属葫芦素烷型化合物。基本结构为：

	R_1	R_2
罗汉果皂苷Ⅳ	$\beta\text{-glc}^6 — \beta\text{-glc}$	$\beta\text{-glc}^2 — \beta\text{-glc}$
罗汉果皂苷Ⅴ	$\beta\text{-glc}^6 — \beta\text{-glc}$	$\beta\text{-glc}^2 — \beta\text{-glc}$

R_1、R_2为四个以下葡萄糖单位组成的葡萄糖苷侧链，以β-糖苷键与苷元相连，侧链葡萄糖之间的连接键为β-1,6-和β-1,2-糖苷键。

罗汉果是我国特有植物，广西特产，已有三百年的药用历史，属于《中华人民共和国食品安全法》第三十八条规定的按照传统既是食品又是中药材的物质。研究发现罗汉果皂苷（主要是罗汉果皂苷Ⅳ、Ⅴ、Ⅵ）有极强的甜味和功能作用。

甜度与甜感特征：极甜，甜度约为蔗糖的300倍，有罗汉果特征风味。浓度越低，其相对甜度越大。罗汉果皂苷Ⅴ的甜度远远高于11-O-罗汉果皂苷Ⅴ，且甜味也较11-O-罗汉果皂苷Ⅴ清爽纯正。罗汉果皂苷与甜蜜素和蛋白糖有一定程度的负协同效应，但可改善口感；与阿斯巴甜之间的协同作用不明显；与AK糖之间有明显的增效作用，且大大地改善口感和风味。

性状与性能：浅黄色粉末，易溶于水和乙醇。熔点197～201℃。对光、热稳定。有特征风味，适于特殊风味食品的调配。能促进食品着色。

4.1.4.3　蛋白质甜味剂

索马甜（thaumatin，CNS：19.020，INS：9557）

索马甜是天然植物 *Thaumatocuccus danielli* 的坚果肉中提取出的超甜物质，属天然蛋白质。

甜度与甜感特征：甜度为蔗糖的2000～2500倍。其甜味延迟，后味较长，来得慢，消失得也慢。

性状与性能：在pH2.7～6.0下稳定，对热相当稳定。

有研究认为与其他甜味剂混合使用效果较好。与糖精、AK糖和甜菊糖苷等发生协同增效作用，但与甜蜜素及阿斯巴甜的增效效果并不明显。索马甜还具有风味增强特性，使香精香料的香味更柔和诱人，香味持续时间更长，香味更强烈。

4.1.4.4　天然物的衍生物甜味剂

这类甜味剂是从天然物中经过提炼合成而制成的高甜度的安全甜味剂。

4.1.4.4.1　蔗糖衍生物

三氯蔗糖（sucralose 或 TGS，CNS：19.016，INS：955），又称蔗糖素或4,1',6'-三氯半乳糖。三氯蔗糖是以蔗糖为原料经氯化作用而制得的。分子式$C_{12}H_{19}O_7Cl_3$，分子量541.66。其结构式如下：

甜度与甜感特征：在不同条件下甜度为蔗糖的400～800倍，甜味纯正，甜感呈现速度、最大甜味的感受强度、甜味持续时间、后味等甜味特性十分类似蔗糖，没有任何苦后味。

性状与性能：通常为白色粉末状产品。物化性质比较接近蔗糖。耐高温、耐酸碱，温度和pH值对它几乎无影响，适于食品加工中的高温灭菌、喷雾干燥、焙烤、挤压等工艺。无热量、不致龋。pH适应性广，适用于酸性至中性食品，对涩、苦等不愉快味道有掩盖效果。易溶于水，溶解时不容易产生起泡现象，适用于碳酸饮料的高速灌装生产线。

4.1.4.4.2　肽衍生物

甜度是蔗糖的几十倍至数百倍，但是二肽衍生物分子结构必须符合下列条件才具有甜味：①分子中一定有天冬氨酸，而且氨基与羧基部分必须是游离的；②构成二肽的氨基应是L-型的；③与天冬氨酸相连的氨基酸是中性的；④肽基端要酯化。

二肽衍生物甜味的强弱与酯基分子的分子质量有关，分子质量越大，则甜味越弱。酯基分子质量小的甜味强。这类甜味剂食用后在体内分解为相应的氨基酸，是一种营养性的非糖甜味剂，且无致龋性。

（1）天冬氨酰苯丙氨酸甲酯（aspartame/aspanyl phenylalanine methyl ester，CNS：19.004，INS：951）

商品名为阿斯巴甜，国内有人称甜味素或蛋白糖。分子式$C_{14}H_{18}N_2O_5$，分子量294.31。其结构式如下：

$$
\begin{array}{c}
\text{COOH} \\
| \\
\text{CH}_2 \qquad\qquad \text{CH}_2-\bigcirc \\
| \qquad\qquad\qquad | \\
\text{H}_2\text{N}-\text{CH}-\text{CO}-\text{NH}-\text{CH}-\text{COOCH}_3
\end{array}
$$

甜度与甜感特征：甜度为蔗糖的200倍，具有清爽的甜味，没有合成甜味剂通常具有的苦涩味或金属后味，味质近于蔗糖。

性状与性能：阿斯巴甜为无味的白色结晶状粉末，微溶于水，难溶于乙醇，不溶于油脂。仅在pH值3～5的环境中较稳定，其酯键在高温不稳定，在强酸碱及中性水溶液中或高温加热后易水解，不仅甜味下降或消失，而且生成苦味的苯丙氨酸（对有苯丙酮酸尿症的患者有一定毒性）或二嗪哌酮，特别是在104℃下2min即可全部破坏，其消旋后的异构体均具苦味等。

《食品安全国家标准 食品添加剂使用标准》规定添加阿斯巴甜之食品应标明："阿斯巴甜（含苯丙氨酸）"。

由于它是一种二肽化合物，进入人体可被消化吸收，并提供16.72kJ/g的能量，由它提供的能量值实际上很低或几乎为零，可作糖尿病、肥胖症等患者疗效食品的甜味剂，亦可作防龋齿食品的甜味剂。因此美国FDA将之列入营养型甜味剂。与填充型甜味剂不同的是，甜味素只给食品带来甜味，并不能同时赋予其他物化性质。如果食品需要甜味以外的物化性质，如应用在冰淇淋或巧克力中，则需配合使用填充剂（如葡聚糖）或填充型甜味剂（如糖醇）。

阿斯巴甜在食品或饮料中的主要作用表现在：提供甜味，口感类似蔗糖；能量可降低95%左右；增强食品风味，延长味觉停留时间，对水果香型风味效果更佳；避免营养素稀释，保持食品营养价值。

（2）*N*-［*N*-（3,3-二甲基丁基）］-L-*α*-天冬氨酸-L-苯丙氨酸1-甲酯（CNS：19.019，INS：961）

商品名为纽甜（Neotame）。分子式$C_{20}H_{30}O_5N_2$，分子量378.52。其结构式如下：

甜度与甜感特征：纽甜甜度大约是蔗糖的7000～13000倍，具有纯正的、类似于蔗糖的甜味。它几乎没有苦味、金属味、酸味和咸味等杂味。特别突出的是其甜味随浓度的增高而增强，但不适味感却不会增加。

性状与性能：白色粉状结晶，含4.5%的结晶水。25℃时在水中的溶解度为12.6g/L，在乙醇中的溶解度为950g/L。既可形成酸式盐，也可形成碱式盐，并可与金属形成复合物，从而改善其稳定性和其他特性。风味特性与蔗糖相近，显出清凉的感觉，在食品中添加可以使甜味、咸味、酸味等良好风味得到保持甚至提高，而对苦味、涩味等不良味道及某些刺激性气味则有减轻和掩盖的作用。

纽甜是在阿斯巴甜的天冬氨酸的NH_2上连接3,3-二甲基丁基化合物，甜度为阿斯巴甜的30～60倍，热稳定性明显提高，还具有风味增强效果。摄入人体后不会被分解为单个氨基酸，而是以二肽复合物形式从粪便中排出，苯酮尿症患者也可服用。纽甜是阿斯巴甜的升级换代产品。

（3）L-*α*-天冬酰-*N*-（2,2,4,4-四甲基-3-硫三亚甲基）-D-丙氨酰胺（CNS：19.013，INS：956）

商品名为阿力甜（Alitame），也称天冬氨酰丙氨酰胺。分子式$C_{13}H_{25}O_4N_3S·2.5H_2O$，分子量376.5。其结构式如下：

甜度与甜感特征：甜度是蔗糖的2000倍。阿力甜甜味品质很好，甜味特性类似于蔗糖，没有强力甜味剂通常所带有的苦后味或金属后味。阿力甜的甜味刺激来得快，与甜味素相似的是其甜味觉略有绵延。但在某些风味饮料中使用会带来明显的硫味。

性状与性能：白色结晶性粉末。无臭或微有特征性臭味。不吸水。易溶于乙醇（61%）、甘油（53.7%）、甲醇（41.9%）和水（13.1%），微溶于氯仿。性质稳定，尤其是对热、酸的稳定性大。

阿力甜与安赛蜜或甜蜜素混合时发生协同增效作用，与其他甜味剂（包括糖精）复配使用甜味特性也甚好。不宜用于面包和酒精饮料。

（4）*N*-{*N*-［3-（3-羟基-4-甲氧基苯基）丙基］-L-*α*-天冬氨酰}-L-苯丙氨酸-1-甲酯（CNS：19.026）

商品名为爱德万甜（Advantame）。分子式$C_{24}H_{30}N_2O_7·H_2O$，分子量476.52。其结构式如下：

甜度与甜感特征：水溶液中显示砂糖等价浓度3%～12%的高强度甜味剂的甜味倍率是蔗糖的14000～48000倍，是拥有类似结构的甜味剂阿斯巴甜的90～120倍。具有和阿斯巴甜相似的感官味道，特别是在高浓度下具有显著的甜味，而苦味和酸味感非常轻微。

性状与性能：白色结晶性粉末。无臭或微有特征性臭味。不吸水。易溶于乙醇、甘油、甲醇和水，微溶于氯仿。性质稳定，尤其是对热、酸的稳定性大。

在酸奶中添加爱德万甜能够明显减轻其刺痒感和异味。在冰淇淋里添加爱德万甜可增强其乳感、醇厚感及香草风味。爱德万甜不仅赋予草莓酱甜味，而且还可增强草莓的风味以及草莓的果肉感。爱德万甜是阿斯巴甜的升级换代产品。

4.1.4.4.3　二氢查耳酮衍生物

各种柑橘中所含的柚苷、橙皮苷等黄酮类糖苷，在碱性条件下还原得二氢查耳酮衍生物（DHC），具有很强的甜味，甜度比蔗糖高1300倍，但甜味迟发，并有甘草样后味，不吸潮。

4.1.4.4.4　糖醇改性甜味剂

以蔗糖或天然糖醇为原料，经化学变性制成的甜味剂。

异麦芽酮糖［isomaltulose（palatinose），CNS：19.003］，也称帕拉金糖。

甜度与甜感特征：甜度约为蔗糖的42%，甜味纯正，与蔗糖基本相同，无不良后味。

性状与性能：白色结晶，无臭，味甜，熔点122～124℃，比旋光度 $[\alpha]_D^{20}$ 97.2°，耐酸，耐热，不易水解（20%溶液在pH2.0时100℃加热60min仍不分解，蔗糖在同样条件下可全部水解），热稳定性比蔗糖低，有还原性，易溶于水，在水中的溶解度比蔗糖低（20℃时为38.4%，40℃时为78.2%，60℃为133.7%），其水溶液的黏度亦比同等浓度的蔗糖略低。异麦芽酮糖在肠道内可被酶解，由机体吸收利用。对血糖值影响不大，不致龋齿。

相比于其他糖醇，异麦芽糖醇甜味纯正、性质稳定、能重结晶且吸湿性低，可用在硬糖生产中，但溶解度只有蔗糖的一半，用在果酱和果冻产品时会出现结晶析出现象，偶见过敏反应。

4.1.5　甜味剂选用原则

① 根据食品的品质和功能，以及生产工艺需要确定甜味剂。

② 使用高倍甜味剂替代蔗糖后，食品生产商应能降低生产成本。

③ 符合消费者对风味的要求，高倍甜味剂替代蔗糖产生的口味的差异能被消费者接受或不能被察觉，而且符合当地的使用习惯。

4.2　酸度调节剂

酸味和甜味一样，也是各类食品风味的基础，是由具有酸味的成分赋予

的。人类食物中的酸味成分，像醋酸、乳酸、苹果酸等，为食品风味构建发挥了关键性作用。在GB2760
《食品安全国家标准　食品添加剂使用标准》中规定：用于改变或维持食品酸碱度的物质为酸度调节剂
（acidity regulator）。酸度调节剂既可以用于调整食品的酸感（人们习惯上把此类物质称为食品酸味剂），
也可以用于食品加工制造时调整酸度。

4.2.1　酸味与酸味特性

大多数食品的pH值5～6.5之间，呈弱酸性，但无酸味感觉。pH值3.0以下，酸味感强，难以适口。
各种菜肴及蔬菜罐头的pH值见表4-2。

表4-2　各种菜肴及蔬菜罐头的pH值

食品的种类	pH	烹调温度/℃	烹调时间/min
沙司类	3.3～3.5	常温	
醋食品	3.5～3.6	常温	
番茄酱	3.9～4.4	常温	
什锦八宝酱菜	约4.65	常温	
五香菜煮汁	5.5	常温	
素烧煮汁	5.55	常温	
带汁金枪鱼	5.7～6.1	常温	
各种清汤	5.7～5.9	101	
鸡汤	6.0	102	约15
八宝菜罐头	4.65	102.5	约15
咸牛肉罐头	5.3～5.7	100.5	
鲤鱼罐头	5.5	100.5	
青豌豆罐头	5.8		
鲸鱼罐头	5.8		
金枪鱼	5.8～5.6		
鲐鱼	6.0～6.2		
鲑鱼	6.4～6.6		
虾	6.9		
蟹	7.2		

注：摘自《食品调味技术》。

酸味是味蕾受到H^+刺激的一种感觉。无机酸、有机酸的酸味阈值不同（见表4-3），通常对有机酸敏
感。酸味感的时间长短并不与pH值成正比，解离速度慢的酸味维持时间久，解离速度快的酸度调节剂的
味觉会很快消失。酸度调节剂解离出H^+后的阴离子，也影响酸感特征。

表4-3　无机酸、有机酸的酸味阈值

项目	酸度调节剂的阈值（pH值）
无机酸	3.4～3.5
有机酸	3.7～4.9

注：摘自《食品调味技术》。

　　酸度调节剂分了根据羟基、羧基、氨基的有无，数目的多少，在分了结构中所处的位置，而产生不同的酸感特征。在相同pH值下，不同酸度调节剂酸味的强度不同，其顺序为：乙酸>甲酸>乳酸>草酸>盐酸。说明酸味强度与 H^+ 浓度没有函数关系。不同的有机酸有不同的酸感特征。一些酸的重要性质见表4-4。

表4-4　一些食用酸的重要性质

名称	K_a	PSE Mol /×10⁻⁴	pH	与柠檬酸对比的相当酸度	酸感特征
柠檬酸	8.4×10^{-4}	0.5	2.80	100	温和、爽快、有新鲜感
酒石酸	1.04×10^{-3}	0.485	2.80	68～71 120～130	稍有涩感，酸味强烈
富马酸	9.5×10^{-4}	0.495	2.79	54～56	爽快，浓度大时有涩感
苹果酸	3.76×10^{-4}	0.590	2.91	73～78	爽快、稍苦
琥珀酸	8.71×10^{-5}	0.778	3.20	86～89	有鲜味
乳酸	1.26×10^{-4}	1.249	2.87	104～110	稍有涩感、尖利
抗坏血酸	7.94×10^{-5}	1.267	3.11	208～217	温和爽快
醋酸	1.75×10^{-5}	1.374	3.35	72～87	带刺激性
葡萄糖酸		1.660	2.82	282～341	温和爽快、圆滑柔和
磷酸				200～230	有强烈的收敛味和涩味

　　注：摘自《食品调味技术》。

　　在使用中，酸度调节剂与其他调味剂的作用是：酸度调节剂与甜味剂之间有拮抗作用，两者易相互抵消，故食品加工中需要控制一定的甜酸比（食品甜度与酸度的比值）。酸味与苦味、咸味一般无拮抗作用。酸度调节剂与涩味物质混合，会使酸味增强。

 概念检查 4.1

○ 水果或饮料好吃、好喝常说：酸甜可口。怎样定量
　评价"酸甜可口"？

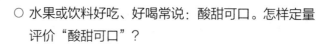

　　酸度调节剂在食品中的作用如下：
　　① 用于调节食品体系的酸碱性。为了取得产品的最佳性状和质构特征，必须正确调整pH值，果胶凝胶、干酪凝固尤其如此。酸度调节剂降低了体系的pH值，抑制许多有害微生物繁殖和不良发酵过程，有助于提高酸型防腐剂效果；降低食品高温杀菌温度和减少时间，减轻食品结构与风味的不良变化。
　　② 形成特征风味的基础。不同的特征风味具有特殊的酸味。如酒石酸可以辅助葡萄的特征风味，磷酸可以辅助可乐饮料的特征风味，苹果酸可辅助许多水果和果酱的特征风味。还可用做香味辅助剂。酸度调节剂能平衡风味，修

饰蔗糖或甜味剂的甜味。

③ 可作螯合剂。许多酸度调节剂具有螯合金属离子的能力，可减轻某些金属离子导致的食品变色、腐败、营养素损失等不良影响。与抗氧化剂、防腐剂、还原性漂白剂复配使用，能起到增效的作用。

④ 使碳酸盐分解产生CO_2气体。酸度调节剂的性质决定了膨松剂的反应速度。此外，酸度调节剂有一定的稳定泡沫的作用。

⑤ 有些酸度调节剂具有还原性。在水果、蔬菜制品的加工中可以做护色剂，在肉类加工中可作为护色助剂。

⑥ 酸水解作用，蔗糖的转化。

⑦ 控制色泽，天然色素在不同酸度下色泽不同，低酸度不易发生褐变。

酸度调节剂在使用时必须注意以下三点：

① 酸度调节剂大都电离出H^+，它可以影响食品的加工条件，可与纤维素、淀粉等食品原料作用，也同其他食品添加剂相互影响。在食品加工工艺中要设计好加酸度调节剂工艺（条件和时间）。

② 阴离子除影响酸度调节剂的风味外，还能影响食品风味，如盐酸、磷酸具有苦涩味，会使食品风味变劣。酸度调节剂阴离子常常使食品产生另一种味，称为副味。一般有机酸具有爽快的酸味，而无机酸一般酸味不很适口。

③ 酸度调节剂有一定的刺激性，能引起消化系统的疾病。

4.2.2 有机酸度调节剂

（1）柠檬酸（citric acid，CNS：01.101，INS：330）

又名枸橼酸，化学名称为3-羟基-羧基戊二酸。柠檬酸是在果蔬中分布最广的有机酸。商品柠檬酸有一水柠檬酸和无水柠檬酸，分子式$C_6H_8O_7·H_2O$，分子量210.14。

酸度与酸感特征：是食品酸度的标准物。其酸味圆润滋美、爽快可口，最强酸感来得快，后味时间短。由于是水果的成分之一，能赋予水果的风味。

性状与性能：为无色结晶，极易溶于水及乙醇，20℃时在水中的溶解度为100%。有吸湿性。

柠檬酸是最常用的酸度调节剂，能使甜味剂、色素、香精相互协调，通常用量为0.1%～1.0%；同时还有增溶、抗氧化、缓冲及螯合不良金属离子的作用。在肉制品中可脱腥脱臭。与柠檬酸钠共用味感更好。

（2）乳酸（lactic acid，CNS：01.102，INS：270）

乳酸的化学名称为2-羟基丙酸，分子式$C_3H_5O_3$，分子量90.08。商品乳酸的浓度85%～92%，是乳酸和乳酸酐的混合物。乳酸在果蔬中很少见，为发酵乳品和蔬菜的特征酸，存在于发酵食品、腌渍物、果酒、清酒、酱油及乳制品中。用于清凉饮料、乳饮料、合成酒、合成醋等的调味。有防腐作用，用其调味泡菜或酸菜，还可防止杂菌繁殖，有良好杀菌作用。

酸度与酸感特征：酸味柔和，有后酸味，有特异收敛性酸味。

性状与性能：为浓度80%的无色或微黄色水溶液，以及晶体乳酸。

多用于乳酸饮料和果味露，且与柠檬酸并用。

（3）酒石酸（tartaric acid，CNS：01.111，INS：334）

分子式$C_4H_6O_6$，分子量150.09。

酸度与酸感特征：酸味比柠檬酸强，有涩感。

性状与性能：无色至半透明的结晶，或白色微细至颗粒状结晶性粉末，无臭，有旋光性，易溶于水，可溶于乙醇，稍有吸湿性。

酒石酸是葡萄风味的特征酸。多与柠檬酸、苹果酸等并用。

（4）DL-苹果酸（malic acid，CNS：01.104，INS：296）

在自然界中苹果酸多与柠檬酸共存，其在苹果、葡萄、山楂、樱桃等天然水果中含量较高。分子式$C_4H_6O_5$，分子量134.09。

酸度与酸感特征：酸味较柠檬酸强，别致爽口，略带刺激性，稍有苦涩感，呈味时间长。

性状与性能：为白色或茨白色粉末、粒状或结晶，不含结晶水，易溶于水，20℃时溶解度55.5%。有吸湿性。

常用于调配水果风味。与柠檬酸合用可强化酸味，改善酸感。苹果酸理论上可以全部或部分取代柠檬酸，在获得同样效果的情况下，苹果酸用量平均可比柠檬酸少8%～12%（质量分数）。苹果酸能掩盖一些蔗糖的替代物所产生的后味。

（5）冰乙酸（acetic acid，CNS：01.107，INS：260）

也称冰醋酸，是乙酸高浓度产品的名称。乙酸俗称醋酸，是东方传统发酵调味料——食醋的特征酸。分子式$C_2H_4O_2$，分子量60.05。

酸度与酸感特征：酸味较柠檬酸强，强烈的刺激性。

性状与性能：一般指纯度在98%以上的醋酸（乙酸），在13.3℃结成冰状固体。醋酸是无色液体，无限溶于水、乙醇、乙醚等，沸点118.1℃。

用于使用含有醋酸食品的调配，特别是酸味的强化。应稀释使用。

4.2.3　无机酸度调节剂

磷酸（phosphoric acid，CNS：01.106，INS：368）

食用磷酸是唯一可以用于食品调味的无机酸。还可作为拮抗剂、抗氧化剂、乳化剂、稳定剂、增香剂、增稠剂、整合剂、水分保持剂和面粉处理剂等。分子式H_3PO_4，分子量98.00。

酸度与酸感特征：有强烈的收敛味和涩味。

性状与性能：商品食用磷酸为浓度85%～98%的无色透明黏稠溶液，无臭。85%磷酸相对密度为1.59，易吸水，极易溶于水和乙醇，若加热到150℃时则成为无水物，200℃时缓慢变成焦磷酸，300℃以上变成偏磷酸。

其酸感不如柠檬酸等有机酸好，主要作为特征酸用于可乐型饮料的生产。

4.2.4　盐类酸度调节剂

GB2760中允许一些有机盐和无机盐作为酸度调节剂使用，磷酸盐类是种类最多、功能最多、最重要的一类，而且不仅仅作为酸度调节剂使用。

4.2.5　酸度调节剂选用原则

要根据食品的风味特征，确定酸度调节剂的种类、总酸度和不同酸度调节剂的比例；要符合人们的常规习惯。

4.3 食品增味剂

鲜味剂是东方食品界的概念。东方人认为鲜味像甜、酸、咸一样，也是食品风味的基础之一，这与欧美的观点有很大区别。鲜味是一种复杂的综合味感。当鲜味剂的用量达到阈值时，会使食品鲜味增加；但用量少于阈值时，仅是增强风味，可以提高食品总的味觉强度，优化整体味感，增强食品风味的持续性、口感性、温和感、浓厚感等特征，所以欧美将鲜味剂称作风味增强剂，简称增味剂。在我国《食品安全国家标准　食品添加剂使用标准》中，按照欧美的习惯定义增味剂（flavor enhancers）为补充或增强食品原有风味的物质，但是没有鲜味剂的概念。人们常说的鲜味剂是指增强食品鲜味感的一类物质，包含了风味增强剂。

增味剂种类很多，但对其分类还没有统一规定。可按来源分成动物性增味剂、植物性增味剂、微生物增味剂和化学合成增味剂等；也可按化学成分分成有机酸类增味剂（包括氨基酸类、核苷酸类和正羧酸类）、天然提取物类增味剂等。

4.3.1 鲜味与鲜味特性

人们喜欢用煮肉或煮骨头的汤烹菜肴，因为可以使菜、汤味道鲜美。研究发现骨汤、煮海带的汤、鱼汁和香菇有明显不同于酸、甜、咸的特殊口味，人们将其命名为鲜味。产生鲜味的原因是因为肉汤和鱼汁里有肌苷酸，海带汤里有谷氨酸，香菇含有鸟苷酸。琥珀酸对海贝类的鲜味有重要贡献。

4.3.2 氨基酸类增味剂

（1）谷氨酸钠（sodium glutamate 或 monosodium L-glutamate，简称MSG；CNS：12.001；INS：621）
商品名为味精。分子式 $C_5H_8O_4NNa \cdot H_2O$，分子量187.13。

鲜度与鲜感特征：谷氨酸钠水溶液的口味就是鲜味。其用水稀释3000倍仍能感到这种特殊的口味，鲜味阈值为0.014%，鲜味在pH值3.2以下时最弱，pH值6～7时呈味最强（谷氨酸钠全部解离）。谷氨酸钠是鲜度的标准。

性状与性能：无色至白色的结晶或结晶性粉末，无臭，有特有的鲜味。易溶于水，微溶于乙醇，不溶于乙醚。无吸湿性，对光稳定。

食盐中添加少量味精就有明显的鲜味，一般1g食盐与0.1～0.15g味精并用时，味精的呈味效果最佳。味精还有缓和苦味的作用。

（2）L-丙氨酸（L-alanine，CNS：12.006）
又称L-氨基丙酸，分子式 $C_3H_7NO_2$，分子量89.09。

鲜度与鲜感特征：基本味感是甜稍酸。

性状与性能：无色或白色结晶或白色结晶性粉末，易溶于水，不溶于乙醇，200℃以上开始升华。

（3）甘氨酸（amininoacetic acid，glycine；CNS：12.007；INS：640）
系统名为氨基乙酸，分子式 $C_2H_5NO_2$，分子量75.08。

鲜度与鲜感特征：基本味感是甜稍酸。

性状与性能：白色单斜晶系或六方晶体，或白色结晶性粉末，易溶于水，极难溶于乙醇。

4.3.3　核苷酸类增味剂

（1）5′-鸟苷酸二钠（disodium 5′-guanosinate 或 guanosine 5′-mono-phosphate，简称GMP；CNS：12.002；INS：627）

又称鸟苷-5′-磷酸钠、鸟苷酸钠，分子式$C_{10}H_{12}N_5NaO_8P \cdot 7H_2O$，分子量533.26。

鲜度与鲜感特征：有类似香菇鲜味，其鲜味阈值0.0035%。核苷酸类增味剂需与氨基酸类鲜味物质同时使用才能充分发挥呈鲜效果。鲜味强度高于肌苷酸。

性状与性能：无色或白色结晶或白色粉末。无臭，易溶于水，微溶于乙醇，几乎不溶于乙醚。吸湿性较强。在通常的食品加工条件下，对酸、碱、盐和热均稳定。与MSG合用有十分强的相乘作用。

多与MSG及IMP配合使用。混合使用时，其用量为味精总量的1%～5%。

（2）5′-肌苷酸二钠（disodium 5′-inosinate 或 inosine 5′-monophosphate，简称IMP；CNS：12.003；INS：631）

又称肌酸磷酸钠、肌苷5′-磷酸二钠、次黄嘌呤核苷5′-磷酸钠、肌苷酸钠，分子式$C_{10}H_{11}N_4NaPO_8 \cdot 7.5H_2O$，分子量527.20。

鲜度与鲜感特征：有类似鱼肉的鲜味，其鲜味阈值0.012%。核苷酸类增味剂需与氨基酸类鲜味物质同时使用才具倍增的呈鲜效果（复合鲜味剂，强力味精）。

性状与性能：无色结晶或白色粉末，无臭。易溶于水，微溶于乙醇，不溶于乙醚。稍有吸湿性。对酸、碱、盐和热均稳定，可被动植物组织中的磷酸酯酶分解而失去鲜味。与谷氨酸有协同作用。

多与味精（MSG）和鸟苷酸钠（GMP）混合使用。

（3）5′-呈味核苷酸二钠（disodium 5′-ribonucleotide，CNS：12.004，INS：635）

系指5′-鸟苷酸二钠、5′-肌苷酸二钠、5′-尿苷酸二钠和5′-胞苷酸二钠的混合物。主要是前两种的混合物。分子式$C_{10}H_{11}N_4NaPO_8 \cdot xH_2O$。

鲜度与鲜感特征：呈味阈值为0.0063%。与0.8%谷氨酸钠合用时，呈味阈值为0.000031%。

性状与性能：与其他核苷酸钠相似。

肌苷酸钠（IMP）和鸟苷酸钠（GMP）两者各占50%的混合物简称I+G，是动植物鲜味融合一体所形成的一种较为完全的增味剂。其作用特点是：

① 能增加肉类的原味，可用于肉、禽、鱼等动物性食品，亦可用于蔬菜、酱等植物性食品，均可增强其天然香味和鲜味，用量为0.5～1g/10kg。

② 改善风味，使甜、酸、苦、辣、鲜、香、咸味更柔和、浓郁。可抑制食品中的淀粉味、硫黄味、铁腥味、生酱味、腥味和苦涩味等。

4.3.4　正羧酸类增味剂

琥珀酸二钠［disodiam succinate，CNS：12.005，INS：364（ii）］
分子式$C_4H_4Na_2O_4 \cdot 6H_2O$，分子量270.15。也有无结晶水产品。

鲜度与鲜感特征：有特殊贝类滋味，认为是海鲜类风味的基础之一。

性状与性能：无色或白色结晶或白色结晶性粉末，易溶于水（25℃下每100g水溶解35g），微溶于乙醇，不溶于乙醚。在空气中稳定。

其通常与谷氨酸钠配合使用，一般使用量为谷氨酸钠的10%左右。

4.3.5 增味剂选用原则

要根据食品的风味特征，确定增味剂的种类、总鲜度和不同增味剂的比例；要符合人们的常规习惯。

4.4 食品代盐剂

没有咸味的食物是无法下咽的。以前，认为氯离子给肾脏病带来浮肿，肾脏病的饭食疗法用苹果酸钠来代替食盐。研究发现过量食盐的摄入与糖尿病、高血压、高血脂和癌症的发病率有相关性，就需要有非食盐盐类咸味剂。我国《食品安全国家标准 食品添加剂使用标准》允许使用的代盐剂是氯化钾。

具有类似食盐咸味的有机酸盐还有谷氨酸钾、葡萄糖酸钠等，但咸味都与食盐有差异。

4.4.1 咸味与咸味特性

咸味是饮食不可或缺的、最基本的味。食盐是最普通的咸味剂，也是唯一有重要生理作用的调味制剂，其阈值一般为0.2%，在液态食品中的最适浓度为0.8%～1.2%，是最令人满意的咸度。人们所接受的传统咸味是由氯化钠的钠离子和氯离子共同产生的。其他的盐类由于成分不同，自然与食盐的咸味不同。

4.4.2 代盐剂

氯化钾（potassium chloride，CNS：00.008，INS：508）

分子式KCl，分子量74.55。

咸味与咸感特征：氯化钾同氯化钠化学性质相似，但氯化钾的咸味不纯，稍酸多苦更咸（比食盐咸度高30%），有人形容其为"金属味"。

性状与性能：为无色细长棱形或立方结晶或白色颗粒状粉末，无臭，有咸味，易溶于水，稍溶于甘油，微溶于乙醇，不溶于乙醚和丙酮。对热、光和空气稳定，有吸湿性，易结块。

研究发现L-赖氨酸有屏蔽掉氯化钾金属苦味的效果，同时它还是一种对人体有益的氨基酸（尤其有促进儿童生长的作用）。钾是一种能保持血压平稳的重要元素。

参考文献

[1] 曹雁平. 食品调味技术 [M]. 2版. 北京: 化学工业出版社, 2010.
[2] 张俭波, 王华丽. 食品添加剂使用标准速查手册 调味品和甜味料分册 [M]. 北京: 中国标准出版社, 2018.
[3] 孙平. 新编食品添加剂应用手册 [M]. 北京: 化学工业出版社, 2017.
[4] 高彦祥. 食品添加剂 [M]. 2版. 北京: 中国轻工业出版社, 2019.
[5] 毛伟峰, 宋雁. 食品中常见甜味剂使用方面存在的主要问题及危害 [J]. 食品科学技术学报, 2019, 39 (6): 9-14.

[6] 林薇薇，万武波，白燕，左文健．天然复合甜味剂的配方研究[J]．农产品加工，2019（9）：16-19.
[7] 朱明婧，刘博，李飞飞．天然甜味剂研究进展与开发前景分析[J]．中国调味品，2015，40（11）：136-140.
[8] 吴娜，顾赛麒，陶宁萍，王锡昌．鲜味物质间的相互作用研究进展[J]．食品工业科技，2014，35（10）：389-393.
[9] 冯珍泉，李树标，郝武斌，袁军，刘敏，高尚龙，刘元涛．pH 对多种鲜味剂滋味的影响[J]．中国食品添加剂，2017（2）：144-148.

总结

○ 甜味剂
- 赋予食品甜味的物质。来源于自然界的天然物质、改性天然物质或化学合成物质。
- 不同的甜味剂甜味强度、甜感特征不同，在不同条件下呈现不同的甜味强度和甜感特征，以及稳定性。
- 不同甜味剂配合使用呈现不同的协同增效和改善甜感特征的效果。
- 甜味剂的甜味强度与甜感特征是与蔗糖比较获得的。
- 甜味剂还有调整和协调平衡风味、掩蔽异味、增加适口性的作用。

○ 酸度调节剂
- 维持和改变食品酸碱度的物质，根据使用目的可以细分为调整食品酸碱度和赋予食品酸味两类，后者通常简称为酸味剂。本章介绍赋予食品酸味的酸味剂。
- 不同的酸味剂酸味强度、酸感特征不同，在不同条件下呈现不同的酸味强度和酸感特征，以及稳定性。
- 酸味剂具有应用的特征属性。
- 不同酸味剂配合使用呈现不同的酸味强度和酸感特征。
- 酸味剂的酸味强度与酸感特征是与柠檬酸比较获得的。
- 酸味剂能平衡风味、修饰甜味剂的甜味，也会影响食品品质的稳定性。

○ 增味剂
- 补充或增强食品原有风味的物质。主要有鲜味剂，还有增强特定食品风味和整体食品风味的物质。
- 鲜味剂即赋予食品鲜味的物质，不同的鲜味剂具有不同增强鲜味的能力。
- 不同的鲜味剂具有不同的鲜感特征，因此具有应用的特征属性。

○ 甜酸比
- 是甜度与酸度的比值。不同的天然食物其甜酸比是不同的，甜酸比成为甜味食品配方设计的基础。

○ 甜咸比
- 是甜度与咸度的比值。甜咸比成为咸味食品配方设计的基础。

课后练习

题1~5答题思路   题6答题思路

1. 为什么要酸度调节剂和相应的盐类一起使用？

2. 为什么要复合使用不同的调味类食品添加剂？

3. 哪些酒可以使用甜味剂？

4. 近一年批准的新品种和扩大使用范围的调味类食品添加剂有哪些？

5. 怎样设计食品的甜酸比？

6. 设计玫瑰葡萄风味乳酸菌饮料的基础配方。初步确定甜度分别由 40% 蔗糖和最适比例的甜蜜素（相对甜度 50）与甜菊糖苷（相对甜度 400）构成时较好；酸度由 50% 柠檬酸（相对酸度 100）、30% 酒石酸（相对酸度 120）、20% 乳酸（相对酸度 110）构成。试计算 1000kg 该饮料各种甜味剂和酸度调节剂的用量（风味强度误差小于 0.1%，食品添加剂用量精确至 0.1g）。（此习题的设置只是为了让同学们掌握相关设计计算方法）

（www.cipedu.com.cn）

4

推荐阅读材料

曹雁平主编. 食品调味技术（第二版）[M]. 北京：化学工业出版社，2010.

5 调质类食品添加剂

调质类食品添加剂包括食品增稠剂、食品乳化剂、凝固剂、膨松剂等，在食品中应用非常广泛，它可以赋予食品黏润、适宜的口感，并有乳化、稳定的作用，改善食品的口感和外观品质。

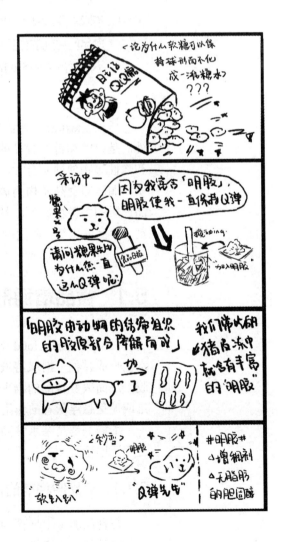

※ **为什么要学习调质类食品添加剂?**

　　食品的口感与食品的黏、弹、塑性质即流变性质有很大的关系,果汁要求不分层、不沉淀,面条要求不糊汤、耐浸泡不烂,冰淇淋要求保型性好、口感细腻,汤汁要求可口性,饮料要求爽口性,面条、馒头要有咀嚼感,这些都离不开调质类食品添加剂,可以通过在食品加工中选用或复配出各种具有增强食品弹性、稳定性、韧性的食品添加剂,达到对食品口感、稳定性的要求。

◉ **学习目标**

○ 调质类食品添加剂在食品加工中的作用及其种类。
○ 调质类食品添加剂在食品加工中应用的影响因素及调控方法。
○ 不同食品增稠剂的化学结构、作用特点和应用。
○ 食品乳化剂的作用原理以及不同食品乳化剂的作用特点。
○ 不同食品凝固剂的作用特点和应用。

　　质构(texture)是食品风味的四大指标之一。质构是指食品与口感有关的特性,是口腔和舌对食品的感知,与食品的密度、黏度、表面张力、温度、塑性和弹性等物理性质有关,涉及食品中各组分之间的相互作用和各组分的物理性质。调质即食品质构的调配,是食品调味的重要组成部分。食品添加剂作为食品调质的关键性原料,具有不可替代的作用。调质类食品添加剂包括食品增稠剂、食品乳化剂、凝固剂、膨松剂、胶基糖基础剂、水分保持、抗结剂等。

5.1 食品增稠剂

　　食品增稠剂(food thickeners)通常指能溶解于水,并在一定条件下充分水化形成黏稠、滑腻溶液的大分子物质。增稠剂可提高食品的黏稠度或形成凝胶,从而改变食品的物理形状,赋予食品黏润、适宜的口感,并兼有乳化、稳定或使呈悬浮状态的作用。

　　增稠剂都是亲水性高分子化合物,也称水溶胶或食品胶,是在食品工业中有广泛用途的一类重要的食品添加剂。

5.1.1 食品增稠剂的作用

　　在食品加工中增稠剂添加量很少,一般为千分之几,但却能有效、经济地改善食品体系的质构。食品增稠剂在加工食品中能够起到提供一定的稠度、黏度、成胶特性、乳化稳定性、悬浊分散性、持水性、控制结晶等作用,使食品获得所需各种形状和硬、软、脆、黏、稠等各种口感。这些作用是与它的独特功能特性分不开的。食品增稠剂具有许多的功能特性，最重要的基本功能或是使水相增稠，或是使水相成胶，这些重要功能已在食品加工工业中得到了广泛和充分的应用。

5.1.1.1　增稠作用

食品增稠剂一般都是水溶性高分子，具有非牛顿型流体的性质，都能溶解或分散在水中产生增稠或提高流体黏度的效应，使食品体系具有稠厚感。增稠剂的分子质量分布和浓度、溶液的温度和pH值及剪切速率等都会对溶液的黏度产生影响。

5.1.1.2　胶凝作用

有些食品增稠剂如明胶、琼脂、果胶等溶液，在温热条件下为黏稠流体，当温度降低时，溶液分子连接成网状结构，溶剂和其他分散介质全部被包含在网状结构之中，整个体系成了失去流动性的半固体，也就是凝胶。并不是所有的食品增稠剂都具有胶凝的特性，只有其中一部分具有胶凝特性，并且它们的成胶特性往往各不相同。利用它们的胶凝性在食品中应用时，在大多数情况下也不能相互替代，也就是说一种能成凝胶的食用胶在某一种食品中的应用往往是特定的，很难用其他胶体来替代，原因在于各种增稠剂的成胶模式、质量、稳定性、口感及可接受性等特性都不一样，或至少不完全相同。

5.1.1.3　乳化和稳定作用

食品增稠剂因增加溶液的黏度而使乳化液得以稳定，但它们的单一分子并不具有乳化剂所特有的亲水、亲油性，因此，食品增稠剂并不是真正的乳化剂。

食品增稠剂添加到食品中后，体系黏度增加，体系中的分散相不容易聚集和凝聚，因而可以使分散体系稳定。在食品中能起乳化作用的食品增稠剂并不是真正的乳化剂，作用方式也不是按照一般乳化剂的亲水-亲油平衡机制来完成的，而是以好几种其他方式来发挥乳化稳定功能，但经常是通过增稠或增加水相黏度以阻止或减弱分散的油粒小球发生迁移和聚合来完成的。

5.1.1.4　保水作用

食品增稠剂都是亲水性高分子，本身有较强的吸水性，将其施加于食品后，可以使食品保持一定的水分含量。

5.1.1.5　控制结晶

食品增稠剂可以赋予食品较高的黏度，从而使体系不容易结晶或结晶细小，用于糖果、乳制品（冰淇淋）、冷冻食品中，能提高膨胀率，降低冰晶析出的可能性，可使产品口感细腻。

世界上的食品成千上万种，人们往往为了不同的目的而需要使用食品增稠剂，以改善或赋予食品在口味、外观、形状、贮存性等方面的特性，因此在使用食品增稠剂时，需根据不同食品增稠剂的特性进行选择。

5.1.2　影响食品增稠剂作用效果的因素

5.1.2.1　结构及分子量对黏度的影响

一般食品增稠剂在溶液中容易形成网状结构或具有较多亲水基团的物质，具有较高的黏度。不同分子结构的食品增稠剂，由于单糖组成不同，在同一浓度和其他条件相同的情况下，其黏度是不同的。随着分子量的增加，形成网状结构的概率也增加，因此食品增稠剂的分子量越大，黏度也越大。

5.1.2.2　浓度对黏度的影响

食品增稠剂在很低浓度下就能产生较高的黏度。食品增稠剂浓度增高，相互作用概率增加，附着的水分子增多，因此黏度增大。但对于不同的食品增稠剂，浓度对黏度的影响是不同的。

5.1.2.3　pH 值对黏度的影响

介质的pH值与食品增稠剂的黏度及其稳定性的关系极为密切，pH值对不同食品增稠剂的黏度影响不同。有些食品增稠剂在较宽的pH值范围内对黏度影响不大，如黄原胶溶液对酸、碱十分稳定，在pH2～12范围内黏度几乎保持不变。而有些食品增稠剂，其黏度受pH值影响很大，如罗望子胶黏度在pH7.0～7.5时比较稳定，超过这个范围其黏度则会降低。

5.1.2.4　温度对黏度的影响

一般随着温度升高，分子运动加快，溶液的黏度降低。多数胶类溶液，温度每升高5℃，黏度约降低15%。但是也有例外，如黄原胶在0～100℃范围内黏度基本不变，温度对其黏度影响不大。

5.1.3　常用食品增稠剂

常用食品增稠剂有明胶、酪蛋白酸钠、阿拉伯胶、罗望子胶、田菁胶、琼脂、海藻酸钠（褐藻酸钠、藻胶）、卡拉胶、果胶、黄原胶、β-环糊精、羧甲基纤维素钠（CMC-Na）、淀粉磷酸酯钠（磷酸淀粉钠）、羧甲基淀粉钠、羟丙基淀粉、藻酸丙二醇酯（PGA）。

食品增稠剂按其来源可分为天然和化学合成（包括半合成）两大类。天然来源的增稠剂大多数是由植物、海藻或微生物提取的多糖类物质，如阿拉伯胶、卡拉胶、果胶、琼胶、海藻酸类、罗望子胶、甲壳素、亚麻籽胶、田菁胶、瓜尔胶、槐豆胶和黄原胶等；还有一部分是从含蛋白质的动物原料中提取得到的物质，如明胶、干酪素、甲壳素、壳聚糖等。化学合成或半合成增稠剂有羧甲基纤维素钠、海藻酸丙二醇酯，以及近年来发展较快、种类繁多的变性淀粉，如羧甲基淀粉钠、羟丙基淀粉醚、淀粉磷酸酯钠、乙酰基二淀粉磷酸酯、磷酸化二淀粉磷酸酯、羟丙基二淀粉磷酸酯等。食品增稠剂的具体分类见表5-1。

表5-1　食品增稠剂的分类

种类		主要品种
天然食品增稠剂	植物性食品增稠剂	瓜尔胶、槐豆胶、罗望子胶、刺云实胶、沙蒿籽胶、亚麻籽胶、田菁胶、皂荚豆胶、阿拉伯胶、黄蓍胶、印度树胶、刺梧桐胶、桃胶、果胶、魔芋胶、印度芦荟提取胶、菊糖、仙草多糖
	动物性食品增稠剂	明胶、干酪素、酪蛋白酸钠、甲壳素、壳聚糖、乳清分离蛋白、乳清浓缩蛋白、鱼胶
	微生物性食品增稠剂	黄原胶、结冷胶、茁霉多糖、凝结多糖、酵母多糖

续表

种类		主要品种
天然食品增稠剂	海藻类食品增稠剂	琼脂、卡拉胶、海藻酸（盐）、海藻酸丙二醇酯、红藻胶、褐藻岩藻聚糖
	化学合成食品增稠剂	羧甲基纤维素钠、羟乙基纤维素、微晶纤维素、甲基纤维素、羟丙基甲基纤维素、羟丙基纤维素、变性淀粉、聚丙烯酸钠、聚乙烯吡咯烷酮

5.1.4　天然食品增稠剂

天然食品增稠剂根据其来源不同分为植物性（由植物渗出液、种子、果皮和茎等制取获得的）、动物性（由含蛋白质的动物原料制取的）、微生物性（从微生物代谢产物中获得的）、海藻类（由海藻制取获得的）增稠剂四种。

5.1.4.1　植物性食品增稠剂

植物性食品增稠剂是食品增稠剂中重要组成部分，在食品工业中有广泛应用。植物性食品增稠剂又分为种子类胶、树脂类胶、植物提取胶。

5.1.4.1.1　种子类胶

目前工业上有重要应用价值的商品化种子类胶主要来源于豆科（Leguminosae）植物，如瓜尔豆、刺槐豆、罗望子、亚麻籽、沙蒿等。

（1）瓜尔胶（guar gum，CNS：20.025，INS：412）

也称瓜尔豆胶、胍胶，是目前食品工业中用来改变食品体系结构、提高黏度或形成凝胶的一类重要的食品增稠剂，是从南亚干旱和半干旱地区广泛栽培的一年生草本抗旱农作物瓜尔树（*Cyamopsos tetragonolobus*）种子中分离出来的一种可食用的多糖类化合物，具有来源稳定、价格相对便宜、黏度高、用途广等特点。

化学组成与结构：瓜尔豆胶主要由半乳糖和甘露糖聚合而成，属于天然半乳甘露聚糖（guaran），分子量约为20万～30万。其主链为以β-1,4键连接的D-甘露糖单元组成，侧链则由单个的α-D-半乳糖以（1→6）键不均匀地与主链的某些C6位相连，甘露糖与半乳糖之比平均为1.8：1（约为2：1）（如图5-1）。

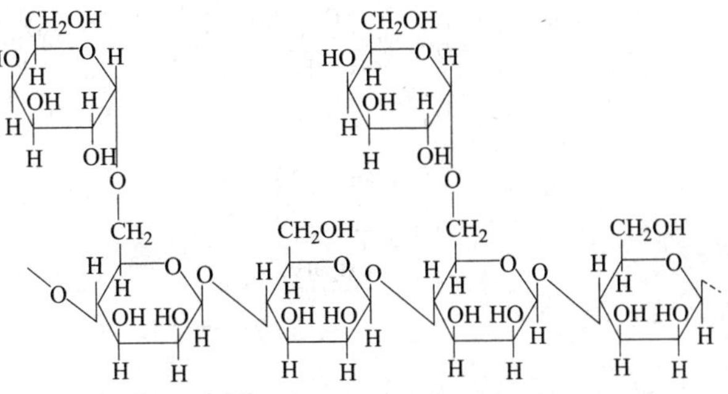

图5-1　瓜尔豆胶的化学结构式

性状与性能：商品瓜尔豆胶一般为白色至浅黄褐色自由流动的粉末，接近无臭，也无其他任何异味，一般含有75%～85%的多糖、5%～6%的蛋白质、2%～3%的不溶性纤维及1%的灰分。瓜尔豆胶是良好的增稠剂，根据其粒度和黏度可分为不同等级。

　　瓜尔豆胶分子结构的复杂性使得其溶液性质比小分子溶液的性质复杂得多。其溶解相对较困难，一般需要几小时才能使分子通过扩散与水分子混合成为均相体系。由于瓜尔豆胶分子是直链结构，所以这些分子占有较大的空间，并且在溶液中以伸展的形式存在，它们在溶液中旋转，与支链结构分子相比形成较大的球形体积，因此，瓜尔豆胶溶液的表观黏度相对于同样分子量的物质来说是很高的。

　　在常温下，1%瓜尔豆胶溶液可视为非流体中的假塑性流体，浓度在1.2%以内，瓜尔豆胶溶液黏度随温度升高而降低，温度回降时，黏度缓慢升高，当温度降到一定程度时，黏度急剧增加。瓜尔豆胶具有很强的耐酸碱性，pH值在3.5～10范围内对其黏度影响不明显。瓜尔豆胶具有良好的一价耐盐性，但高价盐的存在可使其溶解度下降。高压对瓜尔豆胶的流变特性影响也不大。瓜尔豆胶与其他一些亲水胶体如黄原胶有着很好的协同增效作用，复配使用可提高其性能。

　　瓜尔豆胶分子链中不带有离子基团，属于非离子型食品增稠剂，分子间斥力小，分子易于靠近结合成凝胶。凝胶柔软易变形，具有热可逆性。

　　通过改性可以克服瓜尔胶自身的一些缺点，几种常见的改性瓜尔胶有：物理增黏改性瓜尔胶、阳离子瓜尔胶、羟丙基瓜尔胶、氧化瓜尔胶、两性瓜尔胶、酯化瓜尔胶、接枝共聚瓜尔胶等。改性后的瓜尔胶其物理化学特性能够得到明显改善，进一步提高其应用价值。

（2）槐豆胶（locust bean gum，CNS：20.023，INS：410）

　　也称角豆胶、刺槐豆胶、洋槐豆胶、长角豆胶，是从豆科多年生植物国槐（*Sophora japonica* L.）种子胚乳中提取出来的一种多糖，是由种子胚乳经焙烤、热水提取、浓缩、蒸发、干燥、粉碎、过筛而得。

　　化学组成与结构：槐豆胶是一种半乳甘露聚糖，聚合物的主链由甘露糖构成，支链是半乳糖，甘露糖与半乳糖的比例平均是4：1，分子质量$3\times10^5\sim3.6\times10^5$Da。商品槐豆胶一般含有75%～81%的多糖、5%～8%的蛋白质、1%～4%的不溶性纤维及1%的灰分。槐豆胶的化学结构式见图5-2。

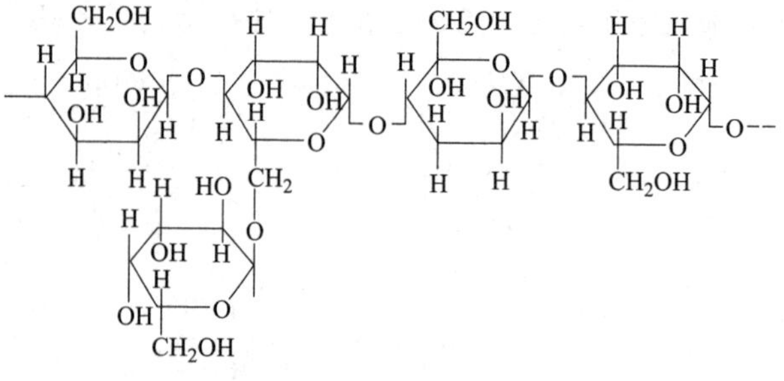

图 5-2　槐豆胶的化学结构式

　　性状与性能：槐豆胶为白色至黄色粉末颗粒，无臭或稍带臭味，能分散在热水或冷水中形成溶胶。分散于冷水仅部分溶解，在80℃水中可完全溶解而形成黏性液体，加热至85℃达到最大黏度，属热溶胶。pH值为3.5～9.0时，其黏度无变化，但在此pH范围以外时黏度降低。食盐、氯化镁、氯化钙等溶液对其黏度无影响，但酸（尤其是无机酸）、氧化剂会使其发生盐析及降低黏度。在碱性胶溶液中加入大量钙盐则形成凝胶。在水分散液中（pH值为5.4～7.0）添加少量四硼酸钠，亦可转变成凝胶。添加食盐前如预先添加明胶、卡拉胶、葡萄糖、蔗糖等混合，可在一定程度上防止盐析。热、压力、摩擦会使其表面张力降低。槐豆胶与黄原胶、琼脂和卡拉胶都有相互增效作用，能够形成有弹性的凝胶。

（3）亚麻籽胶（linseed gum，CNS：20.020）

又名富兰克胶、胡麻胶，是以含有占种子质量8%～12%胶质的亚麻籽的种皮为原料，经过一定的加工工艺提取的纯天然、无污染的绿色生物类胶。亚麻籽胶是一种以多糖为主，并含有少量蛋白质及矿物质元素的天然高分子复合胶。

化学组成与结构：亚麻籽胶的主要成分为80%的多糖类物质和9%的蛋白质，主要成分有D-葡萄糖29%、D-半乳糖19%、L-鼠李糖14%、D-木糖23%、L-阿拉伯糖11%和蛋白质8%～10%。亚麻籽胶多糖主要由酸性多糖和中性多糖组成，以酸性多糖为主，酸性多糖与中性多糖的摩尔比为4:3左右。酸性多糖由L-鼠李糖、L-岩藻糖、L-半乳糖、D-半乳糖醛酸组成，其摩尔比为4.8:3.1:1:3.7，酸性多糖主链是1,2-连接的L-吡喃鼠李糖和1,4-连接的D-吡喃半乳糖醛酸残基，侧链是岩藻糖和半乳糖残基。中性多糖主要由L-阿拉伯糖、D-木糖、D-半乳糖、D-葡萄糖组成，其摩尔比为6.0:3.2:2.8:1.0，中性多糖为高度分支化的阿拉伯木聚糖，以1,4-β-D-木糖为主链，含有大量的阿拉伯糖单位，阿拉伯糖和半乳糖侧链连接在2位和/或3位上。通过对亚麻籽胶中蛋白质部分进行测定，发现亚麻籽胶中含有全部17种氨基酸，谷氨酸的含量最高，其次是天冬氨酸。

性状与性能：亚麻籽胶无毒、无臭、无异味。亚麻籽胶商品有两种：一种为未进行干燥的流体亚麻籽胶，外观为均匀的棕黄色胶质液；另一种为经过干燥的粉状亚麻籽胶，外观为棕黄色粉末，密度小，有特殊的异味。不溶于油和多数溶剂中，可溶于冷水和热水中，具有很强的吸水溶胀能力，在水中能形成黏稠的溶液，具有良好的持水性。亚麻籽胶液的黏度主要受质量分数、温度、pH、存放时间和盐的加入的影响：亚麻籽胶溶液的表观黏度随着质量分数的增加逐渐增加，随着温度的升高而降低，在中性条件下（pH 6～8）表观黏度最大，酸、碱均使其黏度降低，随着放置时间的延长其黏度会逐渐增高，盐的加入导致亚麻籽胶溶液的黏度降低。

此外，亚麻籽胶和其他类食品胶具有良好的复配性，因此可广泛应用于各类食品加工中，如亚麻籽胶与其他水溶性胶以一定比例复配应用于果冻制作中，使果冻的凝胶强度、弹性、持水性都有很大的改善。

（4）罗望子多糖胶（tamarind seed polysaccharide gum，CNS：20.011）

又称罗望子胶，简称TSP，是从豆科罗望子属植物种子的胚乳中提取分离出来的一种中性多糖类物质。

化学组成与结构：罗望子胶多糖主要由D-半乳糖、D-木糖、D-葡萄糖（1:3:4）组成，是一种中性聚多糖，除多糖外，还有少量游离的L-阿拉伯糖。罗望子胶的分子结构中，主链为β-D-1,4-连接的葡萄糖，侧链是α-D-1,6-连接的木糖和β-D-1,2-连接的半乳糖，由此构成了支链极多的多糖类物质。分子量约为2.5×10^5～6.5×10^5。罗望子胶的化学结构式见图5-3。

性状与性能：无臭无味，外观呈乳白色或淡米黄色的粉末，随着胶的纯度降低，制品的颜色逐渐加深，有油脂气味和手感，易结块，不溶于大多数有机溶剂和硫酸铵、硫酸钠等盐溶液，不溶于冷水，但是能在冷水中分散，能在热水中溶解，形成均匀的胶体溶液，溶液具有剪切变稀的触变性或假塑性。胶液的黏度与质量浓度有关，加热煮沸对罗望子胶溶液的黏度影响相当大，但其热稳定性较高。罗望子胶还具有冷冻融化稳定性。罗望子胶黏度在pH7.0～7.5时比较稳定，超过这个范围其黏度则会降低，在无机酸性介质中黏度降低得特别显著，但使用有机酸时，pH2.0～7.0范围内溶液黏度受pH影响很小。

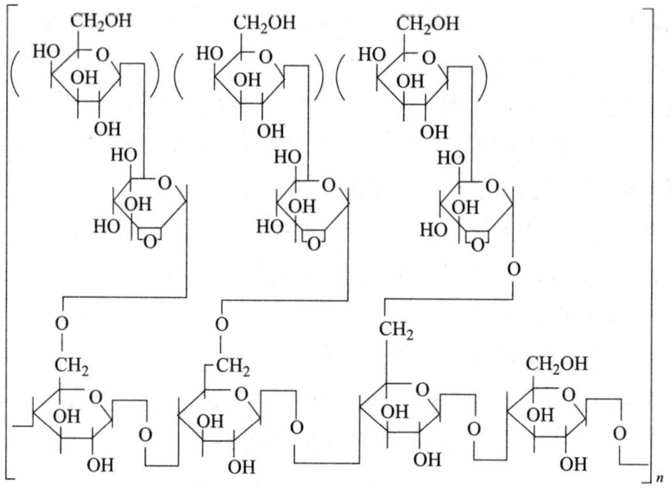

图 5-3 罗望子胶的化学结构式

罗望子胶水溶液的黏稠性强,一般不溶于醇、醛、酸等有机溶剂,能与甘油、蔗糖、山梨醇及其他亲水性胶互溶,但遇乙醇会产生凝胶,与四硼酸钠溶液混合则形成半固态,而加热会变成稀凝胶。

罗望子胶溶液干燥后能形成有较高强度、较好透明度及弹性的凝胶,并具有较好的耐盐、耐酸、耐热性能。罗望子胶与黄原胶按一定比例混合溶解后具有协同增黏效应。溶胶或凝胶均透明,且可制成含乙醇15%的透明含醇胶。

罗望子胶是一种重要的种子胶,世界上很多发达国家的食品、医药、纺织、乳胶、建筑、木材、黏合剂、炸药、造纸、油脂及日化等行业都越来越广泛地应用罗望子胶,罗望子胶作为一种性能优良的食品添加剂愈来愈受到人们的重视。

(5)沙蒿胶(artemisia gum,CNS : 20.037)

又称为沙蒿籽胶(artemisia seed gum),是从双子叶植物纲合瓣花亚纲菊科蒿属的白沙蒿(*Artemisia spaerocepdala* Krasch)和黑沙蒿(*Artemisia ordosica* Krasch)的种子中提取出来的,干重约为沙蒿籽的20%。

化学组成与结构:沙蒿胶质含有D-葡萄糖、D-甘露糖、D-半乳糖、L-阿拉伯糖及木糖,是一种具有交联结构的多糖类物质。

性状与性能:不溶于水,但可均匀分散于水,具有很强吸水溶胀能力。沙蒿胶具有特别的化学稳定性,不同于一般胶体,在常温下几乎不溶于一般溶剂,也不溶于热的稀酸或稀碱中,在水中呈有限吸水溶胀状态,在二甲亚砜中亦呈有限溶胀现象,在65%高氯酸和72%硫酸中可以溶化。沙蒿胶具有高黏度、高保水性、非水溶性、分散性、成膜性能且无毒性。

(6)皂荚糖胶(gleditsia sinenis lam gum,CNS : 20.029)

又名皂荚豆胶、皂角子胶、甘露糖乳酸,是从豆科多年生植物皂荚豆种子胚乳中提取出的一种多糖胶。

化学组成与结构:皂荚糖胶为多糖类聚合体,其主要成分是半乳甘露聚糖,在结构上以β-1,4-糖苷键相互连接的D-吡喃甘露糖为主链,不均匀地在主链的一些D-吡喃甘露糖的C6位上再以β-(1,6)-糖苷键连接了单个D-吡喃半乳糖为支链,其半乳糖与甘露糖之比为1 : 4。

性状与性能：皂荚糖胶为乳白色粉末，分子结构中含有丰富的羟基，能溶于冷/热水并同时迅速开始水化，最终形成透明状黏稠溶液。但不能溶于乙醇、丙酮等有机溶剂。皂荚豆胶的溶液呈非牛顿型的假塑性流动特性，即具有搅稀作用。温度上升时，皂荚豆胶溶液黏度下降。加热时间对皂荚豆胶的黏度也有影响。皂荚豆胶溶液天然pH为中性，pH4~10范围内对胶体溶液性状影响不明显。在pH6~8时，溶液的黏度可达到最大值。由于皂荚豆胶是非离子型高分子，因此具有良好的无机盐类兼容性能，耐受一价金属盐类如食盐的能力比较好，但高价金属离子（如钙离子）的存在可使其溶解度下降。皂荚豆胶与黄原胶有强烈的协同效应，其中热水溶部分的协同效应远远大于冷水溶部分。冷水溶部分的皂荚豆胶与卡拉胶基本无协同效应，而热水溶部分与卡拉胶有较好的协同效应。

（7）田菁胶（sesbania gum，CNS：20.021）

田菁［*Sesbania cnnabina*（Retz）Pers］原产于低纬度热带和亚热带沿海地区，为灌木状草本植物。田菁胶（sesbania gum，SG）又名豆胶、咸菁胶，是从田菁种子的内胚乳中提取的多糖胶。

化学组成与结构：田菁胶主要化学成分是由D-半乳糖和D-甘露糖两种单糖构成的多糖，还含有少量的蛋白质、纤维素、钙和镁等无机元素。田菁胶聚糖是由甘露糖单元构成主链，半乳糖单元形成支链，半乳糖与甘露糖的比例为1：2.0。甘露糖单元通过β（1→4）糖苷键连接构成主链，半乳糖单元通过α（1→6）糖苷键连接在甘露糖主链上，主链上每隔一个甘露糖连接一个半乳糖（图5-4），分子量为2.1×10^4~3.9×10^4。

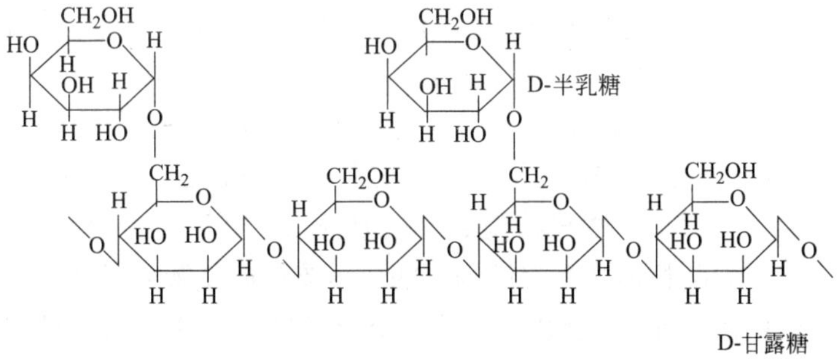

图5-4　田菁胶的化学结构式

性状与性能：呈奶油色松散状粉末，易溶于水，不溶于醇、酮、醚等有机溶剂。常温下，它能分散于冷水中，溶于水呈黏稠状，形成黏度很高的水溶胶溶液。在pH6~11范围内是稳定的，pH7.0时黏度最高，pH3.5时黏度最低。它能与络合物中的过渡金属离子形成具有三维网状结构的高黏度弹性胶冻，其黏度比原胶液高10~50倍，具有良好的抗盐性能。田菁胶是假塑性非牛顿型流体，其黏度随剪切速度的增高而降低，显示出良好的剪切稀释性能。田菁胶是非离子型的胶类，一般受阴、阳离子影响较少，不易产生盐析现象。

（8）刺云实胶（tara gum，CNS：20.041，INS：417）

又名他拉胶，来源于秘鲁的灌木，由豆科的刺云实（*Caesalpinia spinosa*）种子的胚乳（一般只含25%~28%的胚乳）经研磨加工而成。

化学组成与结构：他拉胶是由半乳甘露聚糖组成的高分子量多糖类物质，主链是由D-吡喃型甘露糖单元通过β（1→4）糖苷键连接而成，支链是由D-吡喃型半乳糖单元以α（1→6）键连接在主链上。他拉胶中甘露糖对半乳糖的比是3：1（槐豆胶是4：1，瓜尔豆胶是2：1）。他拉胶的化学结构式如图5-5。

性状与性能：他拉胶为白色至黄白色粉末，无臭，易溶于水，不溶于乙醇。水溶液呈中性，对pH值变化不敏感，对热较稳定。在冷水中先胀润，加热后才能全部溶解。他拉胶与卡拉胶、黄原胶等有良好的协同作用，一起加热溶解再冷却后，呈黏弹性凝胶。

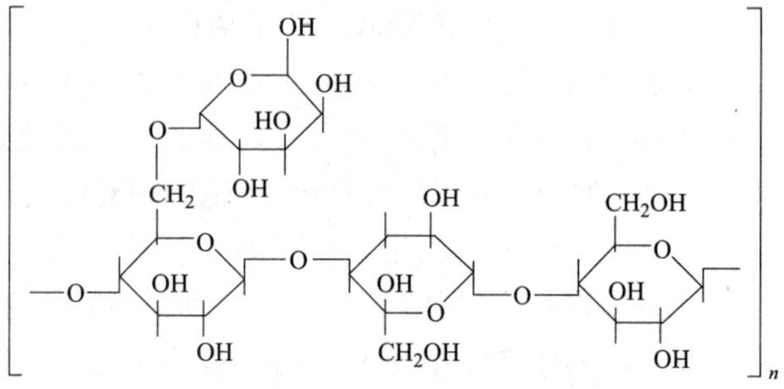

图 5-5　他拉胶的化学结构式

5.1.4.1.2　树脂类胶

树胶是树木在创伤部位渗出的一种黏性体液，许多树木在树皮受到创伤时，都会通过分泌这种体液来达到自身保护及愈合伤口的目的。这种体液可分为亲水胶体的树胶（如阿拉伯胶等）和憎水胶体的树脂（如松香等）。不同树木所分泌的树胶，在化学结构和理化性质上都有所不同。

树胶是最传统的亲水胶体，应用历史悠久，商品化的树胶种类繁多，但已经通过JECFA（FAO/WHO食品添加剂联合专家委员会）等机构批准为食品增稠剂的树胶只有阿拉伯胶、黄蓍胶、刺梧桐胶及盖提胶等，并且有严格的质量指标。

（1）阿拉伯胶（arabic gum，CNS：20.008，INS：414）

阿拉伯胶是最为广泛应用的树胶，也是最古老的商品之一。阿拉伯胶是豆科类植物的分泌产物，是金合欢树属（*Acacia* spp.）各种树的树皮割流所得的渗出物。

化学组成与结构：阿拉伯胶约由98%的多糖和2%的蛋白质组成。多糖具有以阿拉伯半乳聚糖为主的、多支链的复杂分子结构，是由D-半乳糖（42%）、L-阿拉伯糖（31%）、L-鼠李糖（13%）和D-葡萄糖醛酸（13%）组成，分子量为10万到30万不等。其主链由（1→3）键合的β-D-半乳糖基组成，侧链有长2～5个单位的（1→3）-β-D-半乳糖基，由（1→6）键合在主链上。主链和侧链上均可键合有α-L-呋喃阿拉伯糖、α-L-吡喃阿拉伯糖、α-L-鼠李糖、β-D-葡萄糖醛酸和4-*O*-甲基-β-D-葡萄糖醛酸基。阿拉伯胶是一种含有钙离子、镁离子、钾离子等多种阳离子的弱酸性多糖大分子，在结构上还连有2%左右的蛋白质。从不同品种金合欢树获得的阿拉伯胶，其单糖比例及理化指标各有差异。其化学结构式见图5-6。

性状与性能：天然阿拉伯胶块多为泪珠状，呈略透明的琥珀色，无味，可食。精制胶粉则为白色至黄色粒状或粉末，无臭无味。在所有一般的商品胶中，阿拉伯胶水溶液的黏度是最低的。阿拉伯胶具有高度的水中溶解性及较低的溶液黏度，可配制成50%浓度的水溶液而仍具有流动性，这是其他亲水胶体所不具备的特点之一。不溶于乙醇等有机溶剂。阿拉伯胶溶液的pH一般在4～5之间（25%浓度），溶液的最大黏度约在pH5～5.5附近，但pH在4～8范围内变化对其阿拉伯胶性状影响不大。阿拉伯胶有非常良好的亲水亲油性，是非常好的天然水包油型乳化稳定剂。一般性加热阿拉伯胶溶液不会引起胶的性质改变，但长时间高温加热会使得胶体分子降解，导致乳化性能下降。

另外，阿拉伯胶作为已知所有水溶性胶中用途最广泛的胶，它可以和大多

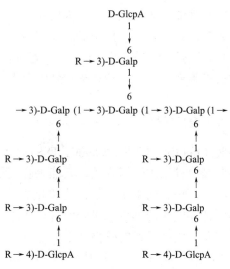

图5-6 阿拉伯胶的化学结构式

R=L-Rhap（1→，L-Araf（1→，D-Galp（1→3）-L-Araf（1→或L-Arap（1→3）-L-Araf（1→；

D-GlcpA=D- 吡喃葡萄糖醛酸；D-Galp=D- 吡喃半乳糖；L-Rhap = L- 吡喃鼠李糖；L-Arap=L- 吡喃阿拉伯糖；L-Araf=L- 呋喃阿拉伯糖

数其他的水溶性胶、蛋白质、糖和淀粉相配伍，也可以和生物碱相配伍混溶应用。阿拉伯胶不论处于溶液或薄膜状态均可和羧甲基纤维素（CMC）相配伍使用。

（2）刺梧桐胶（karaya gum，CNS：18.010，INS：416）

刺梧桐胶又名苹婆树胶，主要来源于印度中部和巴基斯坦植物罗克斯伯氏刺苹婆及其他苹婆树种或树干分泌物。

化学组成与结构：刺梧桐胶是略带酸味的天然大分子多糖，由43%D-半乳糖醛酸、14%D-半乳糖和15%L-鼠李糖及少量葡萄糖醛酸组成，分子量高达950万。刺梧桐胶是一种部分酸化的具有高分子质量的复杂多糖化合物，具有复杂的多支链，含有近8%的乙酸基团和37%左右的糖醛酸残基。其化学结构式如图5-7所示。

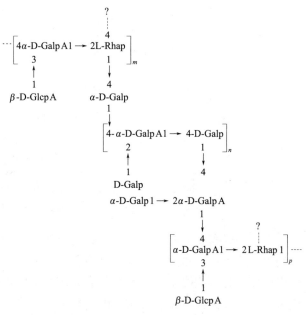

图5-7 刺梧桐胶的化学结构式

性状与性能：淡黄色至淡红褐色粉末或片状。口感黏稠并稍带酸味，不溶于水和乙醇。在水中泡胀成凝胶，可吸附本身容积100倍的水，在60%乙醇中溶胀。1%的悬浮液的pH为4.5～4.7，黏度约3.3Pa·s。刺梧桐胶悬浮液的黏度可维持数天不变，但受热易分解，黏度下降，85℃以上时不稳定。

5.1.4.1.3　植物提取胶

果胶（pectin，CNS：20.006，INS：440）

果胶是一种亲水性植物胶，天然果胶类物质以原果胶、果胶、果胶酸的形态广泛存在于植物的果实、根、茎和叶中，是细胞壁的一种组成成分。不同植物或同一植物的不同部位，果胶的含量相差很大。目前已发现的果胶含量较高并作为工业化生产原料的植物，主要有柑橘皮、向日葵托盘和甜菜等。

化学组成与结构：果胶是由D-半乳糖醛酸残基经$\alpha(1 \rightarrow 4)$键相连接聚合而成的酸性大分子多糖，其中半乳糖醛酸C6上的羧基可不同程度地甲酯化，未甲酯化的残基则以游离酸形式或以钾、钠、铵、钙盐形式存在；在C2或C3的羧基位置上常带有乙酰基中性（多）糖支链，如L-鼠李糖、半乳糖、阿拉伯糖、木糖等。平均分子量为50000～300000，其pK_a值为3.5。衡量果胶酯化度高低的参数是DE值（degree of esterfication）或DM值（degree of methoxylation），它是指果胶中平均每100个半乳糖醛酸残基C6位上以酰胺化形式（带有甲氧基）存在的百分数；同样，每100个半乳糖醇酸残基C6位上以酰胺化形式存在的百分数则称为酰胺化度（degree of amidation）。通常我们将DE值高于50%的果胶称为高甲氧基果胶，反之将DE值低于50%的果胶称为低甲氧基果胶。自然界果实中天然存在的果胶都是高甲氧基果胶，经酸或碱处理高甲氧基果胶降低酯化度后可获得低甲氧基果胶。果胶的分子结构决定了它许多理化方面的特性。果胶的化学结构式见图5-8。

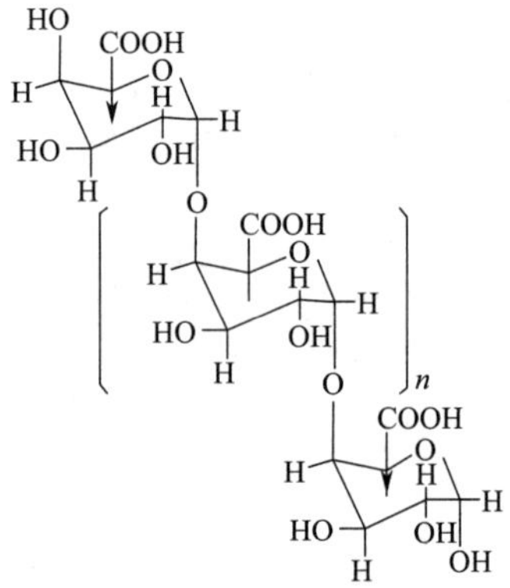

图5-8　果胶的化学结构式

性状与性能：纯品果胶物质为白色或淡黄色粉末，略有特异气味。在20倍的水中几乎完全溶解，形成一种带负电荷的黏性胶体溶液，呈弱酸性，耐热性强，但在强酸强碱下，果胶分子会降解。果胶不溶于乙醇、乙醚、丙酮等有机溶剂。一般来说，果胶在水中的溶解度与自身的分子结构有关，其多聚半乳糖醛酸链越长在水中溶解度越小。

商品果胶分为两大类：高酯果胶（high methoxyl pectin，HMP）和低酯果胶（low methoxy lpectin，LMP），后者包括酰胺果胶（amidated pectin，AP）。两种果胶的凝胶条件完全不同。高酯果胶需要在pH2.0～3.8范围、体系内可溶性固形物（如蔗糖等）含量至少大于55%的条件下才能形成凝胶，凝胶能力随DE值上升而增大。低酯果胶的凝胶条件pH范围可宽至2.6～6.8，可溶性固形物含量则可低至10%，但需与钙离子、镁离子等二价金属离子交联才能形成凝胶，形成的凝胶有良好的弹性。

果胶在pH4时最稳定，当pH接近中性时（pH5～6），高酯果胶仅在室温下是稳定的；在较高温度下，由于β-脱酯作用，其凝胶性能会急速丧失。在低pH下提高温度，会同时发生脱酯反应和聚合物的降解，其中脱酯作用表现得尤为迅速。

5.1.4.2 微生物性食品增稠剂

微生物性食品增稠剂又称微生物胶，它是由微生物在生长代谢过程中产生的一种多糖胶质，可分为三大类：细胞壁多糖，如肽聚糖、菌壁酸、脂多糖等；细胞体外多糖，如黄原胶、结冷胶等；细胞体内多糖，如黏多糖。由于细胞壁多糖及细胞体内多糖提取难度大而成本高，实际开发的品种相对较少，而大规模工业化生产的微生物胶大多是细胞体外多糖。由微生物发酵生产胞外多糖作为增稠剂因其资源广泛、安全无毒、理化性质优越等特性越来越得到广泛重视与深入研究。许多微生物多糖已作为胶凝剂、成膜剂、保鲜剂、乳化剂等，广泛应用于食品、制药、石油、化工等多个领域。

（1）黄原胶（xanthan gum，CNS：20.009，INS：415）

又称黄胶、汉生胶，是由甘蓝黑腐病野油菜黄单胞菌（*Xanthomonas campeseris*）以玉米淀粉、蔗糖等为主要原料，经发酵技术产生的一种高黏度水溶性微生物胞外多糖。

化学组成与结构：黄原胶分子是由D-葡萄糖、D-甘露糖、D-葡萄糖醛酸、乙酰基和丙酮酸构成的"五糖重复单元"结构聚合体，分子摩尔比为28:3:2:17:（0.51～0.63），分子量在2×10^6～5×10^7之间，相当于每一个聚合体分子平均有2000个重复单元。黄原胶的一级结构是由β（1→4）键连接的葡萄糖基主链与三糖单位的侧链组成，其侧链由D-甘露糖和D-葡萄糖醛酸交替连接而成，分子比例为2:1，接于C3位上由脱水葡萄糖单位交替形成的三糖侧链。三糖侧链由在C6位置带有乙酸基的D-甘露糖以α（1→3）链与主链连接，在侧链末端的D-甘露糖残基上以缩醛的形式带有丙酮酸，其含量对性能有很大影响。黄原胶的二级结构是侧链绕主链骨架反向缠绕，通过氢键维系形成棒状双螺旋结构。黄原胶的三级结构是棒状双螺旋结构间靠微弱的非极性共价键结合形成螺旋复合体。黄原胶的单元结构式见图5-9。

性状与性能：黄原胶外观呈浅黄色至淡棕色粉末，稍带臭，是目前国际上集增稠、悬浮、乳化、稳定于一体，性能较为优越的生物胶。分子侧链末端含有丙酮酸基团的多少，对其性能有很大影响。黄原胶易溶于冷水、热水中，溶液呈中性。遇水分散、乳化变成稳定的亲水性黏稠胶体。黄原胶具有高效的增稠性能，在低质量浓度下具有很高的黏度，黄原胶溶液的黏度是同质量浓度下明胶的100倍左右，且温度对黏度影响不大，0～100℃范围内黏度基本不变，即使经高温灭菌处理的黄原胶溶液，在冷却后，黏度也可恢复。黄原胶溶液在一定的温度范围内（-4～93℃）反复加热冷冻，其黏度几乎不受影响。黄原胶溶液对酸、碱十分稳定，在酸性和碱性条件下都可使用，在pH2～12范围内黏度几乎保持不变，所以对于含高浓度酸或碱的混合物，黄原胶是一个很好的选择。在多种盐存在时，黄原胶具有良好的相容性和稳定性。黄原胶溶液具有触变性或假塑性，黄原胶的水溶液在受到剪切作用时，黏度急剧下降，且剪切速度越高，黏度下降越快，当剪切力消除时，则立即恢复原有的黏度。黄原胶与瓜尔豆胶、槐豆胶显示出良好的协同作用。黄原胶的抗酶解能力很强，食品生产中许多酶类如蛋白酶、淀粉酶、果胶酶、纤维素酶和半纤维素酶等对黄原胶没有作用。

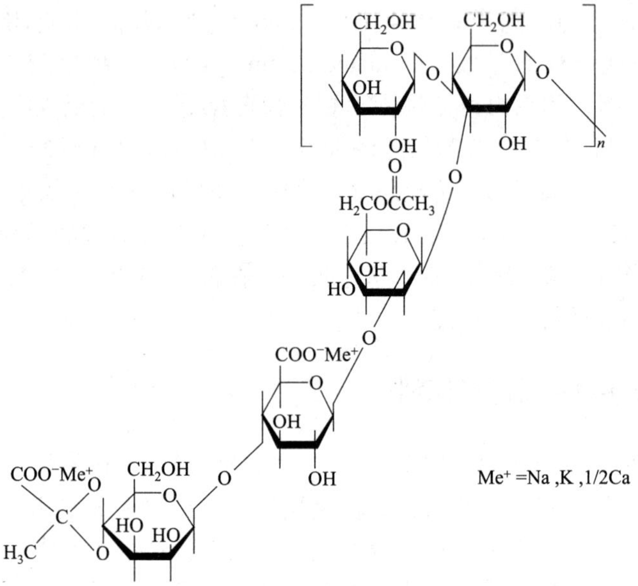

图5-9 黄原胶的单元结构式

（2）结冷胶（gellan gum，CNS：20.027，INS：418）

结冷胶是一种从水百合上分离所得的革兰氏阴性菌——伊乐藻假单胞杆菌（*Pseudomonas elodea*），后确认为少动鞘脂单胞菌（*Sphingomonas paucimobilis*）所产生的胞外多糖，经过发酵、调pH、澄清、沉淀、压榨、干燥、碾磨制成。

化学组成与结构：结冷胶的单糖分子组成是葡萄糖、鼠李糖和葡萄糖醛酸，摩尔比大约为2：1：1。多糖主链是一个线性四糖重复单位，由4个基本单元β（1→3）-D-葡萄糖、β（1→4）-D-葡萄糖醛酸、β（1→4）-D-葡萄糖、α（1→4）-L-鼠李糖组成，其中葡萄糖醛酸可以被钾、钠、钙盐中和形成混合盐。结冷胶是一种具有平行双螺旋结构的阴离子型线形多糖，分子量高达100万。天然结冷胶，在分子结构上带有乙酰基和甘油基团，又称高酰基结冷胶，在第一个葡萄糖基的C3位置上有一个甘油酯基，而在同一葡萄糖基的C6位置上有一个乙酰基。用pH10的碱液加热处理高酰基结冷胶，可除去分子上的乙酰基和甘油基团，得到用途更广的脱乙酰基结冷胶，又称低酰基结冷胶。一般说来，天然结冷胶（带有乙酰基及甘油基团）形成柔软的弹性胶（图5-10），而脱乙酰基结冷胶则形成结实的脆性胶（类似于琼脂胶，图5-11）。

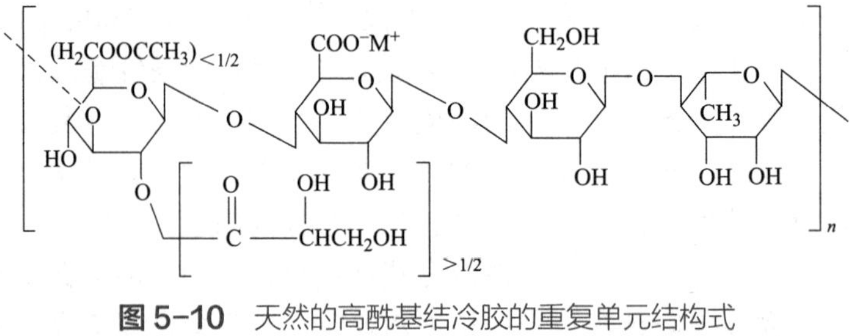

图5-10 天然的高酰基结冷胶的重复单元结构式

性状与性能：结冷胶外观呈近乎白色非结晶性易流动粉末，无臭无味，熔点约150℃。结冷胶不溶于非极性有机溶剂，也不溶于冷水，但略加搅拌即以

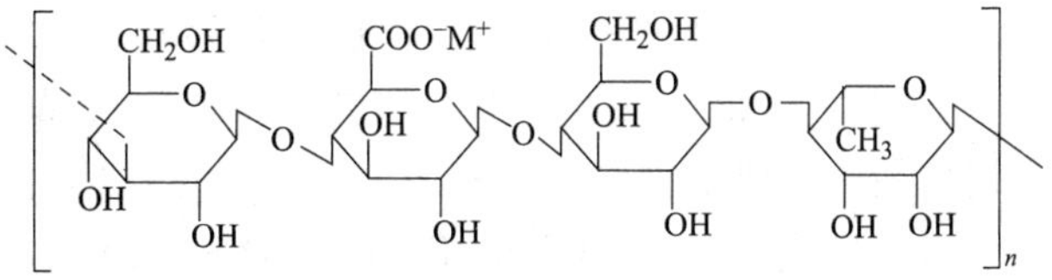

图 5-11　低酰基结冷胶的重复单元结构式

线团形式分散于水中，加热即溶解成透明溶液，冷却后以氢键作用，分子以螺旋片段形成透明结实的凝胶。天然结冷胶可形成弹性凝胶，而低酰基结冷胶在加热后冷却得到脆性凝胶。结冷胶的某些特性优于黄原胶，在0.01%～0.04%的范围内呈假塑性流体特性，其溶液黏度随剪切速率的增加而明显降低，随剪切速率的减弱而恢复。当使用量大于0.05%，即可形成澄清透明的凝胶，0.25%的使用量就可以达到琼脂1.5%的使用量和卡拉胶1%的使用量所产生的凝胶强度。通常用量为0.1%～0.3%，只有卡拉胶用量和琼脂用量的1/5～1/2。凝胶有良好的稳定性，耐酸、耐高温、热可逆，还能抵抗微生物及酶的作用。

（3）普鲁兰多糖（Pullulan，CNS：14.011，INS：1204）

又称为茁霉多糖、出芽短梗孢糖、普聚多糖，是由出芽短梗霉产生的胞外多糖。普鲁兰多糖可由淀粉水解物、蔗糖或其他糖类直接发酵生产。

化学组成与结构：普鲁兰多糖是以α-1,6-糖苷键结合麦芽三糖构成同型多糖为主，即葡萄糖按α-1,4-糖苷键结合成麦芽三糖，两端再以α-1,6-糖苷键同另外的麦芽三糖结合，如此反复连接而成高分子多糖。α-1,4-糖苷键同α-1,6-糖苷键的比例为2∶1，聚合度为100～5000。分子量2万～200万不等，一般商品分子量在20万左右。其化学结构式见图5-12。

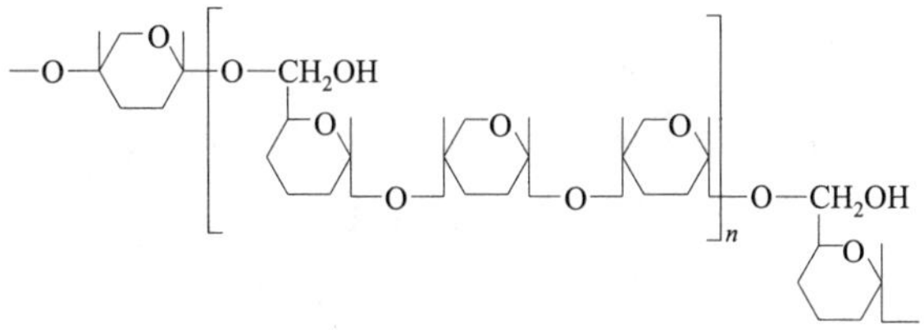

图 5-12　普鲁兰多糖的化学结构式

性状与性能：普鲁兰多糖为白色非结晶性粉末，无味无臭。不溶于醇、醚、油类，易溶于水、二甲基甲酰胺，不产生胶凝作用。溶液黏稠稳定，呈中性。普鲁兰多糖是线状结构，因此它的黏度远低于其他多糖。普鲁兰多糖溶液黏度随平均分子量而增加，也随浓度而增大，溶液的黏度耐热稳定性较好。普鲁兰多糖是中性多糖，其黏度在常温下受pH影响很小，在pH3以下水解则黏度降低。普鲁兰多糖耐盐性强，任何浓度的盐分含量均不影响普鲁兰多糖溶液的黏度，因此用作食品添加剂时不因食盐的存在而起变化。

普鲁兰多糖能直接制成薄膜，或在物体表面涂抹或喷雾涂层均可形成紧贴物体的薄膜。形成的薄膜比其他高分子薄膜的透气性低，氧、氮、二氧化碳等几乎完全不能通过。薄膜还具有较大的透湿性。

5.1.4.3　海藻类食品增稠剂

海藻类食品增稠剂是从天然海藻中提取的一类食品增稠剂。重要的商品海藻类食品增稠剂主要有来自红藻的卡拉胶、红藻胶、琼脂和来自褐藻的海藻酸及其钠、钾、铵和钙盐，以及经化学修饰的衍生物海藻酸丙二醇酯（PGA）。不同的海藻品种所含有的亲水胶体在结构成分方面各有区别，功能、性质及用途也不尽相同。

由于海藻胶在增稠性、稳定性、保形性、胶凝性、薄膜成型性等方面具有显著的优点，加上其独特的保健功能，使之在食品工业中得到广泛应用，成为产销量最大的食品增稠剂之一。

（1）琼脂（agar，CNS：20.001，INS：406）

又名洋菜、冻粉胶、洋粉。琼脂是一种存在于红藻族（Rhodophyceae）中石花菜属（*Gelidium* sp.）、江篱藻属（*Gracilaria* sp.）和鸡毛菜属（*Plerocladia* sp.）等品种的细胞壁中的多糖。

化学组成与结构：主要是聚半乳糖苷，其中90%的半乳糖苷分子为D-型，10%为L-型。约每10个D-吡喃型半乳糖单元上的CH₂OH与硫酸酯化。商品琼脂一般带有2%～7%的硫酸酯（盐）、0～3%的丙酮酸醛及1%～3%的甲乙基，甲乙基一般连接在D-半乳糖的C6或L-半乳糖的C2位置上。琼脂的重复结构单元见图5-13。

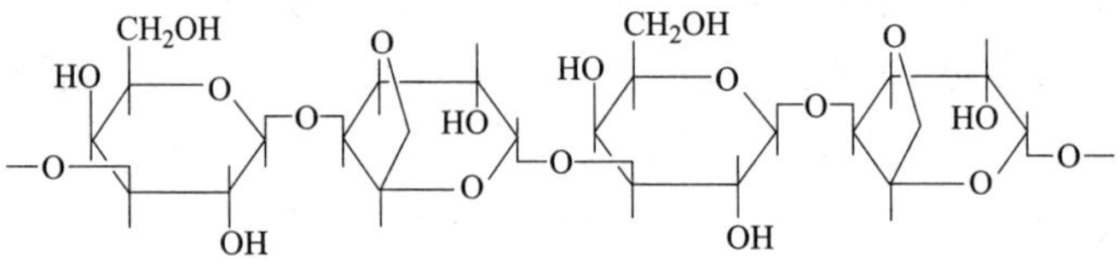

$$CH_2OH \qquad CH_2OH$$

图 5-13　琼脂的重复结构单元

性状与性能：食品工业上用的琼脂无气味或有轻微的特征性气味，有条状、片状、粒状、粉状等形状，色泽由白至微黄，半透明，口感黏滑，具有胶质感。不溶于冷水和有机溶剂，需经加热煮沸才可溶解。在冷水中吸收20倍的水膨胀，溶于热水后，即使浓度很低（0.5%）也能形成坚实的凝胶。0.1%以下，则不能胶凝而成为黏稠液体。琼脂的凝胶温度通常为32～39℃，其凝胶坚实而有弹性。根据其浓度和分子质量不同，其熔融温度为60～97℃。琼脂为亲水性胶体，其溶液称为溶胶。在凝胶状态下，琼脂具有良好的热稳定性和抗酶解能力。

琼脂与槐豆胶、卡拉胶、黄原胶以及明胶之间都存在着协同增效作用。但琼脂和瓜尔豆胶、果胶、羧甲基纤维素钠以及海藻酸钠之间没有增效作用，相反却会产生拮抗作用。

（2）卡拉胶（carrageenan，CNS：20.007，INS：407）

也叫角叉菜胶、鹿角藻胶，是一种天然多糖亲水凝胶，主要存在于红藻的角叉菜属（*Chondrus*）、麒麟菜属（*Eucheuma*）、杉藻属（*Gigartina*）及沙菜属（*Hypnea*）等品种的细胞壁中。

化学组成与结构：由半乳糖及脱水半乳糖所组成的多糖类硫酸酯的钙、钾、钠、铵盐。不同的卡拉胶来源或片段有多种方式的精细结构及不同的硫酸酯结合形态，可分为κ-型、τ-型、λ-型、μ-型、ν-型、ε-型、θ-型卡拉胶等（见图5-14），但商业化生产的主要是前三种。卡拉胶是一种线形的半乳聚糖结构，其中的D-半乳糖基由α-1,3-和β-1,4-键交替组成。由α-1,3-键合的半乳糖基主要有3,6-脱水半乳糖，并在部分或全部半乳糖单位上接有硫酸酯基团。典型的聚合度为1000，相应的分子量约为170000。海藻中的天然卡拉胶分子量一般在50万左右，经萃取后的商品卡拉胶分子量不应低于10万。

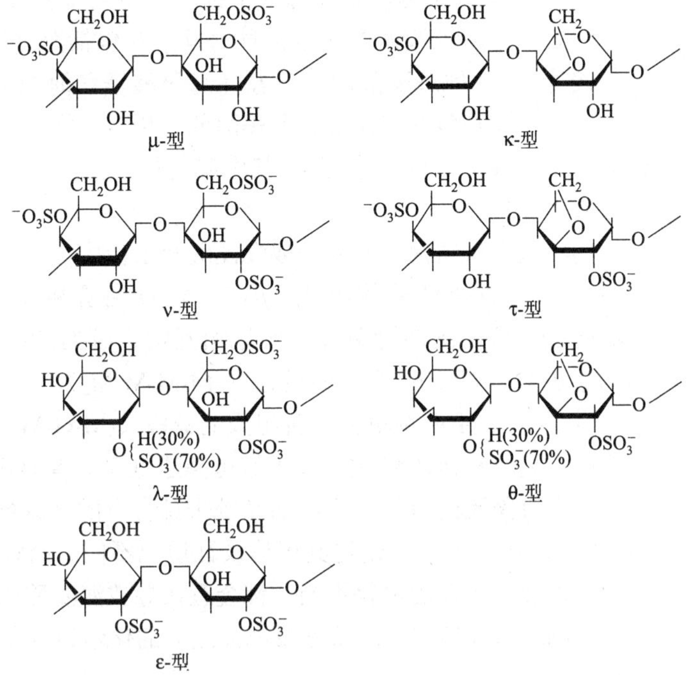

图5-14　七种卡拉胶的最小重复结构单元

κ-型卡拉胶主要由α（1→3）-D-半乳糖-4-硫酸盐和β（1→4）-3,6-脱水-D-半乳糖的部分硫酸酯基所组成。τ-型卡拉胶是在所有D-半乳糖基的4-位上衍生有硫酸酯基团，在3,6-脱水-D-半乳糖上衍生有2-硫酸酯基团。λ-型卡拉胶在β（1→4）-D-半乳糖上有两个硫酸酯，而在α-键合的半乳糖基4-硫酸盐上有不等量的2-硫酸盐，分子与某些阳离子（主要是钾和钙）一起组成三维的网状结构或凝胶。

性状与性能：卡拉胶产品一般为白色或淡黄色粉末，无臭、无味，有的产品稍带海藻味。在热水或热牛奶中所有类型的卡拉胶都能溶解。在冷水中，卡拉胶溶解，卡拉胶的钠盐也能溶解，但卡拉胶的钾盐或钙盐只能吸水膨胀而不能溶解。卡拉胶不溶于甲醇、乙醇、丙醇、异丙醇和丙酮等有机溶剂。与30倍的水煮沸10min的溶液，冷却后即成胶体，与水结合黏度增加。卡拉胶形成的凝胶是热可逆性的，即加热熔化成溶液，溶液放冷时，又形成凝胶。

在中性或碱性溶液中卡拉胶很稳定（pH=9时最稳定），即使加热也不会发生水解。但在酸性溶液中，尤其是pH=4以下时易发生酸催化水解，从而使凝冻强度和黏度下降，成凝冻状态下的卡拉胶比溶液状态时稳定性高，在室温下被酸水解的程度比溶液状态小得多。

卡拉胶黏度的大小因所用的海藻种类、加工方法和卡拉胶的型号不同，差别很大。有的水溶液能形成凝胶，其凝固性受某些阳离子的影响很大。卡拉胶κ-型和τ-型仅在有钾离子或钙离子存在时才能形成凝冻。κ-型钾的作用比钙的作用大，称为钾敏感卡拉胶。τ-型钙的作用比钾的作用大，称为钙敏感卡拉胶。这些凝冻都具有热可逆性。一般λ-型卡拉胶黏度最高，κ-型黏度最低。

卡拉胶可与多种胶复配，有些多糖对卡拉胶的凝固性也有影响。如添加黄原胶可使卡拉胶更柔软、更黏稠和更有弹性，κ-型卡拉胶与魔芋胶相互作用形成一种具弹性的热可逆凝胶，加槐豆胶可显著提高κ-型卡拉胶的凝胶强度和弹性，玉米和小麦淀粉对卡拉胶的凝胶强度也有所提高，而羟甲基纤维素则降低卡拉胶凝胶强度，土豆淀粉和木薯淀粉对卡拉胶无作用。

（3）海藻酸及海藻酸盐

海藻酸（alginic acid）及海藻酸盐（alginates），主要是从褐藻（Phaeophyceae）的昆布属、巨藻属、

岩藻属、岩衣藻等属系品种海藻中提取获得的多糖类物质。按其性质可分为水溶性胶和不溶性胶两类。水溶性海藻酸盐包括海藻酸的一价盐（海藻酸钠、钾、铵等）、两种海藻酸的二价盐（海藻酸镁和海藻酸汞）和海藻酸衍生物，水不溶性海藻胶包括海藻酸、海藻酸的二价盐（镁、汞盐除外）和海藻酸的三价盐（海藻酸铝、铁、铬等）。其中应用最广泛的是海藻酸钠、海藻酸钾和海藻酸丙二醇酯。

化学组成与结构：海藻胶或海藻酸盐是构成棕色海藻的主要多糖成分。海藻胶聚合物由两种单体组成：$\beta(1\to4)$-D-甘露糖醛酸单位和$\alpha(1\to4)$-L-古洛糖醛酸单位。这两种单体交替地相互结合成为三种不同的结构链段，其结构为：由甘露糖醛酸组成的链段（-M-M-M-M-），由古洛糖醛酸组成的链段（-G-G-G-G-），由两种单体交替组成的链段（-M-G-M-G-）。海藻胶的聚合物分子即由上述三种链段组成，分子量可高达20万。单体和链段的比例各不相同，并取决于海藻胶的原料。不同的品种来源含有的甘露糖醛酸（M）与古洛糖醛酸（G）的比率不同，使得其用途及性质也不同。两种糖醛酸在分子中的比例不同，以及其所在的位置不同，都会直接导致海藻酸的性质差异，如黏性、胶凝性、离子选择性等。海藻酸及海藻酸盐的化学结构式见图5-15。

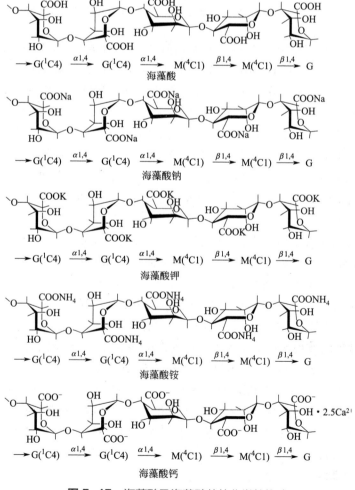

图5-15 海藻酸及海藻酸盐的化学结构式

性状与性能：

① 海藻酸钠（sodium alginate，CNS：20.004，INS：401）

分子式为（$C_5H_7O_4COONa$）$_n$，又名褐藻酸钠、海带胶、褐藻胶、藻酸盐，为白色或淡黄色粉末或颗粒，无臭、无味，易溶于水，其水溶液呈黏稠状胶体，不溶于酒精等有机溶剂。

② 海藻酸钾（potassium alginate，CNS：20.005，INS：402）

海藻酸钾的分子式为（$C_6H_7O_6K$）$_n$，又名褐藻酸钾，白色至浅黄色不定形粉末，无臭、无味，易溶于水形成黏稠溶液，不溶于乙醇或乙醇含量高于30%（质量分数）的氢化醇溶液，也不溶于氯仿、乙醚及pH低于3的酸溶液。海藻酸钾一般可由海藻酸与碳酸钾或氢氧化钾反应而得。

③ 海藻酸钙（calcium alginate，CNS：20.046，INS：404）

海藻酸钙分子式为 $[(C_6H_7O_6)_2Ca]_n$，白色粉末至浅黄色不定形粉末，无臭、无味，不溶于水及有机溶剂，难溶于乙醇，缓慢溶于聚磷酸钠、碳酸钠溶液及钙化合物的溶液。它的工业制法一般是由海藻酸与氢氧化钙或碳酸钙反应而得。

④ 海藻酸丙二醇酯（propylene glycol alginate，PGA；CNS：20.010；INS：405）

海藻酸丙二醇酯是由海藻酸通过环氧丙烷反应生成的一种重要的海藻酸衍生物。外观为白色或淡黄色粉末，水溶液呈黏稠状胶体，黏度高，透明度大。PGA可以溶于水中形成黏稠胶体，并能溶于有机酸溶液，于pH3～4的酸性溶液中能形成凝胶，但不会产生沉淀，抗盐性强，即使在浓电解质溶液中也不盐析，对钙和钠等金属离子很稳定，也就是说PGA能改善酸性食品的稳定性，还能阻止因为钙和高价金属离子在食品饮料中所引起的沉淀。

5.1.4.4　动物性食品增稠剂

（1）明胶（gelatin，CNS：20.002，INS：428）

明胶是一种从动物的骨、生皮、肌腱、膜等结缔组织的生胶质（又称胶原）中提取出来的蛋白质，其分子量从几万到十几万不等，被广泛应用于医药、保健、食品加工、化妆品、化工、感光材料等众多领域。

化学组成与结构：明胶是由动物胶原蛋白经部分水解衍生的分子量约10000～70000的水溶性蛋白质。明胶胶原蛋白质是以三螺旋结构的肽链为基本单位，相互间连接成的网络结构，不溶于水，通过水解使部分连接键断裂后即成为具有水溶性的明胶，三螺旋束自身也可拆散成三股单一的α链，或者α链加β链，或γ链。明胶中除16%以下的水分和无机盐外，蛋白质的含量占82%以上，蛋白质中含有18种人体所需的氨基酸，有7种为人体所必需，其中甘氨酸约占1/3、脯氨酸与羟脯氨酸约占1/3、其他占1/3，是一种无脂肪的高蛋白质，且不含胆固醇的高营养价值的理想蛋白质源。

性状与性能：商品明胶为无色或浅黄色，透明或半透明而坚硬的非晶体物质，颜色越白质量越好，无臭无味，无挥发性，相对密度1.3～1.4。不溶于冷水，但可以缓慢吸水膨胀软化，明胶可吸收相当于其质量5～10倍的水。溶于热水，冷却后形成凝胶。能溶于醋酸、甘油、丙二醇、水杨酸和苯二甲酸等的水溶液中，不溶于乙醇、乙醚、氯仿及其他非极性有机溶剂。温水是明胶最普遍的溶剂，明胶可溶于热水，形成热可逆性凝胶。其凝胶比琼脂凝胶柔软，富有弹性，口感柔软。其水溶液长时间煮沸，因分解而性质发生变化，冷却后不再形成凝胶，如再加热则变成蛋白质和胨。明胶溶液如受甲醛作用，则变成不溶于水的不可逆凝胶。

明胶的水溶液具有黏性，温度、pH值、静置时间都会对其黏度有影响。一般来说，温度越低，黏度增长越快；明胶溶液的黏度在等电点处为最低；静置的时间越长，溶液的黏度将越高（也不是无限的）。

（2）酪蛋白酸钠（sodium caseinate，SC；CNS：10.002）

酪蛋白酸钠又称酪朊酸钠、干酪素钠，是酪蛋白和钠的加成化合物。它是用碱性物处理酪蛋白凝乳，

将水溶性的酪蛋白转变成可溶性形式所得到的一种蛋白质类亲水食品胶。

性状与性能：酪蛋白酸钠为白色至淡黄色粉粒或片状，无臭、无味或稍有特异香气和味道，易溶于水或分散于水中。其水溶液pH为中性，加酸后产生酪蛋白沉淀。酪蛋白酸钠很耐热。酪蛋白酸钠系高分子蛋白质，其水溶液有一定的黏度。工业生产的酪蛋白酸钠，依生产工艺的不同，分为低黏度、中黏度和高黏度酪蛋白酸钠。酪蛋白酸钠的浓度是影响其黏度的首要因素。某些盐类对酪蛋白酸钠黏度的影响也很大，如氯化钠、磷酸二氢钠等均可使其黏度显著增高。pH6.3~7.2的范围内对于酪蛋白酸钠溶液的黏度无明显影响。此外，酪蛋白酸钠和某些其他增稠剂如卡拉胶、瓜尔豆胶、羧甲基纤维素等的配合，可大大提高其增稠性能，其中以卡拉胶的作用最大。

（3）甲壳素（chitin，CNS：20.018）

又名甲壳质、几丁质、壳多糖，是一种线性多糖类生物高分子，是自然界中含量仅次于纤维素的一种多糖，主要存在于节肢动物、软体动物、环节动物、原生动物、腔肠动物、海藻及真菌等中，另外在动物的关节、蹄、足的坚硬部分，肌肉与骨结合处，以及低等植物中均发现有甲壳素的存在。

化学组成与结构：甲壳素是由N-乙酸-2-氨基-2-脱氧-D-葡萄糖以β-1,4-糖苷键连接起来的直链多糖，其学名为（1→4）-2-乙酸胺-2-脱氧-β-D-葡聚糖。有70%~90%的葡萄糖C2位残基上的—OH被—NHCOCH$_3$取代，余下的10%~30%则被—NH$_2$基团取代，属于含氮类多糖，天然分子量高达$2×10^6$~$3×10^6$。其单元结构式见图5-16。

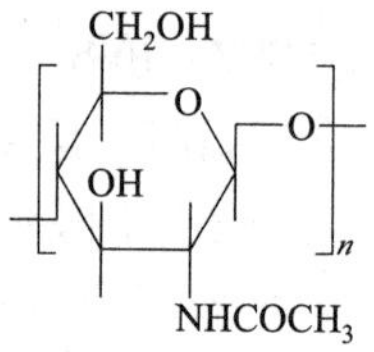

$$CH_2OH$$
$$OH$$
$$NHCOCH_3$$

图 5-16 甲壳素的单元结构式

性状与性能：甲壳素是白色或灰白色、半透明片状固体，无臭、无味，含氮约7.5%，是聚合度较小的一种几丁质。它不溶于水、稀酸、稀碱和一般有机溶剂，可溶于浓无机酸，但同时主链会发生降解。它在水中经过高速搅拌，能吸水胀润。在溶液中，由脱去乙酰基的甲壳素生成的盐在接近中性时有最大的黏度。将甲壳素在特定溶剂中溶解后，脱除溶剂即成膜。这种膜不溶于水、耐热且可食用，特别适合用作焙烤食品、微波食品或其他食品的包装膜。由于甲壳素不溶于水和其他溶剂，故常将它加工为碱性甲壳素，或对它进行改性，如脱乙酰化、羟乙基化、羧甲基化、氰乙基化、黄原酸化、硫酸酯化等，转变为其他衍生物。

5.1.5　化学合成食品增稠剂

化学合成食品增稠剂，又叫化学改性胶、半合成胶或化学修饰胶，一般是利用来源丰富的多糖等高分子物为原料，通过化学反应在分子链上植入或去掉某些基团而形成原多糖等高分子物的化学衍生物，从而改变了它们的许多理化特性，包括溶解度、产品黏度等。

化学合成食品增稠剂主要包括纤维素胶、变性淀粉及淀粉衍生物、壳聚糖及其衍生物。此外，化学合成食品增稠剂还包括聚丙烯酸钠、聚乙烯吡咯烷酮及聚乙烯聚吡咯烷酮、聚丙烯酰胺等非多糖类胶体，以及前面介绍的海藻酸丙二醇酯、瓜尔豆胶衍生物等一些多糖类衍生物。

（1）羧甲基纤维素钠（sodium carboxy methyl cellulose，CNS：20.003，INS：466）

羧甲基纤维素钠，简称CMC或SCMC，又名纤维素胶，是最主要的离子型纤维素胶，是一种阴离子、直链、水溶性纤维素醚，可使大多数常用水溶液制剂的黏度发生较大变化。在食品工业中具有实用价值的是它的钠盐，因此通常CMC就是指羧甲基纤维素钠。

化学组成与结构：CMC是以纤维素、烧碱和氯乙酸为主要原料制成的一种高聚合纤维素醚，分子量从几千到百万不等。CMC结构是由多个纤维二糖（2个葡萄糖组成）构成，聚合度200～500，分子量21000～50000。构成纤维素的葡萄糖有3个能醚化的羟基，因此产品具有各种醚化度，醚化度0.8以上耐酸性和耐盐性好。其单元结构式见图5-17。

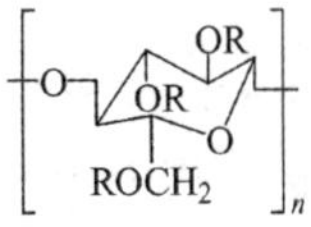

R=H 或 CH$_2$COONa

图5-17 羧甲基纤维素钠的单元结构式

性状与性能：白色或微黄色粉末、粒状或纤维状固体，无臭无味无毒。CMC是一种大分子化学物质，能够吸水膨胀，在水中溶胀时可以形成透明的黏稠胶液，水悬浮液的pH值为6.5～8.5。它在水中的分散度与取代度及其分子质量有关。它不溶于乙醇、乙醚、丙酮和氯仿等有机溶剂。

衡量CMC质量的主要指标是取代度（DS）和聚合度（DP）。取代度是指连接在每个纤维素单元上的羧甲基钠基团的平均数量。取代度的最大值是3，但是在工业上用途最大的是取代度为0.5～1.2的CMC。一般来说，DS不同，CMC的性质也不同。DS越大，溶液的透明度和稳定性越好。聚合度指纤维素链的长度，决定着其黏度的大小。纤维素链越长，溶液黏度越大。

CMC的黏度大小与溶液酸碱度、加热时间的长短、溶液中是否存在盐等因素有关。溶液是假塑性流体，随剪切速率增加，表观黏度降低，与剪切时间无关，当剪切停止时立即恢复到原有黏度。当温度升高时，CMC溶液黏度降低，冷却后恢复，但长时间高温可能引起CMC降解而导致黏度降低。随着溶液pH值的降低，黏度下降。某些金属盐与CMC反应，析出相应的纤维素羟乙酸金属盐而沉淀，使溶液失去黏性。CMC不会与钙盐和镁盐反应而沉淀，所以可以用于硬水。CMC水溶液受细菌影响可引起生物降解，使黏度降低。CMC与羟乙基或羟丙基纤维素、明胶、黄原胶、卡拉胶、槐豆胶、瓜尔豆胶、琼脂、褐藻胶、果胶、阿拉伯胶、淀粉及其酸性衍生物等有良好的配伍性，即有协同增效作用。

（2）微晶纤维素 [microcrystalline cellulose，MCC；CNS：02.005，INS：460（i）]

又叫结晶纤维素，是由天然纤维素经稀无机酸水解达到极限聚合度的固体产物，是一种结构类似海绵状的多孔、有塑性的纤维素。

化学组成与结构：微晶纤维素为以β-1,4-葡萄糖苷基结合的直链式多糖，能聚合约3000～10000个葡萄糖分子，典型的聚合度小于4000个葡萄糖分子。在一般的植物纤维中，微晶纤维素约占70%，其他30%为无定形纤维素，经水解除去后，即留下微小、耐酸的结晶纤维素。微晶纤维素的单元结构式见图5-18。

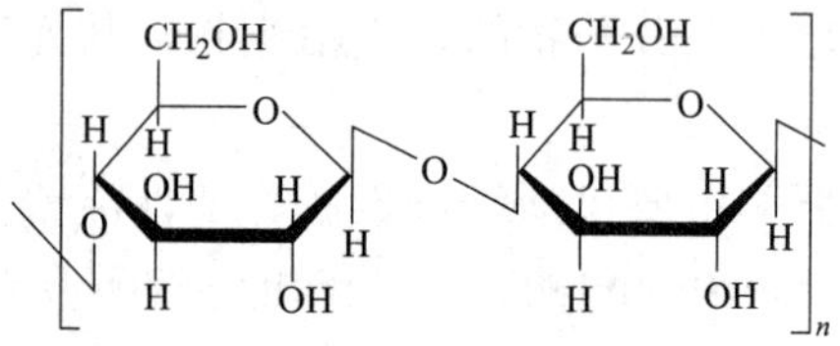

图 5-18　微晶纤维素的单元结构式

性状与性能：微晶纤维素为白色细小短棒状或无定形结晶性粉末，无臭、无味。微晶纤维素不具纤维性而流动性极强，不溶于水、稀酸和大多数有机溶剂和油脂，在稀碱溶液中部分溶解、润胀。其微结构类似于海绵状，多孔，有塑性。微晶纤维素与其他亲水胶体的不同之处是MCC本身并不与水结合，而只是连接分散，黏度初始值很低，需要24h才能达到较高的稳定黏度值，分散液呈触变性，而且温度对其黏度及性质几乎无影响，冷热稳定性良好。

（3）羟丙基甲基纤维素（hydroxypropyl methyl cellulose，HPMC；CNS：20.028，INS：464）

化学组成与结构：羟丙基甲基纤维素是一种甲基纤维素的丙二醇醚，也属于非离子型纤维素醚，其中羟丙基和甲基都是由醚键与纤维素的无水葡萄糖环相互结合形成的，不同规格的产品，其甲基和羟丙基含量与比例均不同。其单元结构式见图5-19。

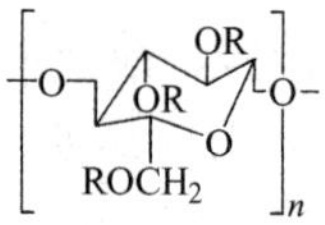

图 5-19　羟丙基甲基纤维素的单元结构式

性状与性能：HPMC为白色纤维状粉末或颗粒，可溶于水及某些有机溶剂系统，不溶于乙醇。HPMC分散于冷水，水溶液具有表面活性，干燥后形成薄膜。水溶液呈假塑性流体特性，具有搅稀作用。HPMC溶液受热后形成独特的可逆热凝胶，加热后成凝胶，冷却后又恢复成溶液，凝胶的形成温度取决于甲基和羟丙基的相对含量（或相对亲水性）。凝胶强度比甲基纤维素弱，凝胶形成温度也比甲基纤维素高。

（4）聚丙烯酸钠（sodium polyacrylate，CNS：20.036）

聚丙烯酸钠是聚阴离子型电解质，是水溶性高分子化合物。

性状与性能：白色粉末，无臭无味，吸湿性极强。是一种具有亲水和疏水基团的高分子化合物。缓慢溶于水形成极黏稠的透明溶液，黏度约为CMC、海藻酸钠的15～20倍，加热处理，中性盐类、有机酸类对其黏度影响很小，碱性时黏度增大。不溶于乙醇、丙酮等有机溶剂。久存黏度变化极小。耐冻融、机械稳定性好。易受酸及金属离子的影响，黏度降低。遇二价以上金属离子形成其不溶性盐，引起分子交联而凝胶化沉淀。pH4.0以下时聚丙烯酸钠产生沉淀。

（5）壳聚糖（chitosan，CNS：20.026）

学名聚氨基葡萄糖，又名脱乙酰甲壳素。壳聚糖是甲壳素脱去大部分乙酰基后的产物，是甲壳素最为重要的衍生物，与甲壳素同样有着广泛的用途。

化学组成与结构：壳聚糖学名为（1→4)-2-氨基-2-脱氧-β-D-葡聚糖，是由甲壳素在强碱条件下或采用酶解作用发生脱乙酰作用，使部分C2位的—NHCOCH$_3$基团脱乙酸后成为—NH$_2$而得到的。壳聚糖的单元结构式见图5-20。

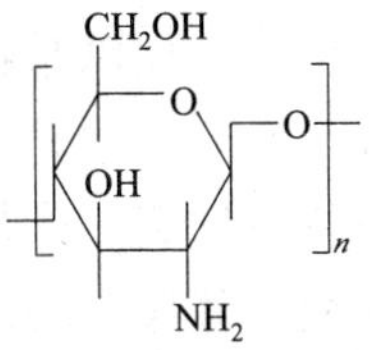

图5-20 壳聚糖的单元结构式

性状与性能：白色或灰白色，略有珍珠光泽，半透明片状固体，无味，不溶于水、碱溶液和有机溶剂中，但可溶于大多数稀酸（包括无机稀酸和有机稀酸）。在柠檬酸、酒石酸等多价有机酸的水溶液中，高温时溶解，温度下降时则呈凝胶状，这是壳聚糖最重要、最有用的性质之一。壳聚糖稳定性很好。

商品壳聚糖有5%～25%的—NHCOCH$_3$基团及75%～95%的—NH$_2$基团，分子量因原料及处理程度不同从5×10^4到2×10^6不等。壳聚糖溶于稀有机酸（pH小于6.0）时形成无色透明的黏稠流体，在pH7以上产生沉淀。目前国内外根据产品黏度不同将壳聚糖分为三大类：高黏度壳聚糖（1%壳聚糖溶于1%醋酸水溶液中黏度大于1000mPa·s），中等黏度壳聚糖（1%壳聚糖溶于1%醋酸水溶液中黏度在100～200mPa·s），低黏度壳聚糖（2%壳聚糖溶于2%醋酸水溶液中黏度在25～50mPa·s）。

（6）淀粉类增稠剂

淀粉是我国习惯使用的增稠剂。淀粉的种类很多，价格较便宜。常用的有绿豆淀粉、小豆淀粉、马铃薯淀粉、白薯淀粉、玉米淀粉。目前，在食品中使用的增稠剂主要包括环状糊精以及诸如氧化淀粉、酸解淀粉、酯化淀粉、氧化酯化双变性淀粉、交联酯化双变性淀粉等变性淀粉。变性淀粉作为食品增稠剂中的一大类，具有提高食品的黏稠度、使产品形成凝胶状、增强挂壁性、改变食品的物理性质、赋予食品黏润和适宜的口感等作用，还兼有乳化、稳定或使产品成悬浮状态等固有特性，在食品工业中得到广泛应用。

概念检查 5.1

○ 为什么有这么多食品增稠剂？

（www.cipedu.com.cn）

5.2 食品乳化剂

乳化剂是指能使两种或两种以上互不相溶的流体（如油和水）能均匀地分散成乳状液（或称乳浊液）的物质，是一种具有亲水基和疏水基的表面活性剂。它只需添加少量，即可显著降低油水两界面张力，使之形成均匀、稳定的分散体或乳化体。食品乳化剂是一类多功能的高效食品添加剂，除典型的表面活性作用外，在食品中还具有许多其他功能：消泡作用、增稠作用、润滑作用、保护作用等。乳化剂还可以通过与食品中生物大分子物质相互作用来改善食品的品质。食品乳化剂在食品生产和加工过程中占有重要地位，可以说几乎所有食品的生产和加工均涉及乳化剂或乳化作用。

5.2.1 食品乳化体系特点与乳化技术

5.2.1.1 食品乳化体系

两不混溶的液相，一相以微粒状（液滴或液晶）分散在另一相中形成的两相体系称为乳状液。所形成的新体系，由于两流体的界面积增大，在热力学上是不稳定的。为使体系稳定，需加入降低界面能的第三种成分——乳化剂。乳化剂属于表面活性剂，其典型功能是起乳化作用，能使两种或两种以上不相混合的流体均匀分散。乳状液中以液滴形式存在的那一相称为分散相（也称内相、不连续相）；另一相是连成一片的，称为分散介质（也称外相、连续相）。

食品中常见的乳状液，一相是水或水溶液，统称为亲水相；另一相是与水相混溶的有机相，如油脂或同亲油物质与亲油又亲水溶剂组成的溶液，统称为亲油相。两种不相混溶的流体，如水和油相混合时能形成两种类型的乳状液，即水包油（O/W，其中O代表油，W代表水，O在前，W在后，表示油被水包裹，/表示O和W形成了乳状流体系）型和油包水（W/O）型乳状液。在水包油型乳状液中油以微小滴分散在水中，油滴为分散相，水为分散介质，如牛奶即为一种O/W型乳状液；在油包水型乳状液中则相反，水以微小液滴分散在油中，水为分散相，油为分散介质，如人造奶油即为一种W/O型乳状液。

5.2.1.2 乳化与乳化剂

乳化剂是表面活性剂，它具有表面活性剂的分子结构特点。表面活性剂分子一般总是由非极性的（亲油的、疏水的）碳氢链部分和极性的（亲水的、疏油的）的基团共同构成，并且这两部分分别处于分子的两端，形成不对称的结构。其中亲水基团一般是溶于水或能被水湿润的基团，如羟基；亲油基团一般是与油脂结构中烷烃相似的碳氢化合物长链，故可与油脂互溶。如最常用的单硬脂酸甘油酯，有两个亲水的羟基，一个亲油的十八碳烷基。这两类基团能分别吸附在油和水两相互排斥的相面上，形成薄分子层，降低两相的界面张力。这样就使原来互不相溶的物质得以均匀混合，形成均质状态的分散体系。图5-21为乳化剂两亲分子结构示意图。

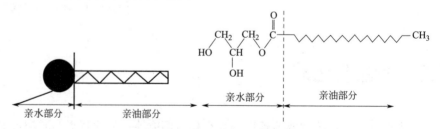

图5-21 乳化剂两亲分子结构示意图

乳化剂的乳化能力与其亲水、亲油的能力有关，亦即与其分子中亲水、亲油基的多少有关。如亲水的能力大于亲油的能力，则呈水包油的乳化体，即油分散于连续相水中。乳化剂的乳化能力的差别一般用"亲水亲油平衡值"（简称HLB值）表示。

规定亲油性为100%的乳化剂，其HLB值为0（以石蜡为代表），亲水性为100%者HLB值为20（以油酸钾为代表），其间分成20等份，以此表示其亲水、亲油性的强弱和应用特性（HLB从0至20者是指非离子型表面活性剂，绝大部分食品用乳化剂均属于此类，离子型表面活性剂的HLB值从0至40）。因此，凡HLB值小于0的乳化剂主要是亲油性的，而等于或大于0的乳化剂则具有亲水特征。

5.2.2　常用食品乳化剂

5.2.2.1　乳化剂分类

全世界用于食品生产的乳化剂有65种之多，其分类方法也很多，通常是按如下方法对它们进行分类的。

（1）按来源分类

按来源分为天然的和人工合成的乳化剂。如大豆磷脂、田菁胶、酪朊酸钠为天然乳化剂，蔗糖脂肪酸酯、司盘60、硬脂酰乳酸钙等为合成乳化剂。大致分类如表5-2所示。

表5-2　食品乳化剂的种类

类别		举例
天然产品	磷脂	大豆磷脂
		蛋黄（主要含卵磷脂）
	蛋白质	酪蛋白、酪蛋白酸钠
		植物分离蛋白
	胶质	植物胶、动物胶、微生物胶
	藻类	海藻酸盐
合成产品	酯类	甘油脂肪酸酯类
		蔗糖脂肪酸酯类
		山梨糖醇酐脂肪酸酯类
		单硬脂酸丙二醇酯
		柠檬酸硬脂酸单甘油酯
		单乳酸甘油二酸酯
	环糊精	α-环糊精
		β-环糊精
		γ-环糊精
	甾类	胆酸、脱氧胆酸
	卤代油	溴化植物油类

（2）按亲水基团在水中是否离解成电荷分类

按亲水基团在水中是否离解成电荷分为离子型和非离子型乳化剂。绝大部分应用的食品乳化剂属于非离子型，如蔗糖脂肪酸酯、甘油脂肪酸酯、司盘60等。离子型乳化剂又可按其在水中电离形成离子所带的电性分为阴离子型、阳离子型和两性离子型乳化剂。阴离子型乳化剂是指带一个或多个官能团，在水溶液中能电离形成带负电荷的乳化剂，如烷烃链（及芳香基团）上羧酸盐、磺酸盐、磷酸盐等乳化剂；阳离子型乳化剂是指带一个或多个在水中能电离形成带正电荷的官能团的乳化剂，如烷烃链上带季铵盐等基团的乳化剂；两性离子型乳化剂是指在水中能同时电离出带正电荷和负电荷官能团的乳化剂，如烷基二甲基甜菜碱。

（3）按亲水亲油性分类

按亲水亲油性可分为亲水型、亲油型和中间型乳化剂。此分类方法可与HLB值分类方法结合起来，根据Griffin归纳制订的"HLB标度"，以HLB值10为亲水亲油性的转折点：HLB值小于10的乳化剂可归为亲油型，HLB值大于10的乳化剂可归为亲水型，在HLB值10附近的可归为中间型乳化剂。

（4）其他分类方法

还有很多分类方法，如可根据乳化剂状态分为液体状、黏稠状和固体状乳化剂。此外还可按乳化剂晶型、与水相互作用时乳化剂分子的排列情况等进行分类。

5.2.2.2　常用离子型乳化剂

（1）乙酰化单、双甘油脂肪酸酯 [acetylated mono-and diglycerides，CNS：10.027，INS：472（a）]

又称为乙酸脂肪酸甘油酯，有三种存在形式（不包括异构体）：一乙酸一脂肪酸甘油酯（A）、二乙酸一脂肪酸甘油酯（B）和一乙酸二脂肪酸甘油酯（C）。

化学结构式：

$$
\begin{array}{ccc}
CH_2OCOR & CH_2OCOR & CH_2OCOR \\
CHOH & CHOCOCH_3 & CHOCOR \\
CH_2OCOCH_3 & CH_2OCOCH_3 & CH_2OCOCH_3 \\
(A) & (B) & (C)
\end{array}
$$

性状与性能：褐色、黄褐色至米黄色的不同黏稠度液体或蜡状固体，带有乙酸气味。不溶于水，不溶于冷的油脂，可溶于热的油脂，溶于乙醇、丙酮和其他有机溶剂，其溶解度取决于酯化程度和熔化温度。属于油包水（W/O）型乳化剂，HLB值2～3.5。乙酰化度增加，熔点下降，对热的稳定性相应提高。

（2）乳酸脂肪酸甘油酯（lactic and fatty acid esters of glycerol，CNS：10.031，INS：472b）

与乙酸脂肪酸甘油酯结构相似，乳酸脂肪酸甘油酯也有三种基本结构，即一乳酸一脂肪酸甘油酯（A）、二乳酸一脂肪酸甘油酯（B）和一乳酸二脂肪酸甘油酯（C）。

化学结构式：

$$
\begin{array}{ccc}
CH_2OCOR & CH_2OCOR & CH_2OCOR \\
CHOH & CH-O-\underset{O}{\overset{}{C}}-\underset{OH}{CH}-CH_3 & CHOCOR \\
CH_2O\underset{O}{\overset{}{C}}-\underset{OH}{CH}-CH_3 & CH_2-O-\underset{O}{\overset{}{C}}-\underset{OH}{CH}-CH_3 & CH_2-O-\underset{O}{\overset{}{C}}-\underset{OH}{CH}-CH_3 \\
(A) & (B) & (C)
\end{array}
$$

性状与性能：乳酸脂肪酸甘油酯的外观可从稀液体至蜡状固体，取决于脂肪酸的饱和度和被酯化的乳酸量。不溶于水、甘油、丙二醇等极性物质，可溶于热乙醇、热的油脂中，属油包水（W/O）型乳化剂。

（3）柠檬酸脂肪酸甘油酯（citric and fatty acid esters of glycerol，CNS：10.032，INS：472c）

又称柠檬酸单甘酯。柠檬酸是一种具有一个羟基和三个羧基的多官能团化合物，因而形成的柠檬酸单甘酯具有多样化的化学结构，其成品在理论上至少有四种结构：一柠檬酸一脂肪酸甘油酯（A）、一柠檬酸二脂肪酸甘油酯（B）、柠檬酸二己酸化一脂肪酸甘油酯（C）和单柠檬酸二乙酰化二脂肪酸二甘油酯（D）。

性状与性能：阴离子型乳化剂。由于其结构的多样性，其外观可从黏稠状流体至蜡状固体。不溶于水、甘油和丙二醇，可分散于热的油脂中，呈亲油性，具有W/O型乳化特性，但中和或部分中和的产品则表现出亲水性，具有O/W的特性，其HLB值为10～12。

（4）琥珀酸单甘油酯（succinylated monoglycerides，CNS：10.038，INS：472g）

又称琥珀酸脂肪酸甘油酯，是甘油、脂肪酸和琥珀酸相互酯化的产物。有三种基本结构：一琥珀酸一脂肪酸甘油酯（A）、二琥珀酸一脂肪酸甘油酯（B）和一琥珀酸二脂肪酸甘油酯（C）。

化学结构式：

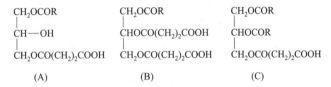

性状与性能：阴离子型乳化剂。琥珀酸脂肪酸甘油酯为蜡状固体，呈浅米黄色。不溶于水、甘油和丙二醇（可分散于热的水和丙二醇中），溶于热的油脂中，HLB值5～7，其乳化性能介于O/W型乳化剂之间，在较高浓度时属O/W型，溶于油中，其界面张力随着浓度的增加而大幅度降低。

（5）双乙酰酒石酸单（双）甘油酯［diacetyl tartaric acid esters of mono-（or di-）glycerides，CNS：10.010，INS：472e］

双乙酰酒石酸单（双）甘油酯是甘油、脂肪酸和乙酰化酒石酸的酯化产物，系甘油上一个或一个以上羟基与双乙酰酒石酸和脂肪酸的酯化产物，有许多种结构形式。

性状与性能：阴离子型乳化剂，从黏稠液体至蜡状固体。带有微酸臭味。能以任何比例溶于油脂，溶于大多数脂肪溶剂，溶于甲醇、丙酮、乙酸乙酯，但不溶于甘油、丙二醇、乙酸和冷水，可分散于热水中。在低温下稳定，高温（180℃）时易分解，属O/W型乳化剂，亲水能力相当强，即使是在较低浓度（0.25%）时也可使油/水体系中的界面张力大大降低。

（6）硬脂酰乳酸酯

包括硬脂酰乳酸钙、硬脂酰乳酸钠及硬脂酰乳酸钙-钠三种形式。

硬脂酰乳酸钙（calcium stearyl lactylate，CSL；CNS：10.009，INS：482i），又称十八烷基乳酸钙。化学式$C_{48}H_{86}CaO_{12}$，分子量895.30。是在氢氧化钙或碳酸钙存在下，硬脂酸和乳酸酯化并中和而成。

硬脂酰乳酸钠（sodium stearyl lactylate，SSL；CNS：10.011，INS：481i）。化学式$C_{21}H_{39}NaO_4$，分子量378.52。是在氢氧化钠或碳酸钠存在下，硬脂酸与乳酸酯化并中和而成。

若在硬脂酸与乳酸进行酯化反应时，有氢氧化钠（或碳酸钠）和氢氧化钙（或碳酸钙）同时存在，则形成复合型的硬脂酰乳酸钙-钠（CSL-SSL）。

性状与性能：阴离子型乳化剂。白色至浅黄色脆性固体或粉末，略有焦糖气味，稍具有吸湿性。难溶于冷水，稍溶于热水，加热强烈搅拌混合可完全溶解。易溶于热的油脂中，冷却则呈分散状态析出。熔点44～51℃，HLB值为5.1。

（7）硬脂酸钾（potassium stearate，CNS：10.028）

性状与性能：阴离子型乳化剂。白色或黄白色蜡状固体，或白色粉末，略带有油脂气味。HLB16～18。

5.2.2.3　常用非离子型乳化剂

（1）单、双甘油脂肪酸酯（mono-and diglycerides of fatty acids，CNS：10.006，INS：471）

包括油酸、亚油酸、亚麻酸、棕榈酸、山嵛酸、硬脂酸、月桂酸甘油酯。

性状与性能：白色蜡状薄片或珠粒固体，不溶于水，与热水经强烈振荡混合于水中，多为油包水型乳化剂。能溶于热的有机溶剂乙醇、苯、丙酮以及矿物油中。凝固点不低于54℃。

（2）蔗糖脂肪酸酯（sucrose esters of fatty acid，CNS：10.001，INS：473）

又称脂肪酸蔗糖酯、蔗糖酯。是蔗糖与脂肪酸酯化形成的化合物。由于蔗糖分子中有8个羟基，故可与1～8个脂肪酸形成相应的脂肪酸蔗糖酯，实际上，大多数蔗糖酯化出现在伯羟基上。脂肪酸可以是硬脂酸、棕榈酸、油酸等高级脂肪酸，也有醋酸。主要产品是蔗糖与硬脂酸、棕榈酸、油酸的单酯、双酯和三酯以及它们的混合酯。以蔗糖单硬脂酸酯为例，其中R＝$C_{17}H_{35}$，化学式$C_{30}H_{56}O_{12}$，分子量608.76，化学结构式为：

$$\text{CH}_2\text{OX}\quad\text{CH}_2\text{OX}\quad\text{CH}_2\text{OX}$$

X为RCO或H

性状与性能：白色至黄色的粉末或无色至微黄色的黏稠流体或软固体，无臭或稍有特殊的气味。易溶于乙醇、丙酮。单酯可溶于热水，但二酯和三酯难溶于水。单酯含量高，亲水性强；二酯和三酯含量越多，亲油性越强。由于蔗糖脂肪酸酯的酯化程度可影响其亲水亲油平衡值（HLB），可参考不同的HLB值对应的蔗糖酯选择使用。表5-3为不同酯化程度的蔗糖酯的HLB值。

表5-3　不同酯化程度的蔗糖酯的HLB值

单酯 /%	二酯 /%	三酯 /%	四酯 /%	HLB 值
71	24	5	0	15
61	30		61	13
50	36	12	2	11
46	39	13	2	9.5
42	42	14	2	8
33	49	16	2	6

（3）改性大豆磷脂（modified soybean phosphalipid，CNS：10.019）

又称羟化卵磷脂（hydroxylated lecithin），大豆磷脂包括磷脂酰胆碱（PC，卵磷脂）、磷脂酰乙醇胺（PE）、磷脂酰肌醇（PI）、磷脂酸（PA）及大豆油脂的混合物，经过改性处理后基本以磷脂酸为主体。化学结构式为：

$$\text{RCOO—CH}_2$$
$$\text{RCOO—H}$$
$$\text{H}_2\text{C—O—P—OH}$$
$$\text{OH}$$

其他添加形式：乙酸化磷脂、羟基化磷脂等改性大豆磷脂。

性状与性能：浅黄色至黄色透明黏稠液体或浅黄色粉末或颗粒状，有特殊的"漂白"味。部分溶于水，但在水中很容易形成乳液，比一般的磷脂更容易分散和水合。极易吸潮，易溶于动物油、植物油、乙醚、石油醚或氯仿中，部分溶于乙醇。

（4）木糖醇酐单硬脂酸酯（xylitan monostearate，CNS：10.007）

又称单硬脂酸木糖醇酐酯。化学式 $C_{23}H_{44}O_5$，分子量400，化学结构式为：

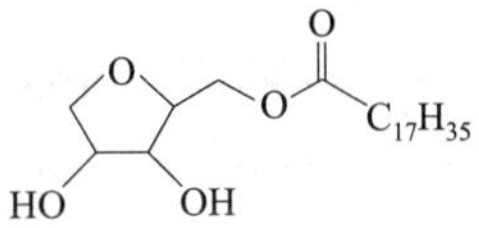

性状与性能：为淡黄色蜡状固体。不溶于水，能分散于热水中，溶于热酒精、苯。凝固点50～60℃。

（5）山梨醇酐脂肪酸酯

包括山梨醇酐单月桂酸酯、山梨醇酐单棕榈酸酯、山梨醇酐单硬脂酸酯、山梨醇酐三硬脂酸酯、山梨醇酐单油酸酯等。

司盘系列乳化剂为不同的脂肪酸与山梨醇酐的多元醇衍生物所组成的各种酯。包括山梨醇酯（Ⅰ）、1,4-脂肪酸山梨醇酐酯（Ⅱ）和脂肪酸异山梨醇二酐酯（Ⅲ），乃至少量的二脂肪酸山梨醇酐酯和三脂肪酸山梨醇酐酯。一般常见的所接脂肪酸有月桂酸、油酸、棕榈酸和硬脂酸等。

司盘系列中的不同乳化剂由于其相连脂肪酸不同而表现出不同的亲脂能力，HLB值在1.8～8.6之间，见表5-4。

表5-4　司盘系列乳化剂性质

品名	化学名称	HLB 值
司盘20	山梨醇酐单月桂酸酯	8.6
司盘40	山梨醇酐单棕榈酸酯	6.7
司盘60	山梨醇酐单硬脂酸酯	4.7
司盘65	山梨醇酐三硬脂酸酯	2.1
司盘80	山梨醇酐单油酸酯	4.3
司盘85	山梨醇酐三油酸酯	1.8

① 山梨醇酐单月桂酸酯（sorbitan monolaurate，CNS：10.024，INS：493）

又称单月桂酸山梨醇酐酯、司盘20（Span 20），化学结构式为：

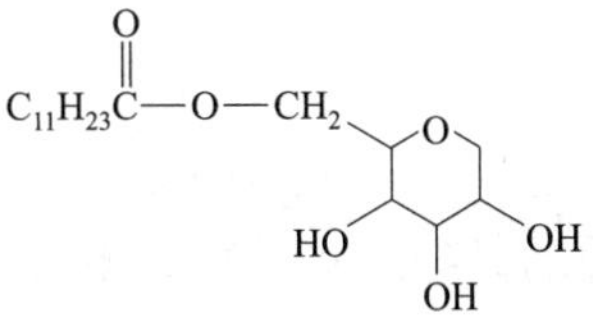

性状与性能：琥珀色黏稠液体，浅黄色或棕黄色小珠状或片状蜡样固体，有特殊气味，味柔和。可溶于乙醇、甲醇、乙醚、乙酸乙酯、石油醚等有机溶剂，不溶于冷水，可分散于热水中。是油包水型乳化剂，HLB值8.6，相对密度1.00～1.06，熔点14～16℃。

② 山梨醇酐单棕榈酸酯（sorbitan monopalmitate，CNS：10.008，INS：495）

又称单棕榈酸山梨醇酐酯，司盘40（Span 40），化学结构式为：

$$C_{15}H_{31}\overset{\overset{\displaystyle O}{\|}}{C}-O-CH_2$$

性状与性能：浅奶油色至棕黄色珠状、片状或蜡状固体。有异臭味，味柔和。不溶于冷水，能分散于热水中，成乳状溶液。能溶于热油类及多种有机溶剂中，成乳状溶液。凝固点45～47℃，HLB值6.7。

③ 山梨醇酐单硬脂酸酯（sorbitan monostearate，CNS：10.003，INS：491）

又称单硬脂酸山梨醇酐酯，司盘60（Span 60），化学结构式为：

$$C_{17}H_{35}\overset{\overset{\displaystyle O}{\|}}{C}-O-CH_2$$

性状与性能：奶白色至棕黄色的硬质蜡状固体，呈片状或块状，无异味。溶于热的乙醇、乙醚、甲醇及四氯化碳，分散于温水及苯中，不溶于冷水和丙酮。凝固点50～52℃，HLB值4.7。

④ 山梨醇酐三硬脂酸酯（sorbitan tristearate，CNS：10.004，INS：492）

又称三硬脂酸山梨醇酐酯，司盘65（Span 65），化学结构式为：

$$C_{17}H_{35}\overset{\overset{\displaystyle O}{\|}}{C}-O-CH_2$$

性状与性能：奶油色至棕黄色片状或蜡状固体，微臭，味柔和。能分散于石油醚、矿物油、植物油、丙酮及二噁烷中，难溶于甲苯、乙醚、四氯化碳及乙酸乙酯，不溶于水、甲醇及乙醇。HLB值约2.1。

⑤ 山梨醇酐单油酸酯（sorbitan monooleate，CNS：10.005，INS：494）

又称单油酸山梨醇酐酯，司盘80（Span 80），化学结构式为：

$$C_{17}H_{33}\overset{\overset{\displaystyle O}{\|}}{C}-O-CH_2$$

性状与性能：琥珀色黏稠油状液体或浅黄至棕黄色小珠状或片状硬质蜡状固体，有特殊的异味，味柔和。不溶于水，但在热水中分散即成乳状溶液。可溶于热乙醇、甲苯、四氯化碳等有机溶剂。HLB值4.3。

（6）酪蛋白酸钠（sodium caseinate，CNS：10.002）

又称酪蛋白酸盐、干酪素钠、酪朊酸钠，化学结构式为：

$$R-\overset{\overset{\displaystyle H}{|}}{\underset{\underset{\displaystyle NH_2}{|}}{C}}-\overset{\overset{\displaystyle O}{\|}}{C}-ONa$$

性状与性能：本品为白色至浅黄色粉末，无臭或有特殊香味。可溶于热水和冷水中，不溶于乙醇。水溶液pH值呈中性，加酸则产生酪蛋白沉淀。

（7）聚氧乙烯（20）山梨醇酐脂肪酸酯

包括聚氧乙烯（20）山梨醇酐单月桂酸酯、聚氧乙烯（20）山梨醇酐单棕榈酸酯、聚氧乙烯（20）山梨醇酐单硬脂酸酯、聚氧乙烯（20）山梨醇酐单油酸酯等。

聚氧乙烯（20）山梨醇酐脂肪酸酯系列乳化剂同为一类非离子型表面活性剂，由司盘型乳化剂分子中残余的羟基与氧化乙烯进行综合反应，以1mol山梨醇酐与20mol氧化乙烯缩合而成。

吐温系列乳化剂为亲水型的乳化剂，适宜在低脂食品或水相中使用。吐温系列中的不同乳化剂由于其相连脂肪酸不同而表现出不同的HLB值，见表5-5。

表5-5　吐温系列乳化剂

品名	化学名称	HLB值
吐温20	聚氧乙烯（20）山梨醇酐单月桂酸酯	16.9
吐温40	聚氧乙烯（20）山梨醇酐单棕榈酸酯	15.6
吐温60	聚氧乙烯（20）山梨醇酐单硬脂酸酯	14.9
吐温65	聚氧乙烯（20）山梨醇酐三硬脂酸酯	10.5
吐温80	聚氧乙烯（20）山梨醇酐单油酸酯	15.4
吐温85	聚氧乙烯（20）山梨醇酐三油酸酯	11.0

① 聚氧乙烯（20）山梨醇酐单月桂酸酯〔polyoxyethylene（20）sorbitan monolaurate，CNS：10.025，INS：432〕

又称聚山梨酸酯20（polysorbate 20）、吐温20（Tween 20），化学结构式为：

$$C_{11}H_{23}\overset{O}{C}—O—(C_2H_4O)_xCH_2$$
$$HO(C_2H_4O)_y \quad (OC_2H_4)_wOH$$
$$(OC_2H_4)_zOH$$
$$x+y+z+w=20$$

性状与性能：聚氧乙烯（20）山梨醇酐单月桂酸酯为柠檬色至琥珀色液体，略有特异臭味及苦味。溶于水、乙醇、乙酸乙酯、甲醇、二噁烷中，不溶于矿物油及溶剂油，易形成水包油体系，HLB值16.9。相对密度1.08～1.13，沸点321℃。在水中易分散，但当与水杨酸、鞣酸、间苯二酚、百里酚等作用会失去乳化性能。

② 聚氧乙烯（20）山梨醇酐单棕榈酸酯〔polyoxyethylene（20）sorbitan monopalmitate，CNS：10.026，INS：434〕

又称聚山梨酸酯40（polysorbate 40）、吐温40（Tween 40），化学结构式为：

$$C_{15}H_{31}\overset{O}{C}—O—(C_2H_4O)_xCH_2$$
$$HO(C_2H_4O)_y \quad (OC_2H_4)_wOH$$
$$(OC_2H_4)_zOH$$
$$x+y+z+w=20$$

性状与性能：橘红色油状液体或半凝胶物质，略有异臭，微苦。溶于水、乙醇、甲醇、乙酸乙酯和

丙酮，不溶于矿物油。相对密度1.05～1.10，HLB值15.6。

③ 聚氧乙烯（20）山梨醇酐单硬脂酸酯〔polyoxyethylene（20）sorbitan monostearate，CNS：10.015，INS：435〕

又称聚山梨酸酯60（polysorbate 60）、吐温60（Tween 60），化学结构式为：

$$C_{17}H_{35}\overset{\displaystyle O}{C}—O—(C_2H_4O)_xCH_2$$

HO(C_2H_4O)_y (OC_2H_4)_wOH
(OC_2H_4)_zOH

$$x+y+z+w=20$$

性状与性能：柠檬色至橙色液体，无特殊臭味，略有苦味。溶于水、苯胺、乙酸乙酯和甲苯，不溶于矿物油和植物油。HLB值为14.9。

④ 聚氧乙烯（20）山梨醇酐单油酸酯〔polyxyethylene（20）sorbitan monooleate，CNS：10.016，INS：433〕

又称聚山梨酸酯80（polysorbate 80）：吐温80（Tween 80），化学结构式为：

$$C_{17}H_{33}\overset{\displaystyle O}{C}—O—(C_2H_4O)_xCH_2$$

HO(C_2H_4O)_y (OC_2H_4)_wOH
(OC_2H_4)_zOH

$$x+y+z+w=20$$

性状与性能：淡黄色液体，略带苦味。溶于水、苯胺、醋酸乙酯及甲苯，不溶于矿物油及植物油。具有润湿、起泡、扩散等性能，属O/W型乳化剂，HLB值为15.4。

（8）丙二醇脂肪酸酯（propylene glycol diesters of fatty acid，CNS：10.020，INS：477）

又称脂肪酸丙二醇酯，化学结构式为：

CH_3
|
HC—OR_2
|
CH_2—OR_1

式中R_1和R_2代表一个脂肪酸基团和氢（单酯时）；R_1和R_2代表二个脂肪酸基团（双酯时）。食品中使用的丙二醇脂肪酸酯主要为单酯。

性状与性能：白色至黄色的固体或黏稠液体，无臭味。丙二醇的硬脂酸酯和软脂酸酯多数为白色固体。以油酸、亚油酸等不饱和酸制得的产品为淡黄色液体。丙二醇单硬脂酸酯的HLB值约为3.4，是亲油性乳化剂，不溶于水，可溶于乙醇、乙酸乙酯、氯仿等。

（9）聚甘油脂肪酸酯（polyglycerol esters of fatty acid，CNS：10.022，INS：475）

化学结构式为：

H_2C—O
|
HC—O—COR
|
—O—CH_2]_n 其中R＝C_{17}H_{35}

性状与性能：淡黄色至琥珀色油状黏稠液体，浅黄色至棕色的塑性柔软固体，以及浅棕黄色至黄色的硬性蜡状固体。分子中含有聚甘油基和单双脂肪酸根，具有HLB值范围宽（1～16）的特点。不溶于水，但易分散于水中，溶于乙醇、有机溶剂和油类。亲水性能较好，与吐温80相似。120℃的酸性条件下，仍具有独特的乳化稳定效果。

（10）聚甘油蓖麻醇酸酯（polyglycerol polyricinoleate，CNS：10.029，INS：476）

也称PGPR，帕斯嘉。

性状与性能：黄色高黏性流体，无臭或带有特殊气味，不溶于水和乙醇，可溶于乙醚、烃、卤代烃和油脂。

（11）氢化松香甘油酯（glycerol ester of partially hydrogenated gum rosin，CNS：10.013）

主要成分为二氢松香酸三甘油酯。

性状与性能：为淡黄色至琥珀色的玻璃状，溶于芳香族有机溶剂，不溶于水和乙醇。软化点80～90℃，具有一定的抗氧化性能。

（12）辛，癸酸甘油酯（octyl and decyl glycerate，CNS：10.018）

主要为辛酸、癸酸与甘油的混合酯。

性状与性能：无色、无味透明液体，黏度为一般植物油的一半。抗氧化性好。可与各类溶剂、油脂、氧化剂以及维生素混溶。其乳化性、延伸性和润滑性均优于普通油脂。

（13）聚氧乙烯木糖醇酐单硬脂酸酯（polyoxyethylene xylitan monostearate，CNS：10.017）

性状与性能：琥珀色半胶状、油状黏稠液体。易溶于水、稀酸和稀碱，并且溶于大多数有机溶剂，不溶于油类及乙二醇。

概念检查 5.2

○ 人造奶油和植物蛋白饮料选择的乳化剂一样吗？

（www.cipedu.com.cn）

5.3　其他调质类食品添加剂

5.3.1　凝固剂

凝固剂是使食品结构稳定或使食品组织不变，增强黏性固形物的一类食品添加剂。常见的有各种钙盐，如利用氯化钙等钙盐使可溶性果胶成为凝胶状不溶性果胶酸钙，以保证果蔬加工制品的脆度和硬度。在豆腐生产中，则用盐卤、硫酸钙、葡萄糖酸-δ-内酯等蛋白质凝固剂以达到固化的目的。另外金属离子螯合剂如乙二胺四乙酸二钠能与金属离子在其分子内形成内环，使金属离子成为此环的一部分，从而形成稳定而又能溶解的复合物，消除了金属离子的有害作用，从而提高食品的质量和稳定性。

凝固剂主要用于豆制品生产和果蔬深加工，以及凝胶食品的制造等。在低甲基果胶中，甲氧基的含量低（当低于7%时），甲酯化程度不足以使果胶形成凝胶，此种果胶中含有大量的果胶酸，若加入钙盐凝固剂，由于钙离子是多价螯合剂，便与果酸的羧基生成果胶酸盐，加强果胶分子的交联作用，形成具有弹性的凝胶固体。在果蔬加工制品中，采用这类凝固剂，形成不溶性果胶酸钙而使制品具有一定的脆

度和硬度。

凝固剂可以分为无机类凝固剂和有机类凝固剂两种。目前我国允许使用的凝固剂有硫酸钙、氯化钙、氯化镁、丙二醇、乙二胺四乙酸二钠、柠檬酸亚锡二钠、葡萄糖酸-δ-内酯及不溶性聚乙烯吡咯烷酮等。

5.3.1.1　无机类凝固剂

（1）硫酸钙（calcium sulphate，CNS：18.001，INS：516）

也称石膏、生石膏。化学式 $CaSO_4 \cdot 2H_2O$。分子量136.11（无水物）、172.12（二水物）。

性状与性能：白色结晶性粉末，无臭，具涩味，微溶于甘油，难溶于水（0.26 g/100mL，18℃），不溶于乙醇，可溶于盐酸。加热到100℃以上，失去部分结晶水而成 $CaSO_4 \cdot 1/2H_2O$（即假石膏）；加热至194℃以上，则失去全部结晶水而成为无水硫酸钙。熔点1450℃，相对密度2.96。加水后成为可塑性浆体，很快凝固。

（2）氯化钙（calcium chloride，CNS：18.002，INS：509）

化学式 $CaCl_2 \cdot 2H_2O$，分子量110.98（无水物）、147.01（二水物）。

性状与性能：白色坚硬的碎块状结晶，或片状、粒状、粉末状。无臭，微苦，易溶于水，水溶液呈中性或微碱性。可溶于乙醇（10%）。吸湿性强，干燥氯化钙置于空气中会很快吸收空气中的水分，成为潮湿性的 $CaCl_2 \cdot 6H_2O$。5%水溶液的pH值为4.5～10.5。水溶液的冰点降低显著（-55℃），熔点772℃，相对密度2.152。

（3）氯化镁（magnesium chloride，CNS：18.003，INS：511）

也称盐卤、卤片。化学式 $MgCl_2 \cdot nH_2O$。分子量95.21（无水物）、203.30（六水物）。

性状与性能：无色至白色结晶或粉末，无臭，味苦。极易溶于水（160g/100mL，20℃）和乙醇，水溶液呈中性（pH7），相对密度1.569。本品常温下为六水物，亦可有二水物。极易吸潮，含水量可随温度而变化。于100℃失去两分子结晶水。无水氯化镁为无色六方晶系结晶，熔点708℃，相对密度2.177。

5.3.1.2　有机类凝固剂

（1）柠檬酸亚锡二钠（disodium stannous citrate，CNS：18.006）

也称8301护色剂，化学式 $C_6H_6O_8SnNa_2$，分子量370.79。化学结构式为：

$$H_2C—COONa$$
$$HO—\!\!\!|\!\!\!—COO—Sn—OH$$
$$H_2C—COONa$$

性状与性能：白色结晶，极易溶于水，易吸湿潮解，极易氧化，加热至250℃开始分解，260℃开始变黄，283℃变成棕色。

（2）葡萄糖酸-δ-内酯（glucono-delta-lactone，CNS：18.007，INS：575）

简称内酯或GDL。化学式 $C_6H_{10}O_6$，分子量178.14。化学结构式为：

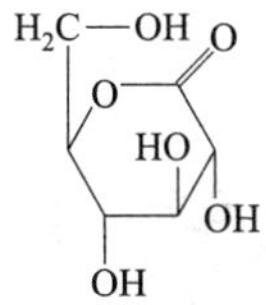

性状与性能：白色结晶或结晶性粉末，几乎无臭，味先甜后酸（与葡萄糖酸的味道不同）。易溶于水（60 g/100 mL），稍溶于乙醇（1g/100mL），几乎不溶于乙醚。在水中水解为葡萄糖酸及其D-内酯和L-内酯的平衡混合物。1%水溶液pH值等于3.5，2h后变为pH2.5。

（3）乙二胺四乙酸二钠（disodium ethylenediamintetraacetate，CNS：18.005，INS：386）

也称EDTA二钠（disodium EDTA），化学式$C_{10}H_{14}N_2Na_2O_8 \cdot 2H_2O$，分子量372.24。化学结构式为：

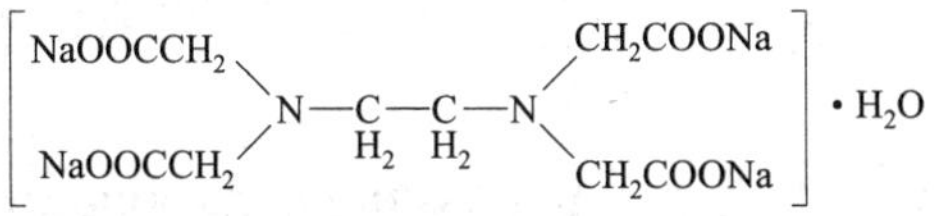

性状与性能：白色结晶性颗粒和粉末，无臭无味，易溶于水，微溶于乙醇，不溶于乙醚。2%水溶液pH值为4.7，常温下稳定。100℃时结晶水开始挥发，120℃时失去结晶水而成为无水物，有吸湿性，熔点240℃（分解）。乙二胺四乙酸二钠可与铁、铜、钙等多价离子螯合成稳定的水溶性络合物，并可与钇、锆、镭等放射性物质发生螯合。

（4）丙二醇（1,2-propanediol，CNS：18.004，INS：1520）

也称1,2-丙二醇，化学式$C_3H_8O_2$，分子量76.10。

性状与性能：为无色、清亮、透明黏稠液体，无臭，略有辛辣味和甜味，外观与甘油相似，有吸湿性。能与水、醇等多数有机溶剂任意混合。对光、热稳定，有可燃性。可溶解于挥发性油类，但与油脂不能混合。相对密度1.035～1.039，沸点187.3℃，黏度0.056Pa·s（20℃），流动点-56℃。

5.3.2　膨松剂

膨松剂（bulking agents），是在糕点、饼干、面包、馒头等以小麦粉为主的焙烤食品制作过程中，使其体积膨胀与结构疏松的食品添加剂。当面坯在烘焙加工时，由膨松剂产生的气体受热膨胀使面坯起发膨松而使制品的内部形成多孔状组织结构。

膨松剂可分为无机膨松剂和有机膨松剂两类。有机膨松剂如葡萄糖酸-δ-内酯。无机膨松剂，又称化学膨松剂，包括碱性膨松剂和复合膨松剂两类。常用的无机膨松剂有碳酸氢钠、碳酸氢铵、轻质碳酸钙、硫酸铝钾、硫酸铝铵。其作用机理是：当把膨松剂调和在面团中，在高温烘焙时受热分解，放出大量气体，使制品体积膨松，形成疏松多孔的组织。无机膨松剂主要用于饼干、糕点生产。市售的自发面粉中也配有无机膨松剂。无机膨松剂应具有下列性质：①较低的使用量能产生较多量的气体；②在冷面团里气体产生慢，而在加热时则能均匀持续产生多量气体；③分解产物不影响产品的食用品质，以及风味、色泽等。至今使用最多的无机膨松剂是碳酸氢钠和碳酸氢铵。

5.3.2.1　无机膨松剂

（1）碳酸氢钠［sodium bicarbonate，CNS：06.001，INS：500（ii）］

也称小苏打、重碳酸钠、酸式碳酸钠，化学式$NaHCO_3$，分子量84.01。

性状与性能：碳酸氢钠为白色结晶性粉末。相对密度2.20。熔点270℃，加热至50℃时开始分解并放出二氧化碳，至270～300℃时，成为碳酸钠。易溶于水（9.6%，20℃）呈碱性（pH7.9～8.4），不溶于乙

醇。遇酸立即分解释放出二氧化碳气体。

碳酸氢钠的反应产物碳酸钠碱性较强，过量使用会使面制食品碱度过大而导致风味变劣，色泽黄褐。在和面时应注意使碳酸氢钠均匀分散在面粉或面糊中，防止因局部过量而产生黄斑。

（2）**碳酸氢铵**［ammonium bicarbonate，CNS：06.002，INS：503（ⅱ）］

也称重碳酸铵、酸式碳酸铵、食臭粉。化学式$NH_4HCO_3 \cdot 2H_2O$，分子量79.06。

性状与性能：无色至白色结晶或白色结晶性粉末，略带氨臭，相对密度1.586。在室温下稳定，在空气中易风化，稍吸湿，对热不稳定，60℃以上挥发，分解为氨、二氧化碳和水。易溶于水，水溶液呈碱性。可溶于甘油，不溶于乙醇。

（3）**碳酸氢钾**［potiassium bicarbonate，CNS：01.307，INS：501（ⅱ）］

又名酸式碳酸钾，俗称重碳酸钾。化学式$KHCO_3$，分子量100.12。

性状与性能：碳酸氢钾为无色透明单斜晶系结构，相对密度2.17，在空气中稳定，可溶于水，因水解而呈弱碱性，难溶于乙醇。100℃时开始分解，200℃时完全分解，失去二氧化碳和水而成碳酸钾。

（4）**硫酸铝钾**（aluminium potassium sulphate，CNS：06.004，INS：522）

也称钾明矾、烧明矾、明矾、钾矾。化学式$AlK(SO_4)_2 \cdot 12H_2O$，分子量474.3（含水）、258.2（无水）。

性状与性能：硫酸铝钾为无色透明结晶或白色结晶性粉末、片、块，无臭，相对密度1.757（20℃），熔点92.5℃，略有甜味和收敛涩味。在空气中可风化成不透明状，加热至200℃以上因失去结晶水而成为白色粉状的烧明矾。可溶于水，溶解度随水温升高而显著增大，在水中可水解生成氢氧化铝胶状沉淀。可缓慢溶于甘油，几乎不溶于乙醇。

（5）**硫酸铝铵**（aluminuum ammonium sulfate，CNS：06.005，INS：523）

也称铵明矾、铵矾、铝铵矾。化学式$AlNH_4(SO_4)_2 \cdot 12H_2O$，分子量453.32（十二水物）、237.15（无水物）。

性状与性能：无色至白色结晶，或结晶性粉末、片、块。无臭，有收敛涩味，相对密度1.64，熔点93.5℃。加热至250℃时即脱水成为白色粉末，即烧明矾。超过280℃则分解，并释放出氨气。易溶于水（13g/100mL，25℃），水溶液呈酸性，不溶于乙醇。

（6）**酒石酸氢钾**（potassium acid tartrate，CNS：06.007，INS：336）

也称酸式酒石酸钾（potassium bitartarate）、酒石（cream of tartar），化学式$C_4H_5O_6K$，分子量188.18，化学结构式为：

$$\begin{array}{c} H \\ | \\ HO-C-COOH \\ HO-C-COOK \\ | \\ H \end{array}$$

性状与性能：无色结晶或白色结晶性粉末，无臭，有清凉的酸味。强热后炭化，且具有砂糖烧焦气味。相对密度1.956。难溶于冷水，可溶于热水。饱和水溶液pH值为3.66（17℃）。不溶于乙醇。

（7）磷酸氢钙 ［calcium hydrogen phosphate，CNS：06.006，INS：341（ii）］

也称磷酸一氢钙，化学式$CaHPO_4 \cdot 2H_2O$，分子量172.09（含水）、136.06（无水）。

性状与性能：无水物或含两分子水的水合物，白色粉末，无臭、无味，在空气中稳定，几乎不溶于水（0.02%，25℃），易溶于稀盐酸、稀硝酸和乙酸，不溶于乙醇。

（8）碳酸钙 ［calcium bicarbonate，CNS：13.006，INS：170（i）］

包括轻质碳酸钙（light-weight calcium carbonate）和重质碳酸钙（heavy-weight calcium carbonate），化学式$CaCO_3$，分子量100.09。

性状与性能：白色微晶粉末、无臭、无味。在约825℃时分解成二氧化碳和氧化钙。在空气中稳定，溶于稀乙酸、稀盐酸和稀硝酸，并产生二氧化碳。难溶于稀硫酸，几乎不溶于水和乙醇。若有铵盐或二氧化碳存在，可增大其在水中的溶解度。任何碱金属的氢氧化物的存在，均可降低其溶解度。

5.3.2.2　有机膨松剂

葡萄糖酸-δ-内酯（glucono-delta-lactone，CNS：18.007，INS：575）

简称内酯或GDL。化学式$C_6H_{10}O_6$，分子量178.14。

性状与性能：白色结晶或结晶性粉末，几乎无臭，味先甜后酸（与葡萄糖酸的味道不同）。易溶于水（60g/100mL），稍溶于乙醇（1g/100mL），几乎不溶于乙醚。在水中水解为葡萄糖酸及其D-内酯和L-内酯的平衡混合物。1%水溶液pH值等于3.5，2h后变为pH值为2.5。

GDL与小苏打［以（2～2.1）：1的质量比］可制成速效膨松剂，制作不用发酵的即食膨松食品，其特点是发泡力强、速效、风味好。

5.3.3　胶姆糖基础剂

胶姆糖（chewing gum）是一种特殊类型的糖果，是唯一经咀嚼而不吞咽的食品，能长时间咀嚼而很少改变其柔韧性，并不因降解而成为可溶性物质。其类型既有口香糖，也有能成泡的泡泡糖，并有非甜味的营养口嚼片等。胶姆糖是由胶基、糖、香精等制成，胶基占胶姆糖的20%～30%；糖包括砂糖、葡萄糖、饴糖、麦芽糊精等，约占胶姆糖的70%～80%；油脂约占2%～3%；香精香料约占0.5%～2.0%；还有少量的甜味剂、卵磷脂、色素、水等。

胶姆糖基础剂又称胶基、基料、胶姆、底胶，是赋予胶姆糖起泡、增塑、耐咀嚼作用的一类添加剂，一般以高分子胶状物质如天然树胶（糖胶树胶、马来乳胶、节路顿胶等）和松香脂（松香甘油酯、氢化或部分氢化松香酯等）为主，加上蜡类、软化剂、胶凝剂、抗氧化剂、防腐剂、填充剂等组成。胶基必须是惰性不溶物，不易溶于唾液，可制成的胶基有泡泡胶、软性泡泡胶、酸味软性泡泡胶、无糖泡泡胶、香口胶、酸味香口胶、无糖香口胶等，并可根据生产厂家的需要，制作相应的胶基。

在天然树胶中，多年来多以糖胶树胶为主要胶基材料，这种树胶大部分产自墨西哥和洪都拉斯，产量很少，价格也高。树脂的主要作用是增加胶基的塑性、弹性、软化功能，包括松香甘油酯、氢化松香甘油酯等，约占胶基30%～35%；蜡类包括蜂蜡、微晶石蜡等，约占胶基10%～25%，主要增加胶基的可塑性；在乳化剂中，油脂、卵磷脂、单甘酯、蔗糖酯等起到软化、乳化胶基的作用；海藻酸钠、明胶、果胶可用作胶基的胶凝剂；甘油、丙二醇用作胶基的润湿剂；抗氧化剂和防腐剂约占胶基的0.1%～0.2%；作为填充剂用的细粉末的碳酸钙或滑石粉，都可以适当地抑制胶姆糖的弹性，同时也可防止胶基的黏着。

5.3.4　水分保持剂

水分保持剂是指有助于保持食品中水分稳定的物质，一般是指用于肉类及水产品加工中增强其水分稳定性和有较高持水性的磷酸盐类。磷酸盐类在肉类制品中可保持肉的持水性，增强结着力，保持肉的营养成分及柔嫩性。其机理为：

① 肉的持水性在肉蛋白质的等电点时最低，此时的pH值约为5.5。当加入磷酸盐后，可提高肉的pH值，使其偏离等电点，故肉的持水性增大。

② 磷酸盐中有多价阴离子，且离子强度较大，它能与肌肉结构蛋白质结合的二价金属离子（如Mg^{2+}和Ca^{2+}）形成络合物，使蛋白质中的极性基游离，极性基之间的排斥力增大，蛋白质网状结构膨胀，网眼增大，因而持水性提高。

③ 磷酸盐具有解离肌肉蛋白质中肌动球蛋白的作用，它将肌动球蛋白解离为肌动蛋白和肌球蛋白，而肌球蛋白具有较强的持水性，故能提高肉的持水性。

④ 磷酸盐是具有高离子强度的多价阴离子，当加入肉中后，使肉的离子强度增高，肉的肌球蛋白的溶解性增大而成为溶胶状态，持水能力增大，因此肉的持水性增强。

除了持水性作用外，磷酸盐还有以下作用：防止肉中脂肪酸败产生不良气味的作用；防止啤酒、饮料混浊的作用；用于鸡蛋外壳的清洗，防止鸡蛋因清洗而变质；在蒸煮果蔬时，用以稳定果蔬中的天然色素；还可用作酸度调节剂、金属离子螯合剂和品质改良剂等。由于磷酸盐在人体内与钙能形成难溶于水的正磷酸钙，从而降低钙的吸收，因此使用时，应注意钙、磷比例，钙、磷比例在婴儿食品中不宜小于1∶1.2。

磷酸盐类包括正磷酸盐、焦磷酸盐、聚磷酸盐和偏磷酸盐等。

GB 2760许可使用的水分保持剂共有19种磷酸盐类，常用的磷酸盐类水分保持剂及其分子式、无水物1%水溶液的pH值、在水中的溶解性质如表5-6所示。

表5-6　磷酸盐类产品的特性

名称	分子式	在水中溶解性质	pH 值（1% 水溶液）
磷酸三钠	$Na_3PO_4 \cdot nH_2O$	易溶	11.5～12.0
磷酸氢二钠	$Na_2HPO_4 \cdot nH_2O$	易溶	9.0～9.4
磷酸氢二钾	K_2HPO_4	易溶	8.7～9.3
磷酸二氢钠	$NaH_2PO_4 \cdot nH_2O$	易溶	4.2～4.6
磷酸二氢钾	KH_2PO_4	易溶	4.2～4.7
磷酸钙	$Ca_3(PO_4)_2$	几乎不溶	—
磷酸二氢钙	$Ca(H_2PO_4)_2 \cdot nH_2O$	略溶	3.0
焦磷酸钠	$Na_4P_2O_7 \cdot nH_2O$	易溶	9.9～10.7
焦磷酸二氢二钠	$Na_2H_2P_2O_7$	易溶	3.8～4.5
三聚磷酸钠	$Na_5P_3O_{10} \cdot nH_2O$	易溶	9.5～10.0
六偏磷酸钠	$(NaPO_3)_6$	易溶	5.8～6.5

（1）磷酸三钠 [trisodium phosphate，CNS：15.001，INS：339（ⅲ）]

也称磷酸钠、正磷酸钠（sodium phosphate，trisodium orthophosphate），化

学式Na_3PO_4，分子量163.94。

性状与性能：本品为无水物或含1～12分子水的物质。无色至白色晶体颗粒或粉末。易溶于水，不溶于乙醇，1%水溶液pH值为11.5～12.0。十二水物加热至55～65℃成十水物，加热至65～100℃成六水物，加热至100～212℃成半水物，加热至212℃以上成无水物。

（2）六偏磷酸钠［sodium hexametaphosphate，CNS：15.002，INS：452（v）］

也称磷酸钠玻璃（sodium polyphosphate glassy）、四聚磷酸钠（sodium tetrapolyphosphate）、格兰汉姆盐（Graham's salt）。多聚偏磷酸盐是由数种无定形水溶性偏磷酸盐所组成的线状或环状的聚磷酸盐，多聚偏磷酸盐多为环状分子结构。化学式$(NaPO_3)_6$，分子量611.76，化学结构式为：

性状与性能：无色透明的玻璃片状或粒状或粉末状。潮解性强，能溶于水，不溶于乙醇及乙醚等有机溶剂。水溶液可与金属离子形成络合物。二价金属离子的络合物较一价金属离子的络合物稳定，在温水、酸或碱溶液中易水解为正磷酸盐。以其中P_2O_5含量来确定成分指标。

（3）三聚磷酸钠［sodium tripolyphosphate，CNS：15.003，INS：451（i）］

也称三磷酸五钠（pentasodium triphosphate）、三磷酸钠（sodium triphosphate）。为一类无定形水溶性线状聚磷酸盐，两端以Na_2PO_4终止。化学式$Na_5P_3O_{10}$，分子量367.86。化学结构式为：

性状与性能：为无水盐或含六分子水的物质，白色玻璃状结晶块、片或结晶性粉末，有潮解性。易溶于水，1%水溶液pH值9.5～10.0。能与金属离子结合。无水盐熔点622℃，并呈熔融状焦磷酸钠。

（4）焦磷酸钠［sodium pyrophosphate，CNS：15.004，INS：450（ii）］

也称二磷酸四钠（tetrasodiu diphosphate），化学式$Na_4P_2O_7 \cdot nH_2O$，分子量265.9（无水物）、446.05（十水物）。化学结构式为：

性状与性能：十水物为无色或白色结晶或结晶性粉末，无水物为白色粉末。相对密度1.82。溶于水，水溶液呈碱性（1%水溶液pH值为9.9～10.7），不溶于乙醇及其他有机溶剂。与Cu^{2+}、Fe^{3+}、Mn^{2+}等金属离子络合能力强，水溶液在70℃以下尚稳定，煮沸则水解成磷酸氢二钠。

（5）磷酸二氢钠［sodium dihydrogen phosphate，CNS：15.005，INS：339（i）］

也称酸性磷酸钠（phosphate monosodium），化学式$NaH_2PO_4 \cdot nH_2O$（$n=0$、1、2），分子量119.98（无水物）、156.01（二水物）。

性状与性能：分无水物与二水物。二水物为无色至白色结晶或结晶性粉末，无水物为白色粉末或颗粒。易溶于水（25℃，12.14%），几乎不溶于乙醇。水溶液呈酸性，1%溶液的pH值约为4.2～4.6。100℃失去结晶水后继续加热，则生成酸性焦磷酸钠。

（6）**磷酸氢二钠**［disodium hydrogen phosphate, CNS：15.006, INS：339（ii）］

化学式 $Na_2HPO_4 \cdot nH_2O$（n=12、10、8、7、5、2、0），分子量141.96（无水物）、358.14（十二水物）。

性状与性能：十二水物为无色至白色结晶或结晶性粉末，相对密度1.52，在空气中迅速风化成七水盐。易溶于水，不溶于乙醇，在250℃时分解成焦磷酸钠。无水物为白色粉末，具吸湿性，置空气中可逐渐成为七水盐。

（7）**磷酸二氢钙**［calcium dihydrogen phosphate，CNS：15.007，INS：341（iii）］

也称磷酸一钙（calcium phosphate）、二磷酸钙（calcium biphosphate）、酸性磷酸钙（acid calcium phosphate），化学式 $Ca(H_2PO_4)_2 \cdot nH_2O$，分子量257.07（一水物）、234.05（无水物）。

性状与性能：无色或白色结晶性粉末，相对密度2.22，有吸湿性，略溶于水（30℃，1.8%），水溶液呈酸性（pH值为3），加热至105℃失去结晶水，203℃分解成偏磷酸盐。

（8）**磷酸氢二钾**［dipotassium hydrogen phosphate，CNS：15.009，INS：340（ii）］

也称磷酸二钾（dipotassium phosphate），化学式 K_2HPO_4，分子量174.18。

性状与性能：无色或白色正方晶系粗颗粒。易潮解，易溶于水（1g约溶于3mL水中），1%水溶液pH值8.7～9.3，不溶于乙醇。

（9）**磷酸二氢钾**［potassium dihydrogen phosphate，CNS：15.010，INS：340（i）］

也称磷酸一钾（monopotassium phosphate），化学式 KH_2PO_4，分子量136.09。

性状与性能：无色结晶或白色颗粒，或白色结晶性粉末，无臭，在空气中稳定，易溶于水，不溶于无水乙醇，1%水溶液的pH4.2～4.7。

（10）**磷酸钙**［calcium phosphate，CNS：15.007，INS：341（iii）］

也称磷酸三钙（tricalcium phosphate）、沉淀磷酸钙（precipitate calcium phosphate），化学式 $Ca_3(PO_4)_2$，分子量310.18。

性状与性能：为由不同磷酸钙组成的混合物，其大致组成为 $10CaO \cdot 3P_2O_5 \cdot H_2O$。白色粉末，无臭、无味，在空气中稳定。不溶于乙醇，几乎不溶于水，但易溶于稀盐酸和硝酸。

（11）**焦磷酸二氢二钠**［disodium dihydrogen pyrophosphate, CNS：15.008, INS：450（i）］

也称酸性焦磷酸钠（acid sodium pyrophosphate）、焦磷酸二钠（disodium pyrophosphate）。化学式 $Na_2H_2P_2O_7$，分子量221.94。

性状与性能：白色结晶性粉末，相对密度1.862，加热到220℃以上分解成偏磷酸钠。易溶于水，可与 Mg^{2+}、Fe^{2+} 形成螯合物，水溶液与稀无机酸加热可水解成磷酸。

5.3.5　抗结剂

抗结剂（anticaking agents）又称抗结块剂，是用来防止颗粒或粉状食品聚集结块，保持其松散或自由流动的物质。其颗粒细微、松散多孔、吸附力强，易吸附导致形成结块的水分、油脂等，使食品保持粉末或颗粒状态。

抗结剂必须具有以下一些特点：

① 颗粒细（2～9mm）、表面积大（310～675m²/g）、比容高（80～465kg/m²）。

② 抗结剂呈微小多孔性，具有极高吸附能力，易吸附水分和其他物质。

③ 抗结剂应比较蓬松，产品流动性好。

我国许可使用的抗结剂目前有5种：亚铁氰化钾、硅铝酸钠、磷酸三钙、二氧化硅和微晶纤维素。

抗结剂的品种不少，除了我国许可使用的5种以外，国外使用的还有硅酸铝、硅铝酸钙、硅酸钙、硬脂酸钙、碳酸镁、氧化镁、硬脂酸镁、硅酸镁、高岭土、滑石粉和亚铁氰化钠等。它们除有抗结块作用外，有的还具有其他作用，如硅酸钙及高岭土还具有助滤作用，硬脂酸镁和硬脂酸钙有乳化作用等。而且除亚铁氰化物的ADI值有所限定以外，其余品种的安全性均很好，ADI值均不作特殊规定，尚可根据需要予以适当发展。

（1）亚铁氰化钾（potassium ferrocyanide，CNS：02.001，INS：536）

也称黄血盐钾。化学式$K_4Fe(CN)_6 \cdot H_2O$，分子量422.38。

其他添加形式：亚铁氰化钠$Na_4Fe(CN)_6 \cdot H_2O$（sodium ferrocyanide，CNS：02.008，INS：535）。

性状与性能：黄色单斜体结晶或粉末，略有咸味。加热至70℃失去结晶水，强烈灼烧时分解生成氮气，并生成氰化钾和碳化铁。溶于水，不溶于乙醇、乙酸甲酯、液氨。

（2）磷酸三钙 [calcium phosphate，tribasic，CNS：02.003，INS：341（iii）]

也称沉淀磷酸钙。为不同形式磷酸钙组成的混合物，组成为$10CaO \cdot 3P_2O_5 \cdot H_2O$。通式可以$Ca_3(PO_4)_2$表示。

其他添加形式：磷酸氢钙，磷酸二氢钙。

性状与性能：白色无定形粉末。无臭、无味，不溶于乙醇，几乎不溶于水，易溶于稀盐酸和硝酸。

（3）二氧化硅（silicon dioxide，CNS：02.004，INS：551）

也称无定形二氧化硅、合成无定形硅。化学式SiO_2，分子量60.08。

性状与性能：为无定形物质，按制法分胶体硅与湿法硅两种，胶体硅为白色、蓬松、吸湿且粒度非常细小的粉末，湿法硅为白色、蓬松、吸湿且微空泡状颗粒。熔点1710℃。不溶于水、酸和有机溶剂，溶于氢氟酸和热的浓碱液。

（4）微晶纤维素 [cellulose microcrystalline，CNS：02.005，INS：460（i）]

也称结晶纤维素、纤维素胶。是以β-1,4-葡萄糖苷键结合的直链式多糖类物质。聚合度约为3000～10000个葡萄糖分子。在一般植物纤维中，微晶纤维素约占73%，另30%为无定形纤维素。

性状与性能：白色细小结晶性可流动粉末。无臭无味。不溶于水、稀酸或稀碱溶液和大多数有机溶剂。可吸水胀润。

📁 参考文献

[1] 刘钟栋. 食品添加剂 [M]. 南京: 东南大学出版社, 2006.

[2] 侯振建. 食品添加剂及其应用技术 [M]. 北京: 化学工业出版社, 2004.

[3] 彭珊珊, 钟瑞敏, 李琳, 等. 食品添加剂 [M]. 北京: 中国轻工业出版社, 2004

[4] 刘雅春. 最新食品添加剂品种优化选择与性能分析检测标准及应用工艺实用手册 [M]. 河北: 银声音像出版社, 2004.

[5] 白永庆, 张璐. 食品增稠剂的种类及应用研究进展 [J]. 食品与生物, 2012, (2): 14-16.

[6] 徐宝财, 王瑞, 张桂菊, 王肖彦. 国内外食品乳化剂研究现状与发展趋势 [J]. 食品科学技术学报, 2017, 35 (4): 1-7.

[7] 方芳, 顾正彪, 洪雁, 李兆丰, 程力. 淀粉基食品乳化剂及其应用 [J]. 中国粮油学报, 2014, 29 (2): 110-114.

[8] 孙达锋, 张卫明, 张锋伦, 朱昌玲, 陈蕾. 瓜尔胶与结冷胶复配协效作用规律及粘度流变性研究 [J]. 中国野生植物资源, 2017, 36 (3): 10-13.

[9] 李琦, 廖柳月, 梁荣, 李燕, 郭兴峰. 果胶提取技术及对品质影响研究进展 [J]. 食品研究与开发, 2020, 41 (7): 205-211.

[10] 易建勇, 毕金峰, 刘璇, 吕健, 周沫, 吴昕烨, 赵圆圆, 杜茜茜. 果胶结构域精细结构研究进展 [J]. 食品科学, 2020, 41 (7): 292-299.

[11] 牛海佳, 刘爱国, 刘立增, 高晓夏月, 王鹏程, 强锋. 刺云实胶与黄原胶复配体系质构及流变性研究 [J]. 食品与机械, 2019, 35 (11): 34-40, 158.

[12] 曹维强, 王静, 陈鹏. 壳聚糖的构效关系及其在食品工业中的应用 [J]. 食品研究与开发, 2006, 127 (5): 165-168.

[13] 韩明会, 于海龙, 朱莉伟, 孙达锋, 张卫明, 蒋建新. 罗望子胶的流变学性质及凝胶特性研究 [J]. 中国野生植物资源, 2015, 34 (3): 7-11.

[14] 谢丽源, 甘炳成. 羧甲基纤维素钠在食品工业中的应用研究. 农产品加工——学刊, 2007, 40 (1): 51-54, 67.

[15] 丛峰松, 张洪斌, 张惟杰, 黄龙. 天然大分子食品水溶胶的增稠性、粘弹性和协同作用 [J]. 食品科学, 2004, 25 (11): 195-199.

[16] 张彩莉, 张鑫. 微晶纤维素的特性及应用 [J]. 中国调味品, 2006, (9): 46-48.

[17] Prasan N S K. An over-view of developments in food additives part one: thickeners & stabilisers and sweeteners[J]. Chemical weekly, 2002, 47 (40): 155-161.

[18] Sikora. Rheological and sensory properties of dessert sauces thickened by starch xanthan gum combinations[J]. Journal of Food Engineering, 2007, 4 (79): 1144-1148.

[19] Shaojie Zhao, Wenbo Ren, Wei Gao, Guifang Tian, Chengying Zhao, Yuming Bao, Jiefen Cui, Yunhe Lian, Jinkai Zheng. Effect of mesoscopic structure of citus pectin on its emulsifying properties: compactness is more important than size[J]. Journal of Colloid and Interface Science, 2020, 570: 80-88.

[20] 郭雪霞, 张慧媛, 刘瑜. 增稠剂在肉类工业中的应用 [J]. 肉类工业, 2008, (2): 27-30.

[21] 王盼盼. 食品增稠剂——淀粉、变性淀粉及淀粉水解物 [J]. 肉类研究, 2010, (4): 47-54.

总结

○ 食品增稠剂
- 种类：天然类食品增稠剂，包括植物、动物、海藻或微生物来源的食品增稠剂，如阿拉伯胶、卡拉胶、果胶、明胶、壳聚糖等；合成与半合成食品增稠剂，如羧甲基纤维素钠、海藻酸丙二醇酯、变性淀粉等。
- 作用：增稠作用，胶凝作用，稳定和乳化作用，保水和持水作用，控制结晶。

○ 食品乳化剂
- 种类：天然食品乳化剂，如大豆磷脂、田菁胶、酪朊酸钠为天然乳化剂等；合成食品乳化剂，如蔗糖脂肪酸酯、司盘60、硬脂酰乳酸钙等。

○ 其他调质类食品添加剂
- 凝固剂，使食品结构稳定或使食品组织不变，增强黏性固形物的一类食品添加剂，分为无机类凝固剂和有机类凝固剂两种，如硫酸钙、氯化钙、氯化镁、丙二醇、乙二胺四乙酸二钠、葡萄糖酸-δ-内酯等，主要用于豆制品生产和果蔬深加工。
- 膨松剂，又称疏松剂，分为无机膨松剂和有机膨松剂两类，是在糕点、饼干、面包、馒头等以小麦粉为主的焙烤食品制作中，使其体积膨胀与结构疏松的食品添加剂。
- 胶姆糖基础剂，是赋予胶姆糖起泡、增塑、耐咀嚼作用的一类添加剂，以高分子胶状物质如天然树胶、合成橡胶、松香脂为主，加上蜡类、软化剂、胶凝剂、抗氧化剂、防腐剂、填充剂等组成。
- 水分保持剂，指有助于保持食品中水分稳定的物质，如用于肉类及水产品加工中增强其水分稳定性和有较高持水性的磷酸盐类。
- 抗结剂，又称抗结块剂，是用来防止颗粒或粉状食品聚集结块，保持其松散或自由流动的物质。

课后练习

1. 食品增稠剂的基本特性有哪些？食品增稠剂在食品加工中起到什么作用？
2. 为什么调质类食品添加剂如增稠剂、乳化剂要复配使用？
3. 不同的食品增稠剂具有不同特点，请分别列举出具有假塑性、耐酸性、能溶于冷水、胶凝性强、乳化稳定性强的食品增稠剂，并阐述其用途。
4. 阐述食品乳化剂与食品中生物大分子的相互作用及其对食品品质的影响。

题1~4答题思路

（www.cipedu.com.cn）

6 食品防腐剂

小包装的腌渍菜可以降低杀菌时间，减少杂菌感染，维护较好的脆度。

酱油或低糖果酱等在没有防腐剂时开瓶后反复开启会感染杂菌。

蜜饯凉果、牛肉干等添加防腐剂可以降低糖度，改善口感和保藏性。

果冻等可以降低杀菌温度，改进口感。

为什么要知道食品防腐剂？

食品的种类千千万万，除了极干燥的、高糖或盐的、杀菌与密封的罐头食品、无菌包装的牛奶及饮料、瓶装水等少量的产品，许多食品都需要添加防腐剂，它可以延长产品的货架寿命，提高感官品质。大瓶装的酱油、低糖的果酱如果不加防腐剂，打开后在常温下有可能会发霉长菌。牛肉干如果添加一定的防腐剂可以提高其水分含量，提高口感；酱腌菜等则可以降低盐度，提高口感。

👁 **学习目标**

○ 什么是食品防腐剂？
○ 食品防腐剂有什么作用？
○ 食品工业中用食品防腐剂应注意些什么？
○ 我国有哪些可以应用的食品防腐剂，它们是怎么分类的？
○ 苯甲酸及盐类的性质、作用及应用注意事项。
○ 山梨酸及盐类的性质、作用及应用注意事项。
○ 微生物来源的防腐剂种类，与抗生素的区别，它们的优缺点。
○ GB2760中保留的果蔬保鲜剂的性质及应用。

食品防腐剂（food preservatives）是指一类加入食品中能防止或延缓食品腐败的食品添加剂，其本质是具有抑制微生物增殖或杀死微生物的一类化合物。狭义的防腐剂主要指苯甲酸、山梨酸、链球菌素等直接加入食品的化学物质；广义的防腐剂还包括通常具有保藏作用的食盐、醋等物质，以及那些通常不加入食品，而在食品贮藏、加工过程中使用的消毒剂和防腐剂等。大部分防腐剂并不能在较短时间内（5～10min）杀死微生物，主要是起抑菌作用。食品工业上常用的杀菌剂与防腐剂的区别是前者能在较短时间内杀死微生物，主要起杀菌作用。但从另一意义上理解，杀菌和抑菌有时无法严格区别，同种添加剂在不同的浓度、不同的介质和不同的微生物种类，其作用均不一样。

维基百科对preservatives的解释是指那些具有阻止微生物生长或化学变化而引起败坏的天然或合成的化学物质。按这一定义，至少包含抗菌剂、抗氧化剂、抑霉剂等，还包括传统的如食盐、食糖和醋等物质。因此，从严格意义上讲preservatives指广义的食品保藏剂，而非防腐剂。本章的食品防腐剂主要指抗菌作用的化学物质或它们的混合物，而不指广义的食品保藏剂。

食品防腐剂应具备如下特征：性质稳定，在一定的时间内有效；使用过程中或分解后无毒，不阻碍胃肠道酶类的正常作用，亦不影响有益的肠道正常菌群的活动；在较低浓度下有抑菌或杀菌作用；本身无刺激味和异味；使用方便等。

本章的内容按GB2760分类而定，有些物质有明显的防腐功能，但在第一分类上不属于防腐剂，如亚硫酸盐、硝酸钠、EDTA等都不在本章涉及范围。

世界各国的食品防腐剂管理各不相同，同一种化学品可能会有完全不同管理办法，如苯甲酸钠、山梨酸钾在美国是FDA的GRAS清单中的物品，而在中国则是一类管控相对严格的产品。因此，使用时需要遵守各自国家规定，尤其是在国际贸易中更应注意。

6.1 食品防腐剂的作用机理

食品防腐剂应该"高效低毒"，高效是指对微生物的抑制效果特别好，而低毒是指对人体不产生可观察到的毒害。尽管生物界的基本代谢过程有很多相同与相似之处，但每一类生物的代谢是有很大差异的，人体通过消化系统分解、各类肠壁细胞吸收营养素、血液与肝脏的选择性利用与吸收，分解与排除人体不能利用的物质。而微生物的代谢过程则较简单，一般各种物质都是直接通过细胞膜进入细胞内反应，任何对其生理代谢产生干扰的物质都可能干扰微生物的生长，抑制其繁殖。因此很多物质可能对人体无任何不良影响，但对微生物的生长影响很大。由于不同类的微生物的结构不同、代谢方式差异，因而同一种防腐剂对不同的微生物效果亦可能会不一样。

防腐剂抑制与杀死微生物的机理十分复杂，一般认为其作用机制主要有以下几种：

① 破坏微生物细胞膜的结构或者改变细胞膜的渗透性，使微生物体内的酶类和代谢产物逸出细胞外，导致微生物正常的生理平衡被破坏而失活。

② 防腐剂与微生物的酶作用，如与酶的巯基作用，破坏多种含硫蛋白酶的活性，干扰微生物的正常代谢，从而影响其生长和繁殖。通常防腐剂作用于微生物的呼吸酶系，如乙酰辅酶A缩合酶、脱氢酶、电子转递酶系等。

③ 其他作用：包括防腐剂作用于蛋白质，导致蛋白质部分变性、蛋白质交联而使其他的生理作用不能进行等。

6.2 防腐剂的应用注意事项

6.2.1 防腐剂的种类与食品性质

由于食品性质、加工方法、防腐剂的性质各不相同，应用时了解食品的特点和防腐剂的特点是最大限度发挥防腐剂作用的关键，可以从如下几点考虑：①了解食品防腐剂的抗菌谱、最低抑菌浓度和食品所带的腐败菌的性质，选择最佳的防腐剂。②了解所用防腐剂的理化性质如溶解性、pH值等。③了解食品加工和贮藏条件、货架寿命及贮藏过程中不同的影响因素对防腐剂的影响，确保防腐剂有效。

6.2.2 食品或介质的 pH 值

在水溶液体系中，某些防腐剂处于解离平衡状态，如苯甲酸及其盐类、山梨酸及其盐类、亚硫酸盐等，其防腐作用主要靠未解离的酸对微生物起作用，亦有少量是解离出来的H^+的作用，因为未解离的酸

对微生物的细胞膜有更强的穿透性。所以，这些防腐剂在使用中就要使用未解离的成分达到最低有效浓度。

6.2.3　溶解与分散

如果防腐剂在食品中分散不均匀或不溶解就达不到较好的防腐效果。溶解时要注意选择合适的溶剂，常见的溶剂有水、乙醇、乙酸等。这些溶剂必须与食品相配合，例如食品不能有酒味，就不能用乙醇作为溶剂；有的食品不能过酸，就不能用太多的酸溶解。溶解后的防腐剂溶液，也有不好分散的情况，由于加入食品中化学环境改变，局部防腐剂可能会过浓，这时会有防腐剂析出。如醇溶解的对羟基苯甲酸酯类，加入水相后，如未及时均质，则会很快析出，浮于水相表面，不仅降低防腐剂的有效浓度，还影响食品的外观。苯甲酸盐、山梨酸盐加到酸性食品中，如某一局部太多，也会析出苯甲酸盐或山梨酸盐的块状物。

另外，要注意食品中不同相的防腐剂分散特性，如在油与水中的分配系数不同，油水相不同的防腐剂对微生物的效果就会不一样，如微生物开始出现于水相，而使用防腐剂却大量分配在油相，这样，防腐剂可能无效，这时就要选择合适分配系数的防腐剂，才有可能有效。

6.2.4　防腐剂并用或复配

单一的防腐剂都有各自的作用范围和抑菌谱，在某些情况下两种或两种以上的防腐剂并用，可能使效应发生三种变化，即增效或协同效应、增加或相加效应、对抗或拮抗效应。所谓的增效或协同效应是指使用混合防腐剂的抑菌浓度比各单一的物质更低；增加或相加效应是指各单一物质的效果简单地加在一起；对抗或拮抗效应是指增效效应的相反效应，即使用混合防腐剂的抑菌浓度高于各单一物质的浓度。

有机酸或异丁酸、葡萄糖酸、抗坏血酸对酸型防腐剂有增效作用。金属盐类中重金属盐有增效作用。将具有长效作用的防腐剂如山梨酸、苯甲酸和具有迅速而不耐久的防腐剂如过氧化氢混合使用亦有增效作用。

另外，所有的作用均随着菌种的不同而有所差异，因此，目前在防腐剂的应用领域还缺乏广泛而系统的研究，导致防腐剂的复合应用进展缓慢。表6-1为常见的混合防腐剂对大肠埃希氏杆菌的作用。

表6-1　pH6.0时混合防腐剂对大肠埃希氏杆菌的作用

防腐剂名称	二氧化硫	甲酸	山梨酸	苯甲酸	对羟基苯甲酸酯
二氧化硫		−	±	+	± 或 +
甲酸	−		±	±	± 或 +
山梨酸	±	±	±		± 或 −
苯甲酸	+	±	±		±
对羟基苯甲酸酯	± 或 +	± 或 +	±	±	

注：± 表示相加效应；− 表示拮抗作用；+ 表示增效作用。引自：刘钟栋，1995，食品添加剂原理及应用技术。

6.2.5　食品加工工艺的影响

水分含量的影响：众所周知，微生物的生长受食品水分活度的影响，随着对食品安全要求的提高，水分活度对致病菌的影响越来越受到关注。低水分活度可以作为一个重要的栅栏因子来考虑。因此，脱水食品或部分脱水食品、高盐高糖的食品或冻结食品其防腐剂的用量可相应减少，所谓的半干半湿食品是防腐剂的一个重要应用方面。

热处理：一般情况下对食品进行加热处理可增强防腐剂的防腐效果，在加热杀菌时加入防腐剂，杀菌时间可以缩短。例如在56℃时，使酵母营养细胞数减少到1/10需要180min，若加入0.01%的对羟基苯甲酸丁酯，则缩短为48min，若加入0.5%，则只需要4min。

食品的染菌程度：大部分防腐剂只有抑菌作用，如果食品带菌过多，防腐剂作用就不明显，因为食品中的微生物基数大，尽管其生长受到一定程度的抑制，微生物增殖的绝对量仍然很大，最终通过其代谢分解产物使防腐剂失效。因此不管是否使用防腐剂，加工过程中严格的卫生管理都是十分重要的。

6.3　常用食品防腐剂

防腐剂的分类复杂，依来源分有天然（植物、动物和微生物来源）和合成的。以合成的商业化应用较多。化学防腐剂可分成有机（如苯甲酸及其盐类、山梨酸及其盐类、对羟基苯甲酸及其酯类、乳酸等有机物）和无机（如二氧化碳、游离氯及次氯酸盐、硝酸和亚硝酸盐类、亚硫酸及其盐类等）。防腐剂还依其功能习惯性地称为抑菌剂、防霉剂、果蔬保鲜剂等。GB 2760—2014共列出20种防腐剂。其中用于果蔬保鲜剂的有4种，另有防腐剂功能但分布在其他类别的有7种。美国允许使用的食品防腐剂有50余种，日本有40余种。本章按实用的角度将其分成有机防腐剂、无机防腐剂、微生物来源的食品防腐剂、果蔬保鲜剂或防霉剂及其他类食品防腐剂5大类（表6-2）。

表6-2　我国常用的食品防腐剂

名称		GB 2760分类	备注
有机防腐剂	苯甲酸及其盐类	防腐剂	酵母菌、部分细菌效果很好，对霉菌的效果差一些
	山梨酸及其盐类	防腐剂	还是抗氧化剂、稳定剂。霉菌、酵母菌和好氧细菌效果好
	对羟基苯甲酸酯类	防腐剂	霉菌、酵母菌与细菌
	单辛酸甘油酯	防腐剂	
	丙酸及其盐类	防腐剂	防霉，防腐
	双乙酸钠（又名二醋酸钠）	防腐剂	防霉，防腐
	脱氢乙酸及其钠盐（又名脱氢醋酸及其钠盐）	防腐剂	防霉，防腐
	二甲基二碳酸盐（维果灵）	防腐剂	饮料用
无机防腐剂	二氧化碳	防腐剂	抑制霉菌、酵母菌、肠杆菌
	稳定态二氧化氯	防腐剂	杀菌剂，消毒剂
	液体二氧化碳（煤气化法）	防腐剂	
微生物来源的食品防腐剂	乳酸链球菌素	防腐剂	革兰氏阳性菌及其芽孢
	纳他霉素	防腐剂	霉菌和酵母菌效果好
	ε-聚赖氨酸	防腐剂	广谱
	ε-聚赖氨酸盐酸盐	防腐剂	广谱

续表

名称		GB 2760 分类	备注
果蔬保鲜剂或防霉剂	肉桂醛	防腐剂	果蔬保鲜剂
	2,4- 二氯苯氧乙酸	防腐剂	果蔬保鲜剂，植物激素
	联苯醚（又名二苯醚）	防腐剂	果蔬保鲜剂
	乙氧基喹	防腐剂	果蔬保鲜剂，饲料抗氧化剂
其他类食品防腐剂	溶菌酶	防腐剂	革兰氏阳性细菌，而对革兰氏阴性菌效果不明显
	二氧化硫，焦亚硫酸钾，焦亚硫酸钠，亚硫酸钠，亚硫酸氢钠，低亚硫酸钠	漂白剂	很好的防腐、抗氧化作用
	硫黄	漂白剂	防腐剂
	乙二胺四乙酸二钠	稳定剂	凝固剂、抗氧化剂、防腐剂
	硝酸钠，硝酸钾	护色剂	防腐剂
	亚硝酸钠，亚硝酸钾	护色剂	防腐剂
	乙酸钠（又名醋酸钠）	酸度调节剂	防腐剂
	过氧化氢	加工助剂	杀菌剂

6.3.1 有机防腐剂

6.3.1.1 苯甲酸及其盐类

苯甲酸（benzoic acid，CNS：17.001，INS：210）及其盐类（benzoate，CNS：17.002，INS：211）是最常用的防腐剂之一。苯甲酸，别名安息香酸，分子式 $C_7H_6O_2$，分子量 122.12；苯甲酸钠（sodium benzoic），又名安息香酸钠，分子式 $C_7H_5O_2Na$，分子量 144.11。它们的结构式为：

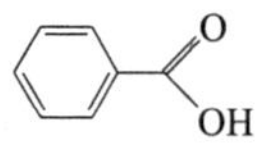

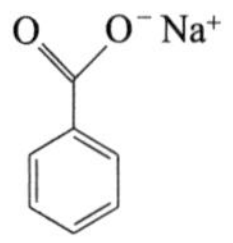

性状与性能：苯甲酸的相对密度为 1.2659，沸点 249.2 ℃，熔点 121～123 ℃，100 ℃开始升华。为白色有荧光的鳞片状结晶或针状结晶，或单斜棱晶，质轻无味或微有安息香或苯甲醛的气味。25% 饱和水溶液的 pH 值为 2.8。在热空气中或酸性条件下容易随水蒸气挥发。化学性质稳定，有吸湿性，在常温下难溶于水，微溶于热水，溶于乙醇、氯仿、乙醚、丙酮、二氧化碳和挥发性、非挥发性油中。

苯甲酸钠为白色颗粒或结晶性粉末，无臭或微带安息香气味，味微甜，有收敛性，在空气中稳定，极易溶于水，其水溶液的 pH 值为 8，溶于乙醇。

由于苯甲酸难溶于水，因而多使用其钠盐。在低 pH 环境中，苯甲酸对许多微生物有抑制作用，但它的抗菌有效性依赖于食品的 pH 值。pH 值为 3.5 时，0.125% 的溶液在 1h 内可杀死葡萄球菌和其他菌；pH 值为 4.5 时，对一般菌类的抑制最小质量分数约为 0.1%；pH 值为 5 时，即使 5% 的溶液，杀菌效果也不可靠；在碱性介质中则失去杀菌、抑菌作用。故其防腐的最适 pH 值为

2.5～4.0。苯甲酸钠的防腐作用与苯甲酸相同，只是使用初期是盐的形式，要有防腐效果，最终要酸化转变为苯甲酸，因而苯甲酸钠要消耗食品中的部分酸。

苯甲酸对酵母菌、部分细菌效果很好，对霉菌的效果差一些，但在允许使用的最大范围内（2g/kg），在pH值4.5以下，对各种菌都有效。

苯甲酸类防腐剂是以其未离解的分子发生作用的，未离解的苯甲酸亲油性强，易透过细胞膜，进入细胞内，能大范围地抑制微生物细胞的呼吸酶系的活性，特别具有很强的阻碍乙酰辅酶A缩合反应的作用。

在人体内的代谢机理：苯甲酸被人体吸收后，大部分在9～15h之内，在酶的催化下与甘氨酸化合成马尿酸从尿中排出，剩余部分与葡萄糖化合形成葡萄糖醛酸而解毒。因而苯甲酸是比较安全的防腐剂。按添加剂使用卫生标准使用，目前还未发现任何毒副作用。由于苯甲酸解毒过程在肝脏中进行，因此苯甲酸对肝功能衰弱的人可能不适宜。总的来说，目前广泛认为苯甲酸及其盐是比较安全的防腐剂，以小剂量添加于食品中，未发现任何毒性作用。但因有叠加中毒现象的报道，在使用上有争议，应用面越来越窄。

 概念检查6.1

○ 一些常见食品和调料（如酱油等）添加了苯甲酸钠，为什么还会长菌？

（www.cipedu.com.cn）

6.3.1.2　山梨酸及其盐类

山梨酸（sorbic acid，CNS：17.003，INS：200）的化学名称为己二烯-[2,4]-酸，又名花楸酸，分子式$C_6H_8O_2$，分子量112.13，结构式$CH_3CH=CHCH=CHCOOH$。山梨酸钾（potassium sorbate，CNS：17.004，INS：202）分子式$C_6H_7O_2K$，分子量150.22。

性状与性能：山梨酸为无色针状结晶性粉末，无臭或微带刺激性臭味，熔点132～135℃，沸点228℃（分解），饱和水溶液的pH3.6。耐热性好，在140℃下加热3h无变化。由于山梨酸是不饱和脂肪酸，长期暴露在空气中则易被氧化而失效。山梨酸难溶于水，溶于乙醇、乙醚、丙二醇、植物油等。

山梨酸钾为白色至浅黄色鳞片状结晶或结晶性粉末，无臭或微有臭味。相对密度1.363，熔点270℃（分解），长期暴露在空气中易吸潮、易氧化分解。1%水溶液的pH值为7～8。易溶于水，溶于丙二醇、乙醇（表6-3）。

表6-3　山梨酸及山梨酸钾的溶解度

溶剂	温度/℃	山梨酸/%	山梨酸钾/%
水	20	0.16	67.6
水	100	3.8	
乙醇（95%）	20	14.8	6.2
丙二醇	20	5.5	5.8
乙醚	20	6.2	0.1
植物油	20	0.52～0.95	

山梨酸具有良好的防霉性能，对霉菌、酵母菌和好氧细菌的生长发育起抑制作用，而对嫌氧芽孢生成细菌几乎无效，对嗜酸乳杆菌等效果较差。

山梨酸的抑菌作用机理是与微生物有关酶的巯基相结合，从而破坏许多重要酶的作用。此外还能干扰传递机能，如细胞色素c对氧的传递，以及细胞膜表面能量传递的功能，抑制微生物繁殖，达到防腐的目的。

山梨酸属于酸型防腐剂，在酸性介质中对微生物有良好的抑制作用，随pH值增大防腐效果减小，pH值为8时丧失防腐作用，适用于pH5～6以下的食品防腐，使用的pH值范围比苯甲酸类防腐剂要宽。山梨酸钾要转化为未离解的山梨酸后，才具有防腐性能。两者在pH值4.5、5.5、6.0时完全抑制绝大多数微生物种类生长的最低含量分别为0.05%、0.1%、0.2%。食品中的其他成分对防腐作用影响不大。

山梨酸是一种不饱和脂肪酸，在机体内参与人体新陈代谢，与其他天然不饱和脂肪酸一样，可以在机体内被同化产生二氧化碳和水。因此，山梨酸可以看成是食品的成分，目前的资料认为对人体无害。

山梨酸及其盐类是我国应用最多的防腐剂，几乎可以应用在所有类别的食品。用时注意：①山梨酸难溶于水，使用时先将其溶于乙醇或碳酸氢钠，但此时，溶液呈碱性，不宜久放。②山梨酸钾较山梨酸易溶于水，且溶液在室温下相对稳定，使用方便，其1%水溶液的pH值7～8，有可能引起食品pH值升高。同时，由于其高pH，溶液本身易被杂菌污染，应随配随用。③为防止氧化，溶解山梨酸时不得使用铜、铁等容器。④山梨酸与苯甲酸、丙酸、丙酸钙等防腐剂可产生协同作用，提高防腐效果。⑤山梨酸较易挥发，应尽可能避免加热。⑥山梨酸应避免在有生物活性的动植物组织中应用，因为有些酶可使山梨酸分解为1,3-戊二烯，不仅使山梨酸丧失防腐性能，还产生不良气味。⑦山梨酸也不宜长期与乙醇共存，因为乙醇与山梨酸作用生成具有特殊气味的物质，影响食品风味。⑧山梨酸在储存时应注意防湿、防热（温度以低于38℃为宜）。保持包装完整，防止氧化。

 概念检查6.2

○ 调配好的山梨酸钾溶液，在配料间放置数天后长菌了，这是为什么？

（www.cipedu.com.cn）

6.3.1.3　对羟基苯甲酸酯类

对羟基苯甲酸酯类（para-hydroxybenzoate）又称尼泊金酯类。用于食品防腐剂的对羟基苯甲酸酯类有：对羟基苯甲酸甲酯、对羟基苯甲酸乙酯、对羟基苯甲酸丙酯、对羟基苯甲酸异丙酯、对羟基苯甲酸丁酯和对羟基苯甲酸异丁酯，为了改进其水溶性，有时使用其钠盐，如对羟基苯甲酸甲酯钠、对羟基苯甲酸乙酯钠、对羟基苯甲酸丙酯钠等。其中GB2760规定的仅为对羟基苯甲酸甲酯、对羟基苯甲酸乙酯及其钠盐。其化学结构式为：

对羟基苯甲酸酯类对霉菌、酵母菌与细菌有广泛的抗菌作用，但对细菌特别是革兰氏阴性杆菌及乳酸菌的作用较差，一般认为其抗菌作用较苯甲酸和山梨酸要强。其烷链越长抗菌作用越强，即乙酯防腐性能优于甲酯，丙酯防腐性能优于乙酯，对苹果青霉、黑根霉、啤酒酵母、耐渗压酵母有良好的抑制能力。对羟基苯甲酸丁酯的抗菌能力大于对羟基苯甲酸丙酯和对羟基苯甲酸乙酯，对酵母和霉菌有强的抑制作用。对羟基苯甲酸异丁酯的抗菌作用与对羟基苯甲酸正丁酯基本相同。而对羟基苯甲酸辛酯对酵母菌发育的抑制作用是对羟基苯甲酸丁酯的15倍，比对羟基苯甲酸乙酯强200倍左右。这是因为对羟基苯甲酸酯的烷基碳链越长，亲油性越强，菌体对它的吸附量也越大，因而抗菌活性也越强。

防腐机理：基本上与苯酚类似，可破坏微生物的细胞膜，使细胞内蛋白质变性，并抑制微生物细胞的呼吸酶系与电子传递酶系的活性。对羟基苯甲酸酯类的抑菌活性主要是分子态起作用，由于其分子内的羧基已经酯化，不再电离，而对位酚基的电离很小，所以它的抗菌作用在pH4～8的范围内均有很好的效果。有些实验证明，在有淀粉存在时，对羟基苯甲酸酯类的抗菌力减弱。

（1）对羟基苯甲酸甲酯（methyl p-hydroxybenzoate，methylparaben，CNS：17.031，INS：218）

分子式$C_8H_8O_3$，分子量152.15。其化学结构式为：

性状与性能：无色细小结晶或白色晶性粉体，无臭或微有特殊气味，稍有焦糊味，熔程125～128℃。难溶于水，0.25g/100mL（25℃）；难溶于甘油、非挥发性油、苯、四氯化碳。易溶于乙醇，40g/100mL；乙醚，14.29g/100mL；丙二醇，25g/100mL。

（2）对羟基苯甲酸乙酯（ethyl *p*-hydroxybenzoate，ethyloparaben，CNS：17.007，INS：214）

分子式$C_9H_{10}O_3$，分子量为166.18。其化学结构式为：

性状与性能：对羟基苯甲酸乙酯为无色细小结晶或白色晶体粉末，无臭，初感无味，稍后有麻舌感的涩味，耐光和热，熔点116～118℃，沸点297～298℃。不亲水，无吸湿性。微溶于水，0.17g/100mL（25℃）。易溶于乙醇，70g/100mL（室温）；丙二醇，25g/100mL（室温）；花生油，1g/100mL（室温）。

6.3.1.4　单辛酸甘油酯（capryl monoglyerid，CNS：17.031，INS：一）

化学式$C_{11}H_{22}O_4$，分子量218，化学结构式$CH_3(CH_2)_6COOCH_2CH(OH)CH_2OH$。

性状与性能：常温下呈固态，稍有芳香味，熔点40℃，难溶于冷水，加热后易溶，水溶液为不透明的乳状液，易溶于乙醇、丙二醇等有机溶剂中。

抑菌机理：对霉菌、细菌都有效，相比之下，对革兰氏阴性菌效果差。其抑菌机理目前仍是一些假设，如脂肪酸或其酯与微生物的膜的关系假说，脂肪酸或其酯首先接近微生物细胞膜的表面，然后亲油部分的脂肪酸或其酯在细胞膜中多数呈刺入状态。这种状态下在物理方面细胞膜的脂质机能低下，结果

其细胞机能终止，只有用一些方法使刺入的脂肪酸及其酯离开，细胞才能恢复机能。

单辛酸甘油酯低毒，在体内与脂肪一样分解成甘油与脂肪酸，经β-氧化途径和TCA循环代谢，最后分解为CO_2和水，可供给身体能量。它不会因代谢不良而产生特别积蓄性和特异性反应，是安全性很高的化合物。

可以应用于肉灌肠类、生湿面制品（面条、饺子、馄饨皮、烧麦皮）、糕点、焙烤食品馅料及表面挂浆（限豆馅等）。WHO/FAO、日本规定用量不受限制。

6.3.1.5　丙酸及其盐类（propionic acid and propionate）

丙酸及丙酸盐是重要的食品防腐剂。丙酸盐主要是指丙酸钙、丙酸钠、丙酸锌、丙酸钾、丙酸铵等。同其他防腐剂相比，丙酸及其盐具有许多无可比拟的优越性，因而已成为食品和饲料中最广泛应用的防腐剂之一。

丙酸与丙酸盐发挥防腐防霉作用的有效成分均为丙酸分子。一般认为，丙酸通过以下途径发挥防腐防霉作用：①非解离的丙酸活性分子在霉菌或细菌等细胞外形成高渗透压，使霉菌细胞内脱水而失去繁殖能力；②丙酸活性分子可以穿透霉菌等的细胞壁，抑制细胞内的酶活性，阻碍微生物合成β-丙氨酸，进而阻止霉菌的繁殖。丙酸盐转变成丙酸的过程受到水分、pH值等条件的影响。丙酸盐解离后形成的弱碱性也可能阻碍其进一步解离。

丙酸钠盐对霉菌有良好的效能，而对细菌抑制作用较小，对枯草杆菌、八叠球菌、变形杆菌等仍有一定的效果，能延迟它们的发育，对酵母菌则无作用。

丙酸进入人或动物体后，可以依次转变成丙酰CoA、D-甲基丙二酸单酰CoA、L-甲基丙二酸单酰CoA和琥珀酰CoA。琥珀酰CoA既可以进入三羧酸循环彻底氧化分解，又可以进入糖异生途径合成葡萄糖或糖原。在动物的代谢途径中，某些反刍动物（如牛）瘤胃中的细菌能将糖（如纤维素）发酵成丙酸，通过上述途径进入脂质代谢与糖代谢，因此并不对反刍动物健康造成损害。

丙酸盐具有不受食品中其他成分影响、腐蚀性低、刺激性小、适合于长期贮存等优点。我国饲料中生产的克霉灵、霉敌、除霉净等主要成分均为丙酸盐。另外，由于丙酸盐不具有熏蒸作用，因此，对粮食类食品的混合均匀度要求较高。

（1）丙酸（propionic acid，CNS：17.029，INS：280）

分子式CH_3CH_2COOH，分子量74.08。其结构式如下：

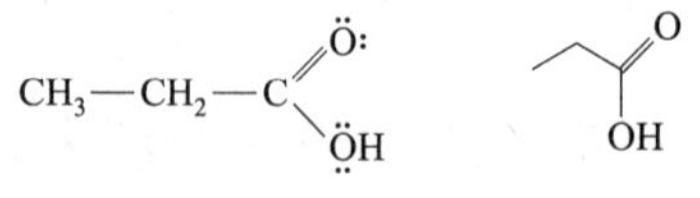

性状与性能：无色油状液体，有挥发性。略带辛辣的刺激油哈味。沸点141℃，熔点-22℃。相对密度0.993~0.997。可混溶于水、乙醇及其他有机溶剂。

丙酸是人体正常代谢的中间产物，完全可被代谢和利用。

（2）丙酸钠（sodium propionate，CNS：17.0061，INS：281）

分子式CH_3CH_2COONa，分子量96.06。

性状与性能：白色结晶或白色晶性粉末或颗粒，无臭或微带丙酸臭味。易溶于水，100g/100mL（15℃）；溶于乙醇，4.4g/100mL；微溶于丙酮，0.05g/100mL。在空气中易吸潮分解。在10%的丙酸钠水溶液中加入同量的稀硫酸，加热后产生有丙酸臭味的气体。耐高温、不挥发。

（3）丙酸钙（calcium propionate，CNS：17.0051，INS：282）

分子式（CH₃CH₂COO）₂Ca，分子量186.22（无水盐）。

性状与性能：白色结晶或白色晶体性粉末，无臭或微有丙酸气味。用做食品添加剂的丙酸钙为一水盐，对光和热稳定。有吸湿性，易溶于水，39.9g/100mL（20℃）。不溶于醇、醚类。在10%的丙酸钙水溶液中加入同量的稀硫酸，加热能放出丙酸的特殊气体。丙酸钙呈碱性，其10%水溶液的pH值为8～10。

目前丙酸盐最大用量在面包和糕点中，一般面包中使用钙盐，西点中使用钠盐。面包中如使用钠盐，由于其造成的碱性会延缓面团的发酵，而使用钙盐还有强化钙的作用。如在西点中使用钙盐，则与膨松剂的碳酸氢钠反应生成不溶性的碳酸钙，降低二氧化碳的产生量。

由于丙酸盐的作用依靠其游离产生的丙酸，因此在酸性下有效，其抗菌作用比山梨酸弱，比乙酸强。如丙酸钙能抑制面团发酵时枯草杆菌的繁殖，pH值为5.0时最大抑菌质量分数为0.01%，pH值5.5时需0.188%，最适pH值应低于5.5。

6.3.1.6　双乙酸钠（sodium diacetate，CNS：17.013，INS：262ii）

简称SDA，分子式C₄H₇NaO₄·xH₂O。无水物分子量142.9。其化学结构式为：

$$\text{O=C(-O^-Na^+)(CH_3)} \qquad \text{O=C(-OH)(CH_3)}$$

性状与性能：白色结晶粉末，有醋酸气味，易吸湿，易溶于水和醇，水中溶解度100g/100mL。晶体结构为正六面体，熔点96～97℃，加热至150℃以上分解。10%水溶液的pH4.5～5.5。

研究表明，双乙酸钠主要是通过有效地渗透入霉菌的细胞壁而干扰酶的相互作用，可以使细胞内的蛋白质变性，从而抑制了霉菌的产生，达到高效防霉、防腐等功能。双乙酸钠对黑曲霉、黑根霉、黄曲霉、绿色木霉的抑制效果优于山梨酸。其溶于水时释放出42.25%的乙酸而达到抑菌作用。防霉、防腐效果优于苯甲酸盐类，一般使用量是0.3～3g/kg。较少受食品本身pH值影响。

6.3.1.7　脱氢乙酸及其钠盐

（1）脱氢乙酸（dehydroacetic acid，CNS：17.001i）

系统命名是3-乙酰基-6-甲基-二氢吡喃-2,4-(3H)二酮，分子式C₈H₈O₄，分子量168.15。

性状与性能：无色至白色针状结晶或白色晶体粉末，无臭，几乎无味，无刺激性，熔点109～112℃。难溶于水（<0.1%）；溶于苛性碱溶液；溶于乙醇，2.86g/100mL；溶于苯，16.67g/mL。其饱和水溶液（0.1%）pH值为4。无吸湿性，对热稳定，120℃下加热20min变化很小，能随水蒸气挥发。在光的直射下微变黄。

（2）脱氢乙酸钠（sodium dehydroacetate，CNS：17.009iii，INS：266）

分子式C₈H₇NaO₄·H₂O，分子量208.15。

性状与性能：白色结晶粉末，无臭，微有特殊味，无刺激。易溶于水,33g/100mL；甘油,14.3g/100mL；丙二醇，50g/100mL。微溶于乙醇，1g/100g；丙醇，0.2g/100g。其水溶液呈中性或微碱性，且耐光耐热效果好，在食品加工过程中不会分解和随水蒸气蒸发。在食品中使用不产生不正常的异味。

脱氢乙酸有较强的抗细菌能力，对霉菌和酵母的抗菌能力更强，0.1%的浓度即可有效地抑制霉菌。为酸性防腐剂，对中性食品基本无效，pH值为5时抑制霉菌的效果是苯甲酸的2倍。在水中逐渐降解为乙酸。

脱氢乙酸钠具有广谱的抗菌作用，受pH值的影响较少；在酸性、中性、碱性的环境下均有很好的抗菌效果，对霉菌的抑制力最强，有效浓度0.05%～0.1%，抑制细菌的浓度为0.1%～0.4%。有关资料介绍在pH5条件下与苯甲酸钠比，对酵母的抑制作用大2倍，对霉菌大25倍，有效使用浓度较低。

6.3.1.8　二甲基二碳酸盐（dimethyl dicarbonate，DMDC；CNS：17.033；INS：242）

分子式$C_4H_6O_5$，分子量139.09。化学上常用的为二甲基碳酸氢钠或二甲基焦碳酸氢钠（dimethyl dicarbonate or dimethyl pyrocarbonate）。商品名为维果灵（Velcorin，朗盛德国有限公司）。在生化实验中DMDC取代焦碳酸二乙酯作为RNA干扰试剂。其化学结构式为：

$$H_3C-O-\overset{O}{\underset{\|}{C}}-O-\overset{O}{\underset{\|}{C}}-O-CH_3$$

性状与性能：室温下为无色液体，稍有涩味，沸点172℃，低于17℃时凝固。20℃时密度$1.25g/cm^3$，闪点85℃，20℃时蒸气压0.07kPa。水中溶解度3.65%。目前商品纯度99.8%以上，如果不继续吸水，可以20～25℃下保存至少1年。

作用机理可能是抑制醋酸盐激酶（acetate kinase）和L-谷氨酸脱羧酶（L-glutamic acid decarboxylase）的活性，亦可能使乙醇脱氢酶和甘油醛-3-磷酸脱氢酶的组氨酸部分的甲氧羰基化（methoxycarbonylation）。

主要用于各类饮料，使用效果与水的反应速度有关，加入之后与水的反应很快完成，可以生成二氧化碳和甲醇，pH2～6，水解速度依H^+浓度，21℃时货架寿命3 min。在所有的水溶液中会发生水解，如在10℃时，260min后可完全水解；20℃，80min可完全水解，30℃，50min可完全水解。加入的96%以上均水解成二氧化碳和甲醇，每100份产品可产生65.7份二氧化碳和47.8份甲醇。虽然有卫生部公告2011年第19号规定有成品和杂质的测定办法，但加入饮料后此物无法确定其含量。

6.3.2　无机防腐剂

（1）二氧化碳及液体二氧化碳（carbon dioxide，二氧化碳CNS：17.014，INS：290）

二氧化碳分子式为CO_2，分子量44.0095，常温常压下为无色无味、无臭而略有酸味的气体。是空气的组分之一，也是一种常见的温室气体。二氧化碳的沸点为-78.5℃，密度比空气密度大（标准条件下），溶于水。属于酸性氧化物，具有酸性氧化物的通性，因与水反应生成的是碳酸，所以是碳酸的酸酐。在食品或饮料中因其加入后造成pH的改变及其弱氧化性可导致微生物被抑制。

液体二氧化碳，密度$1.101g/cm^3$，（-37℃）。液体二氧化碳蒸发时会吸收大量的热，当它放出大量的热时，则会凝成固体二氧化碳，俗称干冰。

二氧化碳溶于水后，水中pH值会降低，产生碳酸，会对水中生物产生毒性。二氧化碳对霉菌、酵母菌、肠杆菌等有害菌有明显的抑制作用，对乳酸菌的抑制作用不是特别明显。可延迟微生物进入生长期并减慢对数期的生长速度，从而延缓食品因微生物生长繁殖而导致的腐败变质现象。在同温同压下，二氧化碳的细胞渗透能力远超氧气，它能破坏细胞膜以及生物酶的结构和功能，从而导致细胞正常代谢受阻和病菌的生长繁殖受到干扰甚至破坏。除此之外，在密封包装中，当食品内部的二氧化碳浓度低于顶层时，顶层中部分二氧化碳将会被食物表面吸收并溶解于食物内，从而降低食品的pH达到抑制不耐酸的微生物生长的效果。

二氧化碳可用于除胶基糖果以外的其他糖果、饮料类、配制酒、其他发酵酒类（充气型）等，用量不受限制，可按生产需要适量使用。二氧化碳除了直接作为食品添加剂加入食品中，还是一种很常用的食品气调包装或活性包装的气体，可以降低氧气含量，抑菌等。在食品中应用二氧化碳也降低了在包装产品中使用防腐剂的需求，也是碳酸饮料中的重要组分。

（2）稳定态二氧化氯（stabilized chlorine dioxide，CNS：17.028，INS：926）

分子量67.45，其化学结构式为：

$$\text{O} \overset{\text{Cl}}{\underset{117.6°}{\diagup}} \text{O} \quad 147.3\text{pm}$$

性状与性能：常温常压下，ClO_2是一种黄绿色至橙色的气体，具有类似氯气的刺激性气味，空气中体积浓度超过10%时有爆炸性，熔点-59.5℃，沸点9.9℃。ClO_2易溶于水，在水中低温下有各种水合物，对热、光敏感，需避光、低温保存。二氧化氯是一种强氧化剂，与无机和有机化合物剧烈发生氧化还原反应，有很强的腐蚀性。具有广谱抗微生物作用。

稳定态ClO_2在活化剂存在时，在普通的条件下即可放出ClO_2。稳定态ClO_2有液态稳定性ClO_2水溶液、固体稳定性及凝胶状稳定性三种。使用时加入一定量的活化剂，释放出ClO_2气体，达到消毒杀菌的目的。

杀菌机理：依释放次氯酸分子和新生态氧（即氧原子）实现双重强氧化作用，使微生物机体内部组成蛋白质的氨基酸断链，破坏微生物的酶系统，从而杀灭病原微生物如致病菌、非致病菌、病毒、芽孢、各种异养菌、真菌、铁细菌、硫酸盐还原菌、藻类、原生动物、浮游生物等。对高等动物细胞结构基本无影响。

本品可用于表面处理的鲜水果和蔬菜、水产品及其制品（包括鱼类、甲壳类、贝类、软体类、棘皮类等水产品及其加工制品）（仅限鱼类加工）。水果、蔬菜的运输、贮存过程中易腐烂变质，使用粉末状ClO_2与缓释剂按1:1比例混合，置于水果纸箱、蔬菜仓库中，可杀灭致腐微生物，抑制细菌生长，而且与冷藏法相比价格低廉、使用方便，适用于大部分果蔬的保鲜保存。

稳定性ClO_2还大量用作消毒剂，用0.08g/kg稳定性ClO_2溶液浸泡可对食品加工设备管道、贮槽、混合槽进行消毒；用1g/kg的稳定性ClO_2可对奶牛的乳房、挤奶器、牛奶管道及贮罐消毒；在鱼类加工、家禽加工中可控制微生物污染。

6.3.3　果蔬保鲜剂或防霉剂

GB2760规定了大量的可以作为果蔬保鲜剂的化学防腐剂，除亚硫酸及其盐、二氧化氯外，2011版有乙氧基喹、仲丁胺、肉桂醛、乙萘酚、联苯醚、二苯基苯酚钠盐、4-苯基苯酚、2,4-二氯苯氧乙酸，去除了噻苯咪唑、五碳双缩醛（戊二醛）、十二烷基二甲基溴化铵（新洁尔灭）等。2014版则保留了2,4-二氯苯氧乙酸、肉桂醛、联苯醚（又名二苯醚）和乙氧基喹4种，简介如下。

（1）2,4-二氯苯氧乙酸（2,4-dichlorophenoxyacetic acid，CNS：17.027）

商品名2,4-D，分子式$C_8H_6O_3Cl_2$，分子量221.04。其化学结构式为：

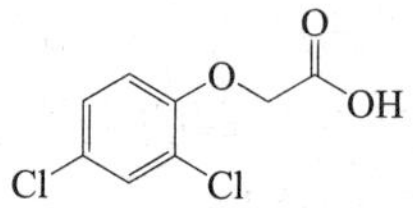

性状与性能：无色、白色或黄色粉末，无臭略带苯酚气味的固体。熔点141℃。易溶于乙醇、乙醚、丙酮、苯等有机溶剂，微溶于水（0.54g/100mL，20℃；0.90g/100mL，25℃）。水溶液呈酸性，受紫外线照射分解。

2,4-D是最广泛使用的锄草剂原料之一，自1946年商业生产以来，目前估计有1500多个锄草剂商品含有2,4-D，广泛用于玉米和豆类植物、松科植物及草坪的锄草。由于曾经是越南战争中著名的"橙剂"锄草剂的成分，目前仍有广泛的争议。事实上，在2,4-D的同系物2,4,5-T生产时可能会有微量的二噁英存在，而二噁英（2,7-二氯二苯并-二噁英）为极毒物质，世界卫生组织规定人体暂定每日允许摄入量为1～4pg/kg。早期的生产工艺得到的产品其二噁英含量一般在60mg/kg，但以目前最新工艺，可以将其量控制在0.005mg/kg以下，在2,4-D生产中污染则更少。另一方面2,4-D生产中可能会有2,7-二氯二苯并［1,4］二噁英存在，它的毒性与二噁英类似，目前不受美国环境保护署（EPA）跟踪。鉴于大量科学实验，2005年EPA仍批准2,4-D可用于生产，欧盟亦批准可用。但目前仍有一些国家和地区如瑞典、丹麦、挪威、科威特、加拿大魁北克省不准用，伯利兹国的乡下也不准用。加拿大有害物管理机构还未作出登记。

2,4-二氯苯氧乙酸主要用于果蔬外部浸泡或涂层保鲜处理，用量≤0.01g/kg，残留≤2.0mg/kg。对于柑橘类，它可保持果蒂的绿色。但在农业部的无公害食品标准NY/T 5015—2002柑橘生产规程中规定不准使用。此外本品对金属器具、皮肤均有一定的腐蚀性，在使用过程中应小心操作。

 概念检查6.3

○ 2,4-D还有其他的类似物应用吗？是否有禁止使用的规定？为什么？

（www.cipedu.com.cn）

（2）肉桂醛（cinnamaldehyde，CNS：17.012）

又名反式肉桂醛、桂醛、桂皮醛，化学名3-苯基丙烯醛（3-phenyl-2-propenal）。分子式C_9H_8O，分子量132.16。其化学结构式为：

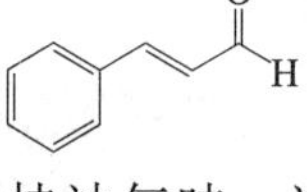

性状与性能：具有强烈的肉桂油气味，淡黄色油状液体。折射率（20℃）1.621～1.623，相对密度1.0497。沸点248℃，熔点-8℃。微溶于水（0.143g/100mL），溶于乙醇、乙醚、氯仿、油脂。在空气中易被氧化，要求酸值≤1.0%。抑菌效果不太受pH值的影响，对于酸性或碱性的物质，对黄曲霉、黑曲霉、交链孢霉、白地霉、酵母菌等有强烈抑菌作用，还可广泛应用于防腐防霉保鲜。

可按生产需要适量用于水果保鲜，残留量低于0.3mg/kg。其他使用参考及要求：贮藏柑橘使用含肉桂醛的包果纸，在贮藏后的柑橘中肉桂醛残留量为橘皮≤0.6mg/kg，橘肉≤0.3mg/kg。也可配成乳液浸果保鲜，或将乳液涂在包果纸或直接熏蒸进行保鲜。可作为食用香料的成分使用。

研究表明肉桂醛可能有一定的抗溃疡、加强胃肠道运动、促进脂肪分解、抗病毒、抑制肿瘤的发生并具抗诱变和抗辐射、扩张血管及降压作用等。肉桂醛作为口香糖的原料，可以起到杀菌除臭作用，可在短期内对口腔卫生产生积极影响。可用来掩饰口臭，能真正清除引起口臭的细菌。

（3）联苯醚（diphenyl ether，diphenyl oxide，CNS：17.022）

别名二苯醚，分子式$C_{12}H_{10}O$，$(C_6H_5)_2O$，分子量170.21。

性状与性能：无色结晶体或液体，类似天竺葵气味，蒸气压101.08kPa，闪点＞110℃，熔点27℃，沸点259℃。不溶于水、无机酸、碱液，溶于乙醇、乙醚等。相对密度（水=1）1.07～1.08，相对密度（空气=1）1.0。性质较稳定。遇高热、明火或与氧化剂接触，有引起燃烧的危险。燃烧（分解）产物为一氧化碳、二氧化碳和成分未知的黑色烟雾。本品仅可用于柑橘保鲜，用量3.0g/kg。残留量低于12mg/kg。

（4）乙氧基喹（ethoxy quin，CNS：17.010）

化学名6-乙氧基-1,2-二羟基-2,2,4-三甲基喹啉。分子式$C_{14}H_{19}NO$，分子量217.3。其化学结构式为：

性状与性能：熔点小于25℃，2 mmHg大气压时沸点123～125℃。外观为浅黄色或黄褐色黏稠液体，溶于油脂及多种有机溶剂。目前市场上主要用作饲料添加剂，常见的商品剂型主要有两种：一种是含量90%以上的黄褐色黏稠液体，另一种是含量为10%～66%的粉剂。我国目前仅用作水果保鲜，残留量1 mg/kg。

6.3.4 微生物来源的食品防腐剂

有些微生物菌株在生长代谢过程中会分泌抑菌物质，这些物质是良好的天然防腐剂，目前已发现有许多，商业化并被许多国家批准的有乳酸链球菌素、纳他霉素和ε-聚赖氨酸。

微生物防腐剂中最有前景和已商业化应用的为细菌素（bacteriocin），是由细菌代谢产生，对同种或近源种有特异性抑制杀菌作用的蛋白质或多肽物质。细菌素的来源很广，革兰氏阳性菌、阴性菌均可产生。主要用途是作为天然的食品防腐剂，但我国食品添加剂标准化技术委员会批准使用的由微生物产生的细菌素的防腐剂只有乳酸链球菌素。

细菌素常与抗生素混淆，抗生素（antibiotics）是微生物在代谢过程中产生的，在低浓度下能抑制他种微生物生长和活动，甚至杀死他种微生物的化学物质。细菌素主要运用于食品保藏，而抗生素主要用于医药卫生。细菌素和抗生素之间既有不同的地方，又有相似之处，在一些地方甚至出现了交叉的现象。细菌素与抗生素的主要差别在于它的窄抑菌谱和蛋白质本质；但也有的细菌素有较宽的抑菌谱，抗生素中也有一类是多肽类抗生素，这些都是它们交叉之处（表6-4）。常见的多肽类抗生素有杆菌肽、短杆菌肽S和多黏菌素E等，大多含有环状多肽链。

表6-4　细菌素与抗生素的区别

项目	细菌素	抗生素
化学本质	多肽及肽复合物	多为芳香烃及其衍生物
产生机制	染色体编码，由核糖体合成	次生代谢产生
抑菌谱	窄，大多对亲缘近种属作用	宽

续表

项目	细菌素	抗生素
抑菌机制	在靶细胞膜上形成孔道，造成内容物外泄或各种平衡机制失调	通过生化方法干扰菌类一种或多种代谢机能
毒理	不知道	已知
应用	食品工业	医药卫生
免疫原	有	无
靶细胞耐受性	没有发现	有耐药性

注：引自郝纯等，2004.

 概念检查 6.4

○ 细菌会对细菌素产生耐药性吗？

（www.cipedu.com.cn）

（1）乳酸链球菌素（Nisin，CNS：17.019，INS：234）

别名尼生素、乳链菌肽，是一种由乳酸链球菌合成的多肽抗菌类物质，分子式为$C_{143}H_{230}N_{37}S_7$，分子量3354。

性状与性能：溶解度随pH值上升而下降，pH值2.5时为12%，pH值5.0时为4%，中性、碱性时几乎不溶解。在酸性介质中具有较好的热稳定性，但随pH值的上升而下降。如pH值2时于121℃下维持30min仍有活性，pH值＞4时迅速分解。尼生素的抑菌pH值为6.5～6.8。可被肠道消化酶分解，具有很高的安全性。商品制剂常用国际单位（IU）表示，1IU相当于0.025mg纯的尼生素。

尼生素是一种有34个氨基酸残基的多肽，结构较复杂，其单体含有稀有氨基酸：脱氢氨基丁酸（DABA）、脱氢丙氨酸（DHA）、羊毛硫氨酸（ALA-S-ALA）和β-甲基羊毛硫氨酸，通过硫醚键形成五元环。在天然状态下主要有A型和Z型两种状态存在。

抑菌范围：革兰氏阳性菌及其芽孢，如抑制肉毒梭菌、金黄色葡萄球菌、溶血链球菌、李斯特氏菌、嗜热脂肪芽孢杆菌的生长和繁殖。对革兰氏阴性菌影响不大。可能是因为革兰氏阴性菌的细胞壁较复杂，仅能允许分子质量60Da以下的物质通过，乳酸链球菌素的分子量达到3354，因此无法到达细胞膜。

其抑菌机理仍在研究中，在多数情况下，乳链菌肽对细菌孢子的作用方式是抑菌而不是杀菌，当孢子萌发时，因对乳链菌肽敏感而被杀死，从而抑制了芽孢的萌发过程。通过分子模型分析了乳链菌肽与质膜之间的相互作用及其对磷脂的影响表明，乳酸链球菌素吸附在质膜上，其N末端比C末端更深入地插入脂肪层中，表明N末端和C末端具有不同的疏水特点。对乳链菌肽与不同的中性和负电性磷脂模型的研究结果表明，乳链菌肽扰乱了膜中脂肪，尤其是磷脂酰甘油的正常排列。对乳酸链球菌素与卵磷脂模型的作用方式研究表明，乳链菌肽可显著地改善二软脂酰-sn-甘油酰-3-卵磷脂的多层分散形态，而不会引起脂肪晶相的显著改变。乳链菌肽能显著地干扰膜的渗透性与膜结构。

（2）纳他霉素（Natamycin，CNS：17.030，INS：235）

也称那他霉素、游链霉素、匹马霉素、纳塔霉素等。一种多烯大环内酯类抗真菌剂。1955年Struky等首次从纳他尔链霉菌（*Streptomyces natalensis*）中分离得到。分子式$C_{33}H_{47}O_{13}$，分子量655.75。其化学结构式为：

性状与性能：外观呈白色或奶油色，无味，结晶性粉末。纳他霉素是一种两性物质，分子中有一个碱性基团和一个酸性基团，等电点为6.5，熔点为280℃。水中和极性有机溶剂中溶解度很低，不溶于非极性溶剂，室温下在水中的溶解度为30～100mg/L，且溶解度随pH值降低或升高而增加。在大多数食品的pH值（3～9）范围内，纳他霉素是非常稳定的。除pH值外，高温、紫外线、氧化剂及重金属等也会影响纳他霉素的稳定性。

纳他霉素几乎对所有的霉菌和酵母菌都有作用，抑菌作用比山梨酸强50倍左右，但对细菌和病毒无效。因此它在以霉菌败坏的食品行业有着广泛的应用前景。研究表明，大多数霉菌被质量浓度$(1.0～6.0)×10^{-3}$mg/L的纳他霉素所抑制，极个别的霉菌在质量浓度$(1.0～2.5)×10^{-2}$被抑制；大多数酵母菌在$(1.0～5.0)×10^{-3}$时被抑制。

纳他霉素的作用机制是通过和细胞膜中的甾醇，尤其是麦角甾醇形成一种复合体，使细胞膜通透性发生改变从而杀死细胞。对细胞膜中无甾醇的有机体无效。

（3）ε-聚赖氨酸及其盐酸盐（ε-polylysine and ε-polylysine hydrochloride，CNS：17.037，INS：—）

一种含有25～30个赖氨酸单体残基的同型单体聚合物，它通过赖氨酸残基的α-羧基和ε-氨基形成的酰胺键连接而成，故称为ε-聚赖氨酸。作为食品保鲜剂的典型产品，ε-聚赖氨酸具有30个赖氨酸单体，分子式$C_{180}H_{362}N_{60}O_{31}$，分子量约4700。其化学结构式为：

分子量根据其赖氨酸单体数（n）的不同，可按以下公式计算：

$$分子量 = [1461.19×n] - [181.02×(n-1)]$$

性状与性能：纯品为淡黄色粉末，吸湿性强，水溶性好，微溶于乙醇，略有苦味。其理化性质稳定，对热（120℃，20min或100℃，30min）稳定，热处理后聚合物长度不变。$n=25～30$的ε-聚赖氨酸其等电点为9左右。

ε-聚赖氨酸呈高聚合多价阳离子态，它能破坏微生物的细胞膜结构，引起细胞的物质、能量和信息传递中断，所有合成代谢受阻，活性的动态膜结构不能维持，代谢方向趋于水解，最后发生细胞自溶。还能与胞内的核糖体结合影响生物大分子的合成，最终导致细胞死亡。

作为新型的营养型天然食品防腐剂，ε-聚赖氨酸已于2004年被FDA批准为GRAS。我国于2014年4月批准ε-聚赖氨酸及其盐酸盐作为食品防腐剂。在20000mg/kg，无明显的组织病理变化，也观察不到可能的致癌性。它对人体无毒无害，它在肠道内可自动解聚为有一定营养作用的氨基酸。ε-聚赖氨酸最突出的特点在于广谱抗菌性而用作食品保鲜剂，从畜肉类、家禽、海产品到面包、饼干、大米及制品、调味

6.3.5　其他类食品防腐剂

（1）溶菌酶（lysozyme，CNS：17.035，INS：1105）

溶菌酶（EC 3.2.1.17）是一种专门作用于微生物细胞壁的水解酶。它能够破坏微生物细胞壁的 N-乙酰氨基葡萄糖和 N-乙酰胞壁酸之间的 β-1,4-糖苷键，分解不溶性黏多糖为可溶性糖肽，所以又称胞壁质酶或 N-乙酰胞壁质聚糖水解酶。在食品中，溶菌酶可选择性地使目标微生物细胞壁溶解，致使内容物流出，从而使其失去生理活性。它还可与带负电荷的病毒蛋白结合，与脱辅基蛋白、DNA、RNA 合成复盐，使病毒失活。溶菌酶来源较为广泛，除可从动物、植物及微生物中获得，已有较多基因工程重组溶菌酶（DNA重组）的报道。根据来源不同，可将其分为植物、动物、微生物和噬菌体溶菌酶，其中动物溶菌酶又可分为C型（鸡蛋清溶菌酶）、G型（鹅蛋清溶菌酶）和I型（无脊椎动物溶菌酶）。GB 2760—2014仅批准为干酪和再制干酪及其类似品，按需添加。

天然溶菌酶主要作用于革兰氏阳性细菌，而对革兰氏阴性菌效果不明显，原因是革兰氏阴性菌细胞壁中肽聚糖含量很少，并被脂多糖类物质包裹。应用时注意不同来源的溶菌酶的最适作用条件各不相同。

（2）过氧化氢（hydrogen peroxide，CNS：17.020，INS：251）

别名双氧水，分子式 H_2O_2，分子量34.02。

性状与性能：无色透明溶液，无臭或略有刺激性臭，纯品（100%）呈糖浆状，不稳定，相对密度1.463，熔点-89℃，沸点152℃。可与水任意混溶，溶于乙醚，不溶于石油醚。可被许多有机物分解，光、热促进其分解，产生氧，具有爆炸性。遇碱、过氧化物酶等分解成水和氧，有强氧化力。

过氧化氢具有很好的杀菌效果，大量作为无菌包装的薄膜及容器的杀菌，近年来更是采用其蒸气干热杀菌作为容器等的表面杀菌。作为食品添加剂，GB2760—2006版规定在东北和内蒙古等地可直接用于生乳中，2011年则取消其应用。GB2760—2014将其作为加工助剂，在中国不能直接加入食品中。

 参考文献

[1] Leistner L, Gould G W. Hurdle Technologies Combination Treatments for Food Stability, Safety and Quality[M]. New York：Kluwer Academic/Plenum Publishers, 2002.

[2] 张俭波, 张霁月, 王华丽. 国内外食品添加剂法规标准比对分析[M]. 北京: 中国标准出版社, 2019.

[3] 高彦祥. 食品添加剂[M]. 2版. 北京: 中国轻工业出版社, 2019.

[4] 卢晓黎, 赵志峰. 食品添加剂: 特性、应用及检测[M]. 北京: 化学工业出版社, 2014.

[5] Titus A M M. The chemistry of food additives and preservatives.Oxford[M]. Ames Iowa：Wiley-Blackwell, 2013.

[6] 段杉, 等. 新型食品防腐剂[J]. 中国食品添加剂, 2002（4）: 62-65.

[7]　郝利平, 夏延斌, 陈永泉, 等 . 食品添加剂 [M]. 北京: 中国农业大学出版社, 2002.

[8]　林春绵, 除明仙 . 精细化学品大全: 食品和饲料添加剂卷 [M]. 杭州: 浙江科技出版社, 2000.

[9]　曾名湧, 董士达 . 天然食品添加剂 [M]. 北京: 化学工业出版社, 2005.

[10]　胡国华 . 复合食品添加剂 [M]. 北京: 化学工业出版社, 2006.

[11]　凌关庭, 等 . 食品添加剂手册 [M]. 2 版 . 北京: 化学工业出版社, 1997.

[12]　刘程, 周汝忠 . 食品添加剂实用大全 [M]. 北京: 北京大学出版社, 1994.

[13]　天津轻工业学院食品工业教学研究室编 . 食品添加剂 [M]. 2 版 . 北京: 中国轻工业出版社, 2006.

[14]　万素英, 等 . 食品防腐和食品防腐剂 [M]. 北京: 中国轻工业出版社, 2008.

[15]　贾士儒 . 生物防腐剂 [M]. 北京: 中国轻工业出版社, 2009.

[16]　Jim Smith. Food Additives Databook[M]. Ames Iowa: Wiley-Blackwell, 2011.

 ## 总结

- 食品防腐剂是指能防止或延缓食品腐败的食品添加剂。
- 成为食品防腐剂的化学品应性质稳定, 在较低浓度下有抑菌或杀菌作用, 本身无刺激味和异味, 使用方便等。
- 防腐剂的分类复杂, 依来源分有天然 (植物、动物和微生物来源) 和合成的。以合成的商业化应用较多。
- 化学防腐剂可分成有机 (如苯甲酸及其盐类、山梨酸及其盐类、对羟基苯甲酸及其酯类、乳酸等有机物) 和无机 (如二氧化碳、游离氯及次氯酸盐、硝酸和亚硝酸盐类、亚硫酸及其盐类等)。
- 防腐剂还依其功能习惯性地称为抑菌剂、防霉剂、果蔬保鲜剂等。
- GB2760—2014共列出20种防腐剂。其中用于果蔬保鲜剂的有4种, 另有防腐剂功能但分布在其他类别的有 7 种。美国允许使用的食品防腐剂有50余种, 日本有40余种。

课后练习

1. 一种化学品作为食品防腐剂需具备哪些最基本的要求?
2. 常见食品防腐剂对微生物的抑制机制有哪些?
3. 食品加工中使用防腐剂需注意些什么?
4. 使用山梨酸及其盐类要注意些什么?
5. 试比较苯甲酸及其盐与山梨酸及其盐的类同与区别。
6. 总结饮料类、糕点类、果蔬制品、肉制品等食品可使用的常用食品防腐剂。酒类可用哪些防腐剂?

题1~6答题思路

（www.cipedu.com.cn）

7 食品抗氧化剂

○○ ── ○○ ○ ○○

　　超市里的食用油和芝麻酱标签上标有维生素 E 或 BHA。真空包装的瓜子和米饼有特丁基对苯二酚。方便面有 BHA（丁基羟基茴香醚）和 BHT（二丁基羟基甲苯）。这些是什么？它们是干什么的？为什么要添加它们？

 为什么要知道食品抗氧化剂?

氧化是食品变质的主要原因之一,不仅导致食品中的油脂劣变,而且导致食品褐色、变色及破坏维生素等营养成分,甚至还产生"哈味"或有害成分。食品工业为防止食品在贮运过程中氧化变质,保障食品的安全性、营养性和享受性,就需要添加食品抗氧化剂。

学习目标

○ 抗氧化剂的作用机理。
○ 目前食品中常用人工合成的和天然的抗氧化剂种类及优缺点。
○ 选择人工合成、天然抗氧化剂时需考虑的因素。
○ 抗氧化剂的结构与其抗氧化能力的关系。
○ 抗氧化剂使用技术。
○ 了解具有较高营养价值的多肽类抗氧化剂的相关知识。

氧化作用是食品加工和保藏过程中所遇到的最普遍的现象之一。食品被氧化后,不仅色、香、味等方面会发生不良的变化,还可能会产生有毒有害的成分。抗氧化剂就是能防止或延缓油脂或食品成分氧化分解、变质,提高食品稳定性的物质。虽然冷冻、真空包装等方法可延缓食品氧化变质,但使用抗氧化剂仍然是防止食品氧化变质的简便有效技术;另外,有些抗氧化剂还赋予食品新的功能。

抗氧化剂可按不同的标准进行分类。按其来源可分为人工合成的和天然的抗氧化剂;按其作用方式可分为自由基清除剂、金属离子螯合剂、氧清除剂、氢过氧化物分解剂、酶抗氧化剂、紫外线吸收剂或单线态氧猝灭剂等。

7.1　抗氧化剂的作用机理

抗氧化剂的作用机理比较复杂,存在着多种可能性。有的抗氧化剂是由于本身极易被氧化,首先与氧反应,消耗了食品体系中氧,从而保护了食品免受氧化造成的损失,如维生素E、抗坏血酸等。有的抗氧化剂可以释放氢离子将油脂在自动氧化过程中所产生的过氧化物还原,使其不能形成醛或酮的产物,如硫代二丙酸二月桂酯等。有些抗氧化剂可能与其所产生的过氧化物结合,形成氢过氧化物,使油脂氧化过程中断,从而阻断氧化过程的进行,而本身则形成抗氧化剂自由基,但抗氧化剂自由基可形成稳定的二聚体,或与过氧化自由基ROO·结合形成稳定的化合物,如BHA、BHT、TBHQ、PG、TP等。

脂类的氧化反应是自由基的连锁反应，如果能消除自由基，就可以阻断氧化反应。自由基吸收剂就是通过与脂类自由基特别是与ROO·反应，将自由基转变成更稳定的产物，从而阻止脂类氧化。

某些过渡性金属元素如铜、铁等可以引发脂质氧化，从而加快脂类氧化的速度。因此，那些能与金属离子螯合的物质，就可以作为抗氧化剂。如乙二胺四乙酸二钠、EDTA、磷酸衍生物和植酸等都可以与金属离子形成稳定的螯合物。

氧清除剂是通过除去食品中的氧来延缓氧化反应的发生，主要包括抗坏血酸、抗坏血酸棕榈酸酯、异抗坏血酸及其钠盐等。当抗坏血酸清除氧后，本身就被氧化成脱氢抗坏血酸。

单线态氧易促使脂类成分氧化。β-胡萝卜素等单线态氧猝灭剂能够将单线态氧（激发态）变成三线态氧（基态）：

$$^1O_2 + \beta\text{-胡萝卜素} \longrightarrow \beta\text{-胡萝卜素} + {}^3O_2$$

β-胡萝卜素能消除单线态氧的氧化作用，从而起到抗氧化作用。

7.2 合成抗氧化剂

合成抗氧化剂在抗氧化剂中占主导地位，具有添加量少、抗氧化效果好、化学性质稳定及价格便宜等特点。下面介绍几种常用的合成抗氧化剂。

7.2.1 没食子酸丙酯

没食子酸丙酯（propyl gallate，PG；CNS：04.003；INS：310），又名倍酸丙酯、3,4,5-三羟基苯甲酸丙酯，分子式$C_{10}H_{12}O_5$，分子量212.21，化学结构式为：

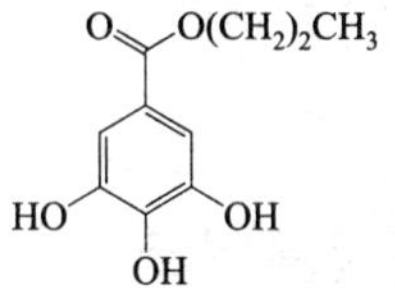

性状与性能：白色至浅褐色结晶粉末，或微乳白色针状结晶。无臭，微有苦味，水溶液无味。由水或含水乙醇可得到1分子结晶水的盐，在105℃失去结晶水变为无水物，熔点146～150℃。PG较难溶于水（0.35g/100mL，25℃），微溶于棉籽油（1.0g/100mL，25℃）、花生油（0.5g/100mL，25℃）、猪脂（10g/100mL，25℃）。其0.25%水溶液的pH值5.5左右。

PG是由没食子酸和正丙醇酯化而成的白色或微褐色结晶性粉末，其酚酸及其烷基酯赋予它很强的抗氧化活性，微溶于油脂，在油脂中溶解度随其烷基链长度增加而增大，是我国允许使用的一种常用的油脂抗氧化剂。它能阻止脂肪氧合酶酶促氧化，在动物性油脂中抗氧化能力较强，与增效剂柠檬酸复配使用时，抗氧化能力更强；与BHA、BHT复配使用时抗氧化效果尤佳；遇铁离子易出现呈色反应，产生蓝黑色；有吸湿性，对光不稳定，发生分解，耐高温性差，在食品焙烤或油炸过程中迅速挥发掉。

PG使用时应注意，当其达0.01%时即能自动氧化着色，故一般不单独使用，而与BHA复配使用，或与柠檬酸、异抗坏血酸等增效剂复配使用。与其他抗氧化剂复配使用量约为0.005%时，即有良好的抗氧化效果。

7.2.2　丁基羟基茴香醚

丁基羟基茴香醚（butyl hydroxy anisol，BHA；CNS：04.001；INS：320），又名叔丁基-4-羟基茴香醚、丁基大茴香醚，分子式$C_{11}H_6O_2$，分子量180.25。BHA 是 3-BHA 和 2-BHA 两种异构体的混合物，其中 3-BHA 占90%。化学结构式为：

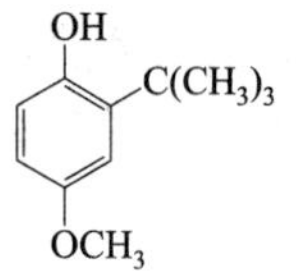

$$\text{2-BHA} \qquad \text{3-BHA}$$

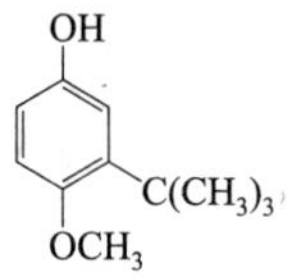

性状与性能：白色或微黄色蜡样结晶性粉末，带有酚类的特异臭气和刺激性的气味。熔点48～63℃，随混合比不同而异。不溶于水，易溶于乙醇（25g/100mL，25℃）、甘油（1g/100mL，25℃）、猪油（50g/100mL，50℃）、玉米油（30g/100mL，25℃）、花生油（40g/100mL，25℃）和丙二醇（50g/100mL，25℃）。3-BHA的抗氧化效果比2-BHA强1.5倍，两者合用有增效作用。用量为0.02%时比0.01%的抗氧化效果增强10%，超过0.02%时效果反而下降。不会与金属离子作用而着色。除抗氧化作用外，还有相当强的抗菌力。

BHA对动物性脂肪的抗氧化作用较之不饱和植物油更有效。它对热较稳定，在弱碱条件下也不容易被破坏，因此具有持久的抗氧化能力，尤其是对使用动物脂的焙烤制品。可与碱金属离子作用而呈粉红色。具一定的挥发性，能被水蒸气蒸馏，故在高温制品中，尤其是在煮炸制品中易损失。

有研究证明,BHA的抗氧化效果以用量0.01%～0.02%为好。0.02%比0.01%的抗氧化效果约提高10%，但超过0.02%时抗氧化效果反而下降。在使用时要严格控制加量。

7.2.3　二丁基羟基甲苯

二丁基羟基甲苯（butyl hydroxy toluene，BHT；CNS：04.002；INS：321），又名2,6-二丁基对甲酚，分子式$C_{15}H_{24}O$，分子量220.35，化学结构式为：

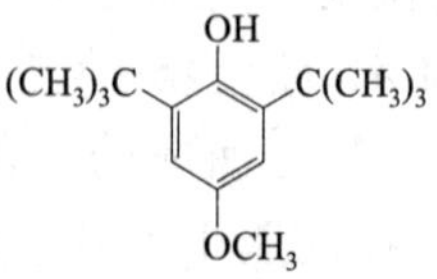

性状与性能：无色结晶或白色晶体粉末，无臭味或有很淡的特殊气味，无味。熔点69.5～71.5℃（69.7℃，纯品），沸点265℃。化学稳定性好，对热相当稳定，抗氧化效果好，与金属离子反应不变色。它不溶于水和丙二醇，易溶于大豆油（30g/100mL，25℃）、棉籽油（20g/100mL，25℃）、猪油（40g/100mL，50℃）、乙醇（25%）、丙酮（40%）、甲醇（25%）、苯（40%）、矿物油（30%）。BHT稳定性高，抗氧化能力强，遇热抗氧化能力也不受影响，不与铁离子发生反应。BHT可以用于油脂、焙烤食品、油炸食品、谷物食品、奶制品、肉制品和坚果、蜜饯中。对于不易直接拌和的食品，可溶于乙醇后喷雾使用。

BHT价格低廉，为BHA的1/5～1/8。

　　BHT用于精炼油时，应该在碱炼、脱色、脱臭后，在真空下油品冷却到12℃时添加，才可以充分发挥BHT的抗氧化作用。此外还应保持设备和容器清洁，在添加时应先用少量油脂溶解，柠檬酸用水或乙醇溶解后再借真空吸入油中搅拌均匀。

7.2.4　特丁基对苯二酚

　　特丁基对苯二酚（tertiary butylhydroquinone，TBHQ；CNS：04.007；INS：319），又名叔丁基对苯二酚、叔丁基氢醌，分子式$C_{10}H_{14}O_2$，分子量166.22，化学结构式为：

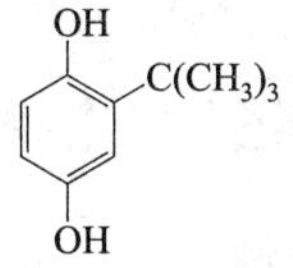

　　性状与性能：白色或浅黄色的结晶粉末，不与铁或铜形成络合物。熔点126～128℃。微溶于水。在许多油和溶剂中它都有足够的溶解性：TBHQ溶于乙醇（60g/100mL，25℃）、丙二醇（30g/100mL，25℃）、棉籽油（10g/100mL，25℃）、玉米油（10g/100mL，25℃）、大豆油（10g/100mL，25℃）、猪油（5g/100mL，50℃），而在椰子油、花生油中易溶。TBHQ的抗氧化活性相等或稍优于BHT、BHA或PG。TBHQ的溶解性能与BHA相当，超过BHT和PG。TBHQ对其他的抗氧化剂和螯合剂有增效作用。

　　TBHQ在多数情况下对大多数油脂，尤其是植物油，较其他抗氧化剂具有更有效的抗氧化稳定性。此外，它不会因遇到铜、铁而发生颜色和风味方面的变化，只有在有碱存在时才会转变为粉红色。对蒸煮和油炸食品有良好的持久抗氧化能力，但在焙烤制品中的持久力不强，除非与BHA合用。在植物油、膨松油和动物油中，TBHQ一般与柠檬酸结合使用。总之，TBHQ最有意义的性质是在其他的酚类抗氧化剂都不起作用的油脂中有效，柠檬酸的加入可增强其抗氧化活性。

7.2.5　硫代二丙酸二月桂酯

　　硫代二丙酸二月桂酯（DIlauryl thiodipropionate，DLTP；CNS：04.012；INS：389），分子式$C_{30}H_{58}O_4S$，分子量514.85，化学结构式为：

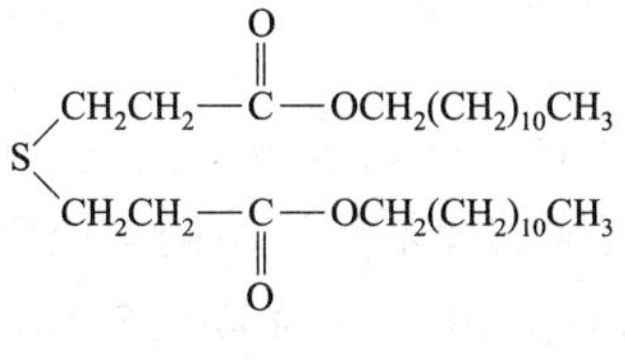

　　性状与性能：白色结晶片状或粉末，有特殊甜味，似酯类臭，不溶于水，溶于多数有机溶剂。已证明这些硫醚类物质是一种新型、高效、低毒抗氧化剂，能有效分解油脂自动氧化链反应中氢过氧化物，从而中断自由基链反应进行。DLTP与TDPA之间具有协同作用，利用其复配，既可提高抗氧化效能，又可提高油溶性。

　　DLTP可用于脂肪、油和乳化脂肪制品。单独使用不如没食子酸丙酯、丁基羟基茴香醚、BHT效果好。应与其他脂溶性抗氧化剂结合使用。

7.2.6　4-己基间苯二酚

　　4-己基间苯二酚（4-hexylresorcinol，CNS：04.013，INS：586），又名2,4-二羟基己基苯、己雷锁辛、

4HR，分子式$C_{12}H_{18}O_2$，分子量194.28。化学结构式为：

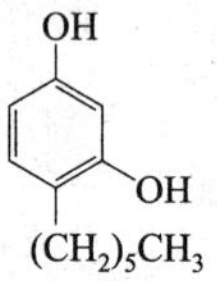

$$\begin{array}{c} OH \\ \end{array}$$

性状与性能：白色、黄色针状结晶，有弱臭，强涩味，对舌头产生麻木感。遇光、空气变淡棕粉红色。微溶于水、乙醇、甲醇、甘油、醚和植物油中。

虾类黑变主要是机体存在的多酚氧化酶催化反应所致。本品可防止多酚氧化酶催化，保持虾、蟹等甲壳水产品在贮存过程中色泽良好不变黑。

7.2.7　乙二胺四乙酸二钠钙

乙二胺四乙酸二钠钙（calcium disodium ethylene-diamine-tetra-acetate，CNS：04.020，INS：385），又名依地酸钠钙、EDTA钙钠盐。分子式$C_{10}H_{12}CaN_2Na_2O_8 \cdot 2H_2O$，分子量374.27。化学结构式为：

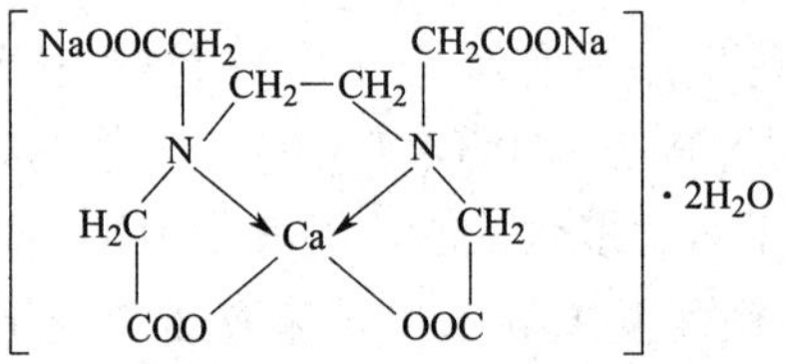

性状和性能：白色结晶颗粒或白色至灰白色粉末。无臭，微带咸味。稍吸湿，空气中稳定。易溶于水，几乎不溶于乙醇。

实际应用时，利用EDTA的络合作用来防止由金属引起的变色、变质、变浊及维生素C的氧化损失。本品与磷酸盐有协同作用。作为水处理剂，可防止水中存在的钙、镁、铁、锰等金属离子带来的不良影响。本品能与微量金属离子络合，具有提高油脂抗氧化及防止食品变色的作用。

7.2.8　羟基硬脂精

羟基硬脂精（oxystearin，CNS：00.017，INS：387），又名氧化硬脂精。羟基硬脂精根据其羟基数目不同，相应的分子式也不同，如三羟基硬脂精的分子式为$C_{57}H_{110}O_9$，分子量为374.55518，化学结构式为：

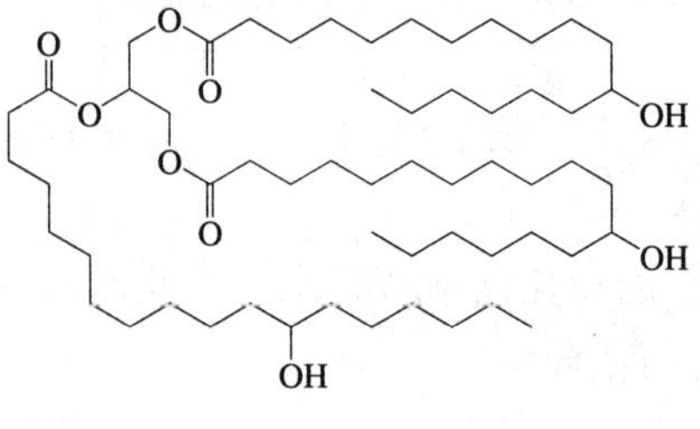

性状和性能：棕黄至浅棕色脂状或蜡状物质，口味醇和，溶于乙醚、己烷和氯仿。

食品添加剂羟基硬脂精是部分氧化的硬脂酸和其他脂肪酸的甘油酯的混合物，它除具有抗氧化作用外，还可用于植物油、色拉油和烹调油等产品的抗结晶剂、螯合剂和消泡剂。

概念检查 7.1

○ 人工合成抗氧化剂为什么具有抗氧化作用？

7.3　天然抗氧化剂

化学合成的抗氧化剂在同类产品中虽占有主导地位，但人们对合成抗氧化剂可能对人体健康的影响心存疑虑。

由于发现BHA对大鼠前胃有致癌作用，日本自1982年5月起，规定BHA只准用于加工原料用的棕榈油和棕榈仁油（不准直接食用）中。FAO/WHO认为，仅大剂量BHA才会使大鼠前胃致癌，人体不存在前胃，但在人的胃、咽喉和食道中存在着类似的前胃细胞，有可能成为致癌的靶的。另外，还有报道BHA对某些人是一种过敏原，或者会引起人体脂肪代谢的不平衡。

BHT在高温下不稳定，因此，在油炸、焙烤等食品中的应用受到限制。研究发现，大剂量的BHT对人体的有害作用涉及多方面，包括抑制人体呼吸酶活性、引起皮疹、导致肝脏肿大和引起肿瘤等。

PG等能够导致某些人患胃炎和皮肤炎，引发哮喘和对阿司匹林过敏。还有报道称，大剂量（1.17%～2.34%）长期饲养大鼠后可以发生肾脏损害、发育受阻、红细胞和白细胞数异常等现象。

尽管上述所说的合成抗氧化剂对人体的各种不利作用都是在大剂量下产生的，在低剂量时，合成抗氧化剂是安全的，但这并不能消除人们对合成抗氧化剂的疑虑。

大量研究发现，甘草、茶叶、迷迭香、鼠尾草、姜等提取物具有较强抗氧化作用。目前各国已经批准作为抗氧化剂使用的天然提取物将近50种。但是，目前所发现的大多数天然抗氧化提取物均是混合物，其中包括许多与抗氧化作用无关的物质。例如，芝麻不皂化物中既存在有抗氧化效果的芝麻酚、芝麻林素、芝麻林素酚及芝麻素酚等成分，也存在没有抗氧化能力的芝麻素、蜡质及树脂等成分，如果将这些成分完全分离，则不仅需要现代分离技术，而且需要很高的成本。另外，天然抗氧化剂易被氧化变色，影响食品外观。这些在某种程度上阻碍天然抗氧化剂的快速发展。尽管如此，由于许多天然抗氧化剂都具有猝灭自由基的作用，因此，除了能够抗氧化以外，还具有很好的有益健康作用，如天然维生素E对癌症、循环系统疾病和老年病等的预防效果显著，多酚类化合物对心血管疾病有较好的防治作用等。另外，有些天然抗氧化剂，除具有抗氧化作用外，还有多种食品功能特性，如茶多酚具有抑菌作用，维生素C还可用作面粉处理剂。

7.3.1　L-抗坏血酸类抗氧化剂

7.3.1.1　L-抗坏血酸（asorbic acid，CNS：04.014，INS：300）

又名维生素C，L-抗坏血酸的化学结构式为：

$$\begin{array}{c} CH_2OH \\ H-C-OH \\ | \\ H \\ OH\ OH \end{array} O$$

性状与性能：L-抗坏血酸及其盐的性质见表7-1。强还原性，由于分子中有乙二醇结构，性质极活泼，易受空气、水分、光线、温度的作用而氧化、分解。特别是在碱性介质中或有微量金属离子存在时，分解更快。

表7-1　L-抗坏血酸及其盐的性质

项目	L-抗坏血酸	L-抗坏血酸钠	L-抗坏血酸钙
分子量	176.13	198.11	426.34
外观	白色结晶粉末	白色至浅黄色结晶粉末	白色至浅黄色结晶性粉末
熔点/℃	190～192	约220	166
气味	酸味	肥皂味	无

7.3.1.2　D-异抗坏血酸及其钠盐［D-isoascorbic acid（erythorbic acid），sodium D-isoascorbate；CNS：04.004，04.018；INS：315，316］

性状与性能：白色至浅黄色结晶体或结晶粉末。无臭，异抗坏血酸味酸，钠盐略有咸味。光线照射下逐渐发黑。干燥状态下，在空气中相当稳定，但在溶液中并有空气存在情况下，迅速被氧化。于164～172℃熔化并分解。化学性质类似于抗坏血酸，但几乎没有抗坏血酸的生理活性。抗氧化性较抗坏血酸强，价格较廉，但耐光性差。有强还原性，遇光则缓慢着色并分解，重金属离子会促进其分解。极易溶于水（40g/100mL）、乙醇（5g/100mL，异抗坏血酸），钠盐几乎不溶于乙醇。难溶于甘油，不溶于乙醚和苯。

异抗坏血酸及其钠盐可用于抗氧化、防腐、助发色。根据使用食品的类别，选用异抗坏血酸或其钠盐。例如，异抗坏血酸及其钠盐能够防止肉类制品、鱼类制品、鲸油制品、鱼贝腌制品、鱼贝冷冻品等变质，以及由鱼的不饱和脂肪酸产生的异臭；与亚硝酸盐、硝酸盐联合使用也可提高肉类制品的发色效果；防止果汁等饮料氧化变质和果蔬罐头褐变。

7.3.1.3　L-抗坏血酸棕榈酸酯（ascorbyl palmitate，paimitoyl L-ascorbic acid；CNS：04.011；INS：304）

又名软脂酸L-抗坏血酸酯，分子式$C_{22}H_{38}O_7$，分子量414.54，为脂溶性维生素C衍生物。化学结构式为：

$$H_{31}C_{15}COO \diagdown \quad O \diagup \diagdown O$$
$$OH$$
$$OH\ OH$$

性状与性能：白色或黄色粉末，略有柑橘气味，难溶于水，溶于植物油，易溶于乙醇（1g溶于约4.5mL乙醇中），熔点107～117℃。

7.3.2　维生素E

维生素E（DL-α-生育酚，D-α-生育酚，混合生育酚浓缩物，vitamine E，DL-α-tocopherol，D-α-tocopherol，mixed tocopherol concentrate，CNS：04.016，INS：307c），又名生育酚、V_E。生育酚是色满（苯并二氢呋喃）的衍生物，由一个具氧化活性的6-羟基环和一个类异戊二烯侧链构成，根据苯环上甲基数及位置，具有α、β、γ、δ 4种异构体。天然维生素E中除含有上述4种异构体外，还有α-、β-、γ-、δ-生育三烯酚，生育三烯酚分子侧链的3′、7′、11′位各具有一个双键。化学结构式为：

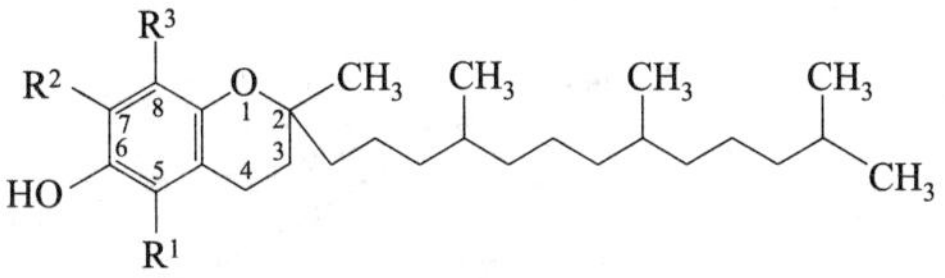

化合物	R¹	R²	R³
α-生育酚	CH₃	CH₃	CH₃
β-生育酚	CH₃	H	CH₃
γ-生育酚	H	CH₃	CH₃
δ-生育酚	H	H	CH₃

性状与性能：淡黄色油状液体，具有脂溶性，易溶于乙醇，可溶于丙醇、氯仿、乙醚、植物油，对热稳定。生育酚混合浓缩物在空气及在光照下，会缓慢变黑，但耐光照、耐紫外线、耐放射线的性能较BHA和BHT强。在较高的温度下，有较好的抗氧化性能。可防止维生素A及β-胡萝卜素在紫外线照射下分解。近年来研究结果表明，生育酚还有阻止咸肉中产生致癌物亚硝胺的作用。

7.3.3　茶多酚

茶多酚（tea polyphenols，TP；CNS：04.005），又名维多酚，是茶叶中儿茶素类、黄酮及其衍生物、茶青素类、酚酸和缩酚酸类化合物的复合体，其中儿茶素类约占总量的80%。已经明确结构的儿茶素类有14种，主要包括儿茶素（C）、表儿茶素（EC）、表没食子儿茶素（EGC）、表儿茶素没食子酸酯（ECG）、表没食子儿茶素没食子酸酯（EGCG）等。化学结构式为：

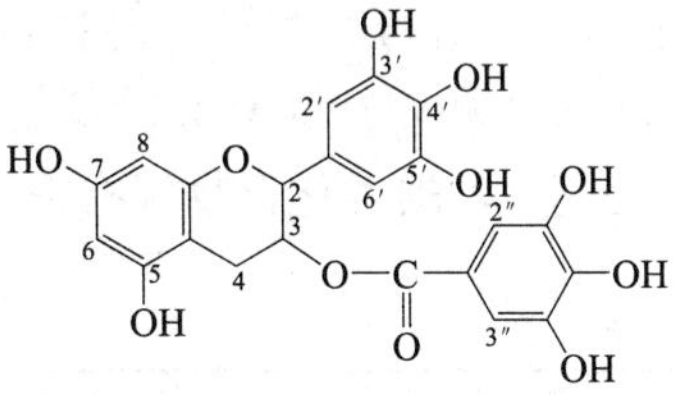

EGCG

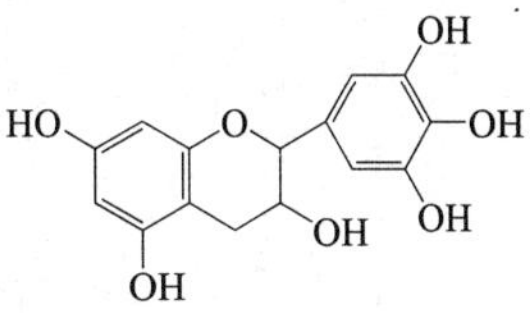

EGC

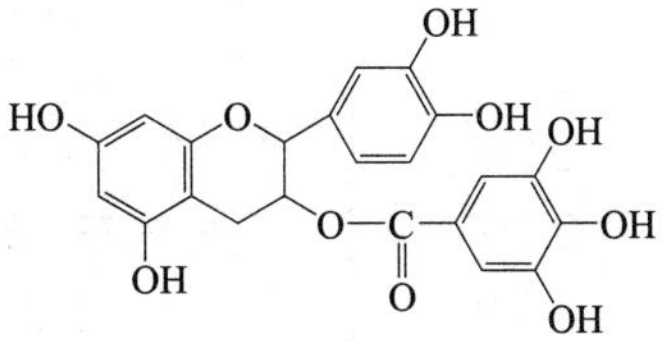

ECG

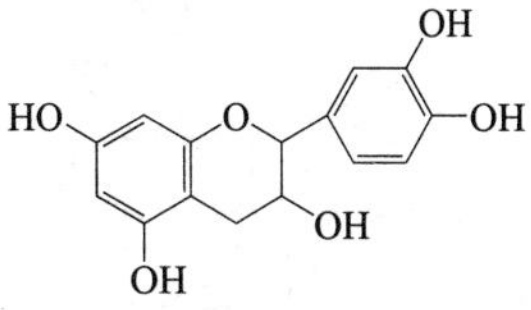

EC

性状和性能：TP的颜色依据其纯度不同而不同，纯品为白色，多为淡黄至茶褐色、灰白色粉状固体，略带茶香，有较强的涩味。易溶于水、乙醇、乙酸乙酯，微溶于油脂。对酸较稳定，在160℃油脂中加热30min降解20%。在pH2.0～8.0之间较稳定，pH大于8.0时在光照下易氧化聚合。遇铁变绿黑色络合物。TP的水溶液pH为3.0～4.0，在碱性条件下易氧化褐变。

研究表明，TP的抗氧化性与其种类和使用对象等因素有关。在猪油和色拉油中，TP的抗氧化能力要

强于 BHA 和 V_E。据测定，TP 抗氧化能力为生育酚的 10～20 倍，为 BIIT 的 2～5 倍，但只有 TBHQ 的 $\frac{1}{2}$。TP 中各个组分的抗氧化能力存在差异，其抗氧化性的顺序是：EC＜ECG＜EGC＜EGCG。另外，在猪油中，EGCG 还对抗坏血酸、V_E、柠檬酸和酒石酸等起增效作用。不同种类的酸对 TP 稳定性的保护作用不同，其中柠檬酸几乎无保护作用，但添加 0.2mg/mL 抗坏血酸可显著地改善绿茶 TP 稳定性（图 7-1）。

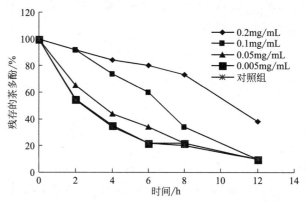

图 7-1 不同浓度的抗坏血酸对 TP 稳定性的影响

　　从图 7-1 可知，当抗坏血酸的浓度增加到 0.1～0.2mg/mL 时，TP 的稳定性将得到显著改善。另外，TP 的稳定性并不是随 pH 的下降而增加，因为同在 0.5mg/mL 的浓度下，柠檬酸的 pH 值（7.28）比抗坏血酸的 pH 值（7.38）低，但是对 TP 的保护作用却正好相反。说明抗坏血酸对 TP 稳定性的保护，只是还原作用，提供质子使 TP 以自由基的形式再生。此外，抗坏血酸可以使 TP 溶液体系中的溶解氧水平降低。

　　儿茶素的抗氧化活性与其结构、pH 及金属离子等因素也有很大的关系（表 7-2）。联苯酚类化合物的抗氧化性取决于羟基的位置（邻、间、对），抗氧化性顺序是儿茶酚＞氢醌＞间苯二酚。含有三个羟基的化合物，其抗氧化性顺序为：联苯三酚＞偏苯三酚＞均苯三酚。所以，含有邻羟基的化合物表现出高的抗氧化活性。另一方面，羧基取代羟基后，酚类化合物仅有很小的抗氧化性。

表 7-2 酚类化合物和儿茶素的抗氧化性

种类	R'_p/R_p	种类	R'_p/R_p
苯酚	0.988	2,3-二羟基苯甲酸	0.964
邻苯二酚	0.618	3,4-二羟基苯甲酸	1.003
间苯二酚	0.961	2,4,6-三羟基苯甲酸	1.006
对苯二酚	0.763	3,4,5-三羟基苯甲酸	0.883
苯甲酸	0.999	EC	0.857
邻羟基苯甲酸	0.988	EGC	0.566
联苯三酚	0.545	ECG	0.568
苯偏三酚	0.752	EGCG	0.459
均苯三酚	0.991		

　　注：R'_p/R_p 表示抗氧化活性，R'_p 和 R_p 分别表示亚油酸在有或没有酚类化合物和儿茶素（8.13×10^{-6} mol/L）时的氧化速度。

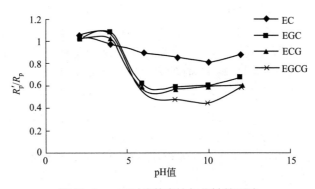

图7-2　pH 对儿茶素抗氧化性的影响

pH 对四种儿茶素抗氧化性的影响如图7-2。在pH1.0~5.0之间儿茶素几乎不显示活性，而在pH6.0~12.0之间则显示出较高活性；pH高于12.0之后，儿茶素抗氧化活性将下降。在pH6.0~12.0之间，儿茶素的抗氧化活性按下列顺序递减：EGCG＞ECG＞EGC＞EC，该顺序主要取决于化合物中的羟基数。

儿茶素在不同pH下抗氧化活性的改变与其酸解离常数pK$_a$有关（表7-3）。一般地，pK$_a$较小的儿茶素具有较高的抗氧化活性。另一个决定抗氧化活性的因素是形成稳定的苯氧基和半醌自由基。这些自由基易与脂自由基发生反应。在pH大于12时抗氧化活性的降低是由于儿茶酸的形成。

表7-3　儿茶素的酸解离常数

种类	pK$_{a1}$	pK$_{a2}$	pK$_{a3}$	pK$_{a4}$
EC	8.68	9.31	11.28	13.78
EGC	7.87	9.11	11.87	12.89
ECG	7.74	9.11	11.12	13.15
EGCG	7.59	10.70		
儿茶酸	8.64	9.41	11.26	13.26

Kumamoto等人发现金属离子对EGCG抗氧化活性也有影响，EGCG的抗氧化活性被Al^{3+}、Mg^{2+}、Cr^{3+}、Cu^{2+}和Mn^{2+}加强，而被Fe^{2+}抑制，K$^+$、Na$^+$、Co^{2+}、Cd^{2+}及Zn^{2+}对其几乎没有影响。有趣的是，Cu^{2+}、Fe^{2+}和Fe^{3+}被公认为是自由基引发或生长剂。金属离子影响EGCG抗氧化性的部分原因与儿茶素结合后改变其酸解离常数有关（表7-4）。

表7-4　游离的和与金属结合的儿茶素的酸解离常数

金属离子	pK$_{a1}$			
	EC	EGC	ECG	EGCG
游离儿茶素	8.68	7.9	7.74	7.59
Al^{3+}	8.33	7.7	6.86	4.40
Cu^{2+}	6.84	9.0	5.44	5.34
Fe^{2+}	6.28	5.3	5.83	5.80
Fe^{3+}	6.33	9.1	6.46	3.82
Zn^{2+}	8.40	8.9	7.39	7.17

注：EC、ECG、EGC和EGCG的浓度分别为1×10^{-6}mol/L、5×10^{-6}mol/L、2×10^{-6}mol/L和5×10^{-6}mol/L，每种金属离子的浓度均为1×10^{-6}mol/L。所有金属离子以氯化物形式存在。

EC的酸解离常数受Cu^{2+}、Fe^{3+}、Fe^{2+}的影响而显著降低，Al^{3+}和Zn^{2+}存在时仅有微小下降。ECG和EGCG在五种金属离子作用下，酸解离常数均下降。

研究发现，pH和金属离子实际上是通过改变儿茶素的氧化电势来改变其抗氧化性的。随着pH的升高氧化电势将下降，当pH高于8.0时，氧化电势几乎不变。此时儿茶素的羟基失去质子而易被氧化。在pH8.0～2.0之间，氧化电势按下列顺序递降：EC＞EGC＞ECG≈EGCG。该顺序与儿茶素的抗氧化性顺序相吻合，氧化电势低的儿茶素显示出高的抗氧化性。另外，由于结合Cu^{2+}后，EGCG的酸解离常数和氧化电势两者均降低，从而使EGCG显示出很高的抗氧化活性。

TP抗氧化性能随温度的升高而增强，其对动物油脂的抗氧化效果优于对植物油脂的效果。TP与维生素E、维生素C、卵磷脂等抗氧化剂配合使用，具有明显的增效作用；可与其他抗氧化剂如BHA、BHT、异抗坏血酸以及增效剂柠檬酸等配合使用。对油脂、鱼、肉等食品，可先将TP溶于食用乙醇后使用。也可将TP制成乳液使用。水产品和部分肉制品可采用浸入法或喷涂法。

7.3.4　黄酮类抗氧化剂

黄酮类化合物是以黄酮为母核的一类黄色色素，在植物中分布很广。它在植物的叶子和果实中少部分以自由基形式存在，大部分与糖结合成苷类，以糖苷配体的形式存在。黄酮类化合物包含黄酮、黄烷酮、双黄烷酮、异黄酮等四类化合物，化学结构式为：

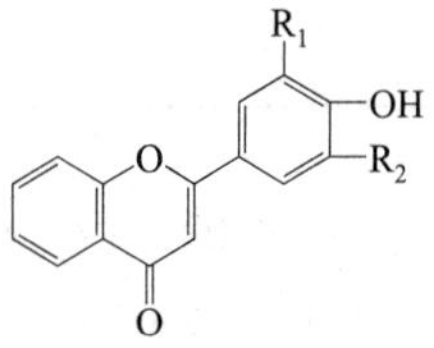

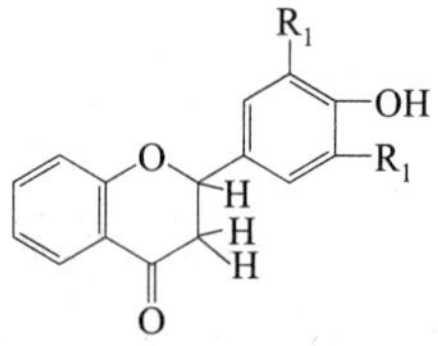

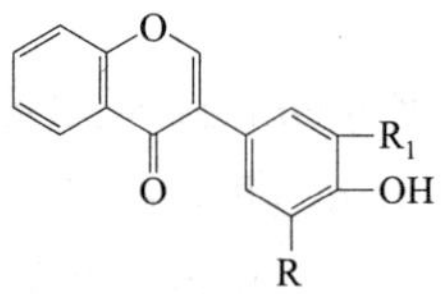

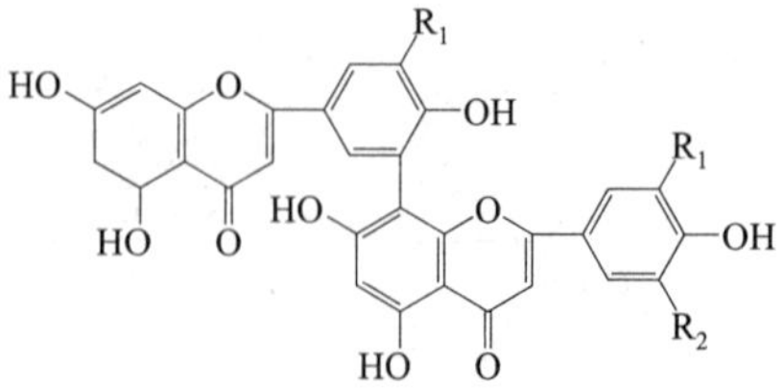

在上述各种黄酮类的结构中，R一般为H或OH，但也可能为酯基，因此黄酮类化合物的种类极多，常见的有栎精、毛地黄黄酮、杨梅酮、刺槐亭、鼠李亭等。几种常见的黄酮类化合物的性质如表7-5所示。

表7-5　几种常见的黄酮类化合物的性质

类别	化学结构	性质	POV 达 50 时所需时间[①]/h	酸败引发期[②]/h
栎精（quercetin）	3,5,7,3,4′-五羟基	无味，黄色结晶，溶于乙酸，微溶于热水，可还原托伦试剂，在加热条件下可还原费林试剂	475	7.1
毛地黄黄酮（luteolin）	5,7,3,4′-四羟基	黄色结晶，溶于乙醇、乙醚，微溶于水	—	4.3
杨梅酮（myricetin）	3,5,7,3,4,5′-六羟基	嫩黄色结晶，与碱的水溶液作用显绿色，再变为蓝色至紫色	552	—
刺槐亭（robinetin）	3,7,3,4,5′-五羟基	绿黄色结晶，溶于乙醇、丙酮、乙酸、乙酸乙酯和吡啶，微溶于水和乙醚，不溶于苯、石油醚和氯仿	750	—
鼠李亭（rhamnetin）	3,7,3,4-四羟基-7-甲氧基	黄色针状晶体	375	—
脱色玉米油			105	
猪油				1.4

① POV表示过氧化值。油脂初始氧化的产物是过氧化物，过氧化物很不稳定，氧化能力较强，能氧化碘化钾生成游离碘，根据析出碘量计算过氧化值（POV）。在脱色玉米油中5×10^{-4}mol/L。

② 在猪油中2.3×10^{-4}mol/L。

表7-6中列出一些食品中栎精的含量。表7-7中列出另一些黄酮类化合物的抗氧化性。

表7-6　几种食品中栎精的含量

种类	栎精含量/（mg/kg）	种类	栎精含量/（mg/kg）
球茎甘蓝	50	杏	50
莴苣	200	葱头	10000

表7-7　一些黄烷酮衍生物的结构及其抗氧化性

种类	结构	POV 达 50 时所需时间[①]/h	酸败引发期[②]/h
毒叶素（taxifolin）	3,5,7,3′,4′-五羟基	470	8
佛提素（fustin）	3,7,3,4′-四羟基	—	6.7
圣草酚（eriodictyol）	5,7,3,7′-四羟基	—	6.7
橙皮素（hesperetin）	5,7,3′-三羟基-4-甲氧基	125	—
油苷配基（naringerin）	5,7,4′-三羟基	198	—
橙皮苷（hesperidin）	橙皮素-7-鼠李葡萄糖苷	125	—
脱色玉米油		105	—
猪油		—	1.4

① 在脱色玉米油中5×10^{-4}mol/L。

② 在猪油中2.3×10^{-4}mol/L。

黄酮类化合物的抗氧化活性与其结构之间存在很密切的关系，特别是羟基化程度和羟基的位置对其抗氧化性的影响非常明显。通常B环中的邻位二羟基对其抗氧化活性起主要作用。B环中的对位和间位二羟基化合物在自然界中不存在。另外，如果C3,4′存在羟基时，则C5′羟基将会使其抗氧化性加强。因此，

B环的羟基化程度是黄酮类化合物抗氧化活性的主要影响因素之一。

A环的间位5,7-二羟基化合物很少见，即使存在，其抗氧化活性也很小。

羟基的位置对其抗氧化性的影响有重要的影响。C3位上的羟基是很重要的，C3位上的羟基和C2与C3位之间的双键可以使分子发生异构化，变成二酮式，形成C2位上的较高活性的—CH基团。不过有实验发现，二氢栎精和栎精具有相同的抗氧化活性，这似乎说明2,3位之间的双键并不是抗氧化的必需结构。另外，对毒叶素、毛地黄黄酮抗氧化性的研究表明，3-羟基和2,3-双键对于抗氧化活性都不是必需的，因为毒叶素是黄烷酮类，并无2,3-双键，而毛地黄黄酮无3位羟基，然而它们的抗氧化活性均很高。

Burda等人发现C3羟基的阻断将导致其抗氧化活性的完全丧失，如山奈酚糖苷的抗氧化活性比其配体低得多，甚至有促氧化活性；而黄酮醇的其他羟基的糖基化或甲基化却未产生如此效应（见表7-8）。

表7-8 黄酮醇的糖基化或甲基化对其抗氧化活性的影响

黄酮醇（糖苷配基）	抗氧化性/%	糖苷或甲基化衍生物	抗氧化性/%
山奈酚（kaempferol）	65.3	山奈酚二鼠李糖苷（kaempferol-3，7-O-dirhamnoside）	-17.5
栎精（quercetin）	63.6	栎精-3-O-葡萄糖苷-7-O-二鼠李糖苷（quercetin-3-O-glucoside-7-O-dirhamnoside）	-6.2
		芸香苷（quercetin3-O-dirhamnoglucoside）	-10.2
		3,5,7,3,4-五甲氧基黄酮（3,5,7,3,4-pentamethoxyflavone）	1.1
3-甲基杨梅酮（laricytrin）	28.5	3-甲基杨梅酮-3-O-葡萄糖苷（laricytrin-3-O-glucoside）	26.2
		3-甲基杨梅酮-3,3-O-二葡萄糖苷（laricytrin-3,3-O-diglucoside）	1.1
		3-甲基杨梅酮-3,7,3-O-三葡萄糖苷（laricytrin-3,7,3-O-triglucoside）	-6.2
		3,5,7,3,4,4-六甲氧基黄酮（3,5,7,3,4,4-hexamethoxyflavone）	2.6
杨梅酮（myricetin）	18.4	3,5,7,3,4,5-六甲氧基黄酮（3,5,7,3,4,5-hexamethoxyflavone）	2.6

Burda等人对黄酮类化合物清除乙醇溶液中的DPPH自由基活性的研究结果表明（见表7-9），C4上存在游离羟基是黄酮类化合物具有抑制自由基活性的必需条件。该抑制活性还可以通过其他特征结构而得到加强，比如在C环上的C2-C3双键、C3和（或）C4上的羟基等。不含有C2-C3双键的黄烷酮，如果仅在B环的C4上有一个羟基，则表现出极低的清除自由基活性（如柚皮苷和4,5,7-三羟黄烷酮）。在C3上有一个被取代了的羟基的黄酮类和黄酮醇类，如果B环上仅有C4一个羟基，则表现出相当高的活性，其抗自由基活性在

20%～70%之间。一般地，在B环上有二羟基体系的化合物将表现出强烈的清除自由基活性。这类化合物包括二氢黄酮醇、黄酮醇-3-O-糖苷及黄酮类。这些化合物之所以具有高活性，是由于C3上羟基对C4上羟基的反应活性产生了强烈影响的缘故。

表7-9　黄酮类、黄烷酮类及双黄烷酮类的抗自由基活性

化合物	抗自由基活性/%	C2-C3 双键	C3-OH	C4-OH	O-di-OHB 环
桑色素（morin）	96.5	+	+	+	+
紫杉叶素（taxifolin）	94.8		+	+	+
山柰酚（kaempferol）	93.5	+	+	+	
双黄酮（biflavone）	92.8		+	+	+
黄颜木素（fustin）	91.9		+	+	+
高良姜精（galangin）	91.8	+	+		
芸香苷（rutin）	90.9	+		+	+
栎精（quercetin）	89.8	+	+	+	+
毛地黄黄酮-7-O-葡萄糖苷（luteolin-7-O-glucoside）	87.6	+		+	+
刺槐亭（robinetin）	82.3	+	+	+	
非瑟酮（fisetin）	79.0	+	+	+	
杨梅酮（myricetin）	72.8	+	+	+	+
山柰黄酮醇（3,7-dirahamnoside）	70.6	+	+	+	+
3-羟基黄酮（3-hydroxyflavone）	66.0	+		+	+
芹菜素-7-O-葡萄糖苷（apigenin-7-O-glucoside）	34.8	+	+		
橙皮素（hesperetin）	30.0			+	
牧荆葡基黄酮（vitexin）	21.0	+		+	
3,5,7,3,4,5-六甲氧基黄酮（3,5,7,3,4,5-hexamethoxyflavone）	12.6	+		+	
双黄酮[GB-1a（biflavanone）]	11.2				
双黄酮[GB-1（biflavanone）]	9.5			+	
4,5,7-三羟黄烷酮（naringenin）	6.3			+	+
双黄酮[GB-2a（biflavanone）]	5.6			+	
柚皮苷（naringin）	4.7			+	
7-羟基黄酮（7-hydroxyflavone）	2.8	+		+	
黄烷酮（flavanone）	2.6				
黄酮（flavone）	1.5	+			
5,7-二羟黄酮（chrysin）	1.1	+			
芹菜素（apigenin）	0.7	+			
8-甲氧基黄酮（8-methoxyflavone）	0.7	+		+	
5-羟基黄酮（5-hydroxyflavone）	0.6	+			

　　黄酮类化合物的抗氧化机理还有未明之处，目前有两种观点：一是认为黄烷醇与金属生成螯合物，螯合作用一般发生在3-羟基-4-酮基，如果A环的5位为羟基，螯合作用则发生在5-羟基-4-酮基；二是认为黄酮醇主要是作为自由基的受体而阻断自由基连锁反应。

　　目前，由于黄酮类化合物制备成本较高，加之氧化后生色及着色性能等方面原因，在生产中可以应用的产品较少。我国允许使用的黄酮类抗氧化剂只有甘草抗氧化物、竹叶抗氧化物和迷迭香提取物。

7.3.4.1　甘草抗氧化物（licorice root antioxidant，antioxidants of glycyrrhiza；CNS：04.008）

　　又称甘草抗氧灵、绝氧灵。主要抗氧成分为黄酮类和类黄酮类物质的混合物。

　　性状与性能：为棕色或棕褐色粉末，略有甘草的特殊气味，不溶于水，可溶于乙酸乙酯，在乙醇中的溶解度为11.7%。甘草抗氧化物的耐热性好，可有效地抑制高温炸油中羧基价的升高，能从低温到高温（250℃）范围内发挥其强抗氧化作用。甘草抗氧化物具有较强的清除自由基作用，尤其是对氧自由基的清除作用效果较强，因而可抑制油脂酸败，对油脂过氧化终产物丙二醛的生成具有明显的抑制作用。甘草抗氧化物特点是可抑制油脂的光氧化作用。

7.3.4.2　竹叶抗氧化物（antioxidant of bamboo leaves，AOB；CNS：04.019）

　　AOB主要成分包括黄酮、内酯和酚酸类化合物，其总黄酮含量约30%。其中黄酮类化合物主要是黄酮糖苷，包括荭草苷、异荭草苷、牡荆苷和异牡荆苷等；内酯类化合物主要是羟基香豆素及其糖苷；酚酸类化合物主要是肉桂酸的衍生物，包括绿原酸、咖啡酸和阿魏酸等。

　　性状与性能：AOB为黄色或棕黄色的粉末或颗粒，无异味。可溶于水和一定浓度的乙醇。略有吸湿性，在干燥状态时相当稳定。具有平和的风味和口感，无药味、苦味和刺激性气味。在某种情况下AOB还表现出一定的着色、增香、矫味和除臭等作用。AOB的抗氧化机理是既能阻断脂肪链自动氧化的链式反应，又能螯合过渡态金属离子。此外AOB还有一定的抑菌作用，是一种天然、多功能的食品抗氧化剂。

7.3.4.3　迷迭香提取物（rosemary extract，CNS：04.017）

　　是从迷迭香植物中应用超临界二氧化碳萃取法提取得到的粉末状物质。迷迭香提取物约含鼠尾草酚（carnosol）12.8%、迷迭香酚（rosmanol）5.3%及鼠尾草酸（carnosil acid）和其他二萜类化合物等高活性抗氧化成分，有效成分主要为鼠尾草酚，而以熊果酸（ursolic acid）56.1%为重要协同成分。

性状与性能：淡黄色粉末，有轻微香味。热稳定性极好，可耐190℃至240℃高温，故在烘焙食品、油炸食品等加工工艺中需要较高温度或需要高温灭菌的食品中具有极强的适用性。比BHT有更好的抗氧化能力。一般与维生素E等配成制剂出售，有相乘效用。一般其抗氧化能力随加入量的增加而增大，但高浓度时可使油脂产生沉淀，使含水食品变色。

陆洋等对中国允许在食用油中使用的迷迭香提取物、甘草提取物、茶多酚、维生素E、天然竹叶提取物等进行复配，根据正交试验优化得出的复配组合为迷迭香提取物0.08%、茶多酚0.06%、甘草提取物0.08%、维生素E 0.01%。该复配抗氧化剂的抗氧化能力高于BHA、BHT，但低于TBHQ，抗氧化能力排序依次为TBHQ＞复配抗氧化剂＞BHA＞BHT＞空白。

7.3.5　植酸和植酸钠

植酸（又名肌醇六磷酸），植酸钠［phytic acid（inositol hexaphosphoric acid），sodium phytate；CNS：04.006］。植酸分子式$C_6H_{18}O_{24}P_6$，分子量660.08，化学结构式为：

性状与性能：浅黄色或褐色黏稠状液体；广泛分布于高等植物内；易溶于水、95%乙醇、丙二醇和甘油，微溶于无水乙醇、苯、乙烷和氯仿；对热较稳定。植酸分子有12个羟基，能与金属螯合成白色不溶性金属化合物，1g植酸可以螯合铁离子500mg。其水溶液的pH值：1.3%时为0.40，0.7%时为1.70，0.13%时为2.26，0.013%时为3.20。植酸具有调节pH值及缓冲作用。

植酸的螯合能力比较强，在pH6～7情况下，几乎可与所有的多价阳离子形成稳定的螯合物。螯合能力的强弱与金属离子的类型有关，在常见金属中螯合能力的强弱依次为Zn、Cu、Fe、Mg、Ca等。植酸的螯合能力与EDTA相似，但比EDTA有更宽的pH范围，在中性和高pH值下，也能与各种多价阳离子形成难溶的络合物。

植酸在食品加工中的应用主要有两个方面。一方面是油脂的抗氧化剂，在植物油中添加0.01%，即可以明显地防止植物油的酸败。另一方面是用于水产品：①防止磷酸铵镁的生成。在大马哈鱼、鳟鱼、虾、金枪鱼、墨斗鱼等罐头中，经常发现有玻璃状结晶的磷酸铵镁（$MgNH_4PO_4 \cdot ON_2O$），添加0.1%～0.2%的植酸以后就不再产生玻璃状结晶。②防止贝类罐头变黑。贝类罐头加热杀菌可产生硫化氢等，与肉中的铁、铜以及金属罐表面溶出的铁、锡等结合产生硫化物而发黑，添加0.1%～0.5%的植酸可以防止变黑。③防止蟹肉罐头出现蓝斑。蟹是足节动物，其血液中含有一种含铜的血蓝蛋白，在加热杀菌时所产生的硫化氢与铜反应，容易发生蓝变现象，添加0.1%的植酸和1%的柠檬酸钠可以防止出现蓝斑。④防止鲜虾变黑。使用0.7%亚硫酸钠防止鲜虾变黑很有效，但是二氧化硫的残留量过高，若添加0.01%～0.05%的植酸与0.3%亚硫酸钠效果甚好，还可以避免二氧化硫残留量过高。

植酸一旦与金属离子形成螯合物，金属离子的生物有效性就会降低，这对必需微量元素的吸收利用是不利的。因此，在使用时应给予注意。

7.3.6　磷脂

磷脂（lecithins，phospholipids；CNS：04.010；INS：322），又名卵磷脂和大豆磷脂。其化学结构主要由磷脂酰胆碱（卵磷脂）、磷脂酰乙醇胺（脑磷脂）和磷脂酰肌醇（肌醇磷脂）组成，同时含有一定量的其他物质如甘油三酯、脂肪酸和糖类等。其组合比例依制备方法的不同而异。无油型制品的甘油三酯和脂肪酸大部分都被去除，磷脂含量可达90%以上。

性状与性能：浅黄至棕色透明或半透明黏稠液体，或浅棕色粉末或颗粒，无臭或略带坚果的气味。仅部分溶于水，但易水合形成乳浊液。可溶于脂肪酸而难溶于非挥发油，当含有各种磷脂时，部分溶于乙醇而不溶于丙酮。

7.3.7　促氧化作用

天然抗氧化剂维生素C、维生素E、茶多酚等在某些条件下显示促氧化作用。

7.3.7.1　维生素C的促氧化作用

维生素C在过渡金属离子的存在下易表现出促氧化活性，其化学反应历程见图7-3。

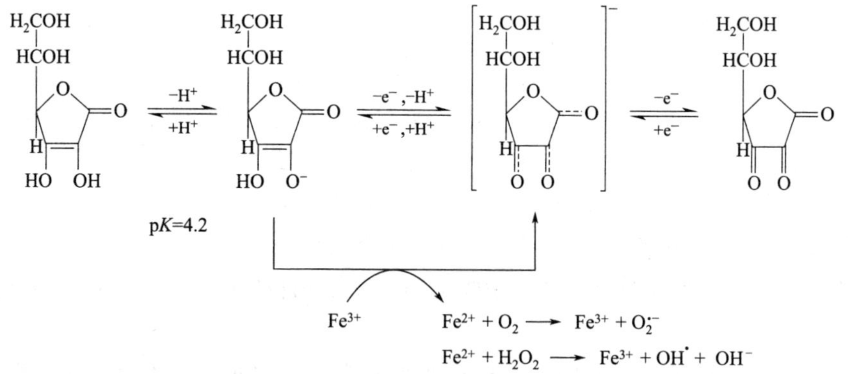

图7-3　维生素C促氧化反应历程

在维生素C盐-Fe^{3+}体系中，维生素C可将Fe^{3+}还原形成Fe^{2+}，Fe^{2+}与O_2和H_2O_2分别反应生成$O_2^{\cdot -}$和$OH^{\cdot}$，后者为芬顿反应。另外，维生素C的自氧化也表现出促氧化作用，生成去氢维生素C负离子、$O_2^{\cdot -}$和H_2O_2，并诱发一系列自由基连锁反应，促进食品氧化，具体反应如下：

$$H_2A \longrightarrow H^+ + HA^-$$

$$HA^- + O_2 \longrightarrow A^{\cdot -} + H^+ + O_2^{\cdot -}$$

$$2O_2^{\cdot -} + 2H^+ \longrightarrow H_2O_2 + O_2$$

7.3.7.2 维生素 E 的促氧化作用

维生素E也有抗氧化和促氧化作用。维生素E与过氧亚硝酸盐和超氧化物反应后生成维生素E自由基，进而诱导脂质过氧化的发生。当有其他抗氧化剂存在时，维生素E自由基将会被还原为维生素E，促氧化作用被抑制，然而，当维生素E含量较高，氧化应激条件较显著时，维生素E自由基生成速度大于其他抗氧化剂将其还原的速度，抗氧化系统平衡被打破，维生素E则表现出促氧化作用。维生素E促氧化反应历程见图7-4。

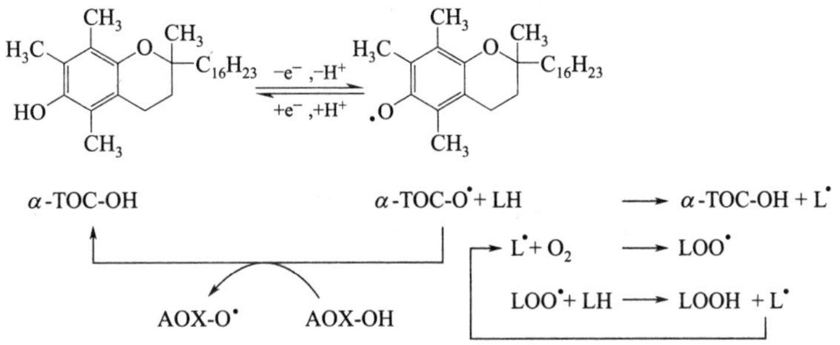

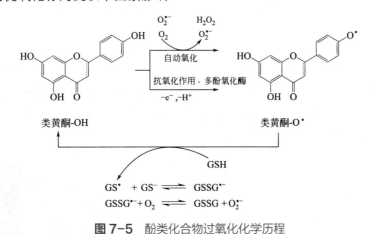

图 7-4 维生素 E 促氧化反应历程

7.3.7.3 酚类化合物的促氧化作用

在植物源食物中酚类化合物分布广、种类多、含量差异大，具有良好的抗氧化性，多是食品功能性成分，但酚类化合物在一定条件下也会表现出促氧化作用。以黄酮类化合物为例，其过氧化学历程见图7-5。黄酮类物质的促氧化行为受以下因素影响：

图 7-5 酚类化合物过氧化化学历程

（1）分子结构

黄酮类物质促氧化行为被认为与分子中羟基的总数直接成正比，一般而言，单或双羟基黄酮检测不到促氧化活性，而多羟基黄酮会使芬顿反应产生的羟基自由基显著增加。

（2）浓度

Yen 等研究了槲皮素、柚皮素、橙皮素和桑色素在人类淋巴细胞中的促氧化活性。当添加的柚皮素和橙皮素浓度范围在0～200μmol/L时，检测不到H_2O_2浓度；当槲皮素和桑色素添加浓度范围分别为

25～200μmol/L和125～200μmol/L时，能够检测到H_2O_2浓度增加。超氧化物阴离子自由基和脂质过氧化作用的产物（硫代巴比土酸反应）的浓度随着这些黄酮类化合物浓度的增加而增加。此外，这些化合物能够诱导DNA链断裂，也具有剂量-效应关系。

（3）过渡金属元素的存在

氧化过程中如果有游离的过渡金属元素参与，黄酮类化合物则表现出一定的促氧化作用。另外，黄酮类在发生自氧化时，表现出的促氧化作用也离不开过渡金属元素的作用。Hajji等研究表明，槲皮素在中性pH和过渡金属元素的存在下能够发生自氧化反应，且伴随着H_2O_2的快速积累。

7.4　抗氧化剂使用技术

抗氧化剂种类较多，其化学结构和理化性质各异，不同的食品也具有不同的性质，因此其使用方法常视抗氧化剂的种类、应用的对象及目的等而异，所以在使用时必须进行综合分析和考虑。

7.4.1　充分了解抗氧化剂的性能

由于不同的抗氧化剂对食品的抗氧化效果不同，当确定这种食品需要添加抗氧化剂后，应该在充分了解抗氧化剂性能及符合国家食品添加剂使用标准要求的基础上，选择最适宜的抗氧化剂品种。一般多通过试验研究确定其最适宜品种。

常见的化学抗氧化剂BHA、BHT及TBHQ等的抗氧化能力存在一定的差异，一般来说，BHA和BHT对动物油脂的氧化具有很好的抑制作用，但是对植物油脂的氧化则无明显的抑制效果。TBHQ既能抑制动物油脂的氧化作用，又能抑制植物油脂的氧化作用。合成抗氧化剂对猪油的抗氧化效果如图7-6所示。

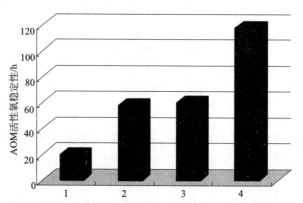

图7-6　合成抗氧化剂对猪油的抗氧化效果
1—对照；2—BHA；3—BHT；4—TBHQ

7.4.2 正确掌握抗氧化剂的添加时机

抗氧化剂只能阻止氧化作用，延缓食品开始氧化酸败的时间，并不能改变已经败坏的后果。因此，在使用抗氧化剂时，应当在食品处于新鲜状态和未发生氧化变质之前使用，才能充分发挥抗氧化剂的作用。这一点对于油脂及含油脂的食品尤其重要。

油脂氧化酸败是一种自发的链式反应，在链式反应的诱发期之前添加抗氧化剂即能阻断过氧化物的产生，切断反应链，发挥抗氧化剂的功效，达到阻止氧化的目的。否则，即使加大添加量，也不能阻断链式反应，还可能发生相反的作用。

7.4.3 抗氧化剂及增效剂的复配使用

金属离子螯合剂、过氧化物分解剂等物质，如柠檬酸、磷酸、酒石酸、抗坏血酸、氨基酸等，可以辅助食品抗氧化剂发挥作用或使抗氧化剂的效果更好，这些物质常被称作增效剂。如生育酚-抗坏血酸就是一对相互增效的混合抗氧化剂。生育酚是一种抗氧化剂，起作用后变成生育酚自由基，再被抗坏血酸还原成生育酚，抗坏血酸自由基则被NADH（还原性烟酰胺腺嘌呤二核苷酸）体系还原。

使用油溶性抗氧化剂时，往往是2种或2种以上抗氧化剂复配使用，或者是抗氧化剂与柠檬酸、抗坏血酸等增效剂复配使用，这样会大大增加抗氧化效果。

酚类抗氧化剂复配使用某酸性物质，能够显著提高抗氧化剂的作用效果，这是利用酸性物质对金属离子有螯合作用，使有促进油脂氧化的金属离子钝化，从而降低了氧化作用。也有一种理论认为，酸性增效剂（SH）能够与抗氧化剂产物基团（A·）发生作用，使抗氧化剂（AH）获得再生。一般酚型抗氧化剂，可以使用抗氧化剂用量的1/4～1/2的柠檬酸、抗坏血酸或其他有机酸作为增效剂。

抗氧化剂与食品稳定剂同时使用会取得良好的效果。含脂率低的食品使用油溶性抗氧化剂时，配合使用必要的乳化剂，也是发挥其抗氧化作用的一种措施。

7.4.4 选择合适的添加量

虽然抗氧化剂浓度较大时，抗氧化效果较好，但它们之间并不成正比。由于抗氧化剂的溶解度、安全性等问题，添加量在符合国家食品添加剂使用标准要求前提下，油溶性抗氧化剂的使用浓度一般不超过0.02%，如果浓度过大除了造成使用困难外，还会引起不良作用。水溶性抗氧化剂的使用浓度相对较高，一般不超过0.1%。

7.4.5 控制影响抗氧化剂作用效果的因素

控制影响抗氧化剂作用效果的因素是其发挥作用的关键。影响抗氧化剂作用效果的因素主要有光、热、氧、金属离子及抗氧化剂在食品中的分散性。

尽量减少外源性的氧化促进剂进入食品，避免不必要的光照，尤其是紫外线辐射。食品应尽量冷藏。应该强调，通常所指的氧是不能直接与有机物反应产生过氧化物的，氧只有在光敏剂（如植物色素）或紫外线的作用下被激发为活性比其高1000倍的单线态氧后，才能与有机物反应生成过氧化物。光（紫外线）、热能促进抗氧化剂分解挥发而失效。如油溶性抗氧化剂BHA、BHT和PG经加热，特别是在油炸等高温下很容易分解，在大豆油中加热至170℃，其完全分解的时间分别是BHA 90 min、BHT 60 min、PG 30 min。BHA在70℃、BHT在100℃以上加热会较快升华挥发。

尽可能减少加工和贮藏中氧与食品的接触。氧是导致食品氧化变质和抗氧化剂失效的主要因素。因此，在使用抗氧化剂的同时，还应采取充氮或真空密封包装，以降低氧的浓度和隔绝环境中的氧，使抗氧化剂更好地发挥作用。

除掉内源性氧化促进剂，如痕量的金属铜、铁、植物色素及过氧化物等。它们的存在会促进抗氧化剂迅速被氧化而失去作用。另外，某些油溶性抗氧化剂BHA、BHT和PG等遇到金属离子，特别是在高温下颜色会变深。所以，在食品加工中尽量避免这些金属离子混入食品，或同时使用乙二胺四乙酸二钠等螯合金属离子的增效剂。

抗氧化剂使用的剂量一般都很少，使用时必须使之十分均匀地分散在食品中。

7.4.6　在食品包装上的应用

脂质氧化是食品变质的主要原因之一，如坚果及含脂质食品，一旦变质不仅其感官和营养品质下降，甚至还产生有毒物质等安全隐患。目前，通常添加抗氧化剂到食品中或使用真空或改进的气氛包装等技术，以延缓其氧化。最近，一种将抗氧化剂应用到包装材料中，构成抗氧化活性包装体系，以延缓食品被氧化的研究报道较多。

抗氧化活性包装体系一般由抗氧化剂、包装材料和食品等三部分组成。抗氧化剂通常涂布在包装材料表面，或混合于包装材料内，或固定在包装材料表面，从而形成了吸收型、固化型和释放型等3种类型抗氧化活性包装体系。

吸收型抗氧化包装主要是通过吸收包装环境内的O_2，从而抑制食品的氧化酸败，一般为小袋或衬垫形式；固化型抗氧化包装系统不释放抗氧化剂，只抑制与包装接触的食品表面的氧化酸败；释放型抗氧化包装是通过扩散作用到达食品表面或包装顶部空间而抑制食品的氧化酸败。与直接向食品中添加抗氧化剂相比，通过包装材料向食品中缓慢释放抗氧化剂具有消耗抗氧化剂少、对食品质量影响小、抑制氧化反应时间长等优势，是今后食品抗氧化剂的应用技术之一。

 概念检查 7.2　　　　　　　　　　　　　　　　　

○ 抗氧化剂直接溶解在食用油里就可以了，瓜子怎么办？

 参考文献

[1]　曾名湧, 董士远. 天然食品添加剂 [M]. 北京: 化学工业出版社, 2005.

[2]　汪东风. 食品化学 [M]. 北京: 化学工业出版社, 2007.

[3]　陆洋, 杨波涛, 陈凤香. 复配天然抗氧化剂对食用油脂抗氧化效果研究 [J]. 食品科学,

2009, 30（11）：55-57.

[4]　蒋厚阳, 杨吉霞, 赵培君, 等 . 食品抗氧化评价体系及其选择使用 [J]. 食品工业科技, 2012, 33（24）：414-417.

[5]　陈晨伟, 段恒, 杨福馨, 等 . 释放型食品抗氧化活性包装膜研究进展 [J]. 包装工程, 2014, 35（13）：36-41.

[6]　汪曙晖, 朱俊向, 张莉, 等 . 天然抗氧化剂的抗氧化与促氧化作用 [J]. 中国食物与营养, 2016, 22（8）：68-71.

[7]　He Y, Shahidi F. Antioxidant activity of green tea and its catechins in a fish meat model system[J]. Journal of Agricultural and Food Chemistry, 1997, 45: 4262-4266.

[8]　Hu C, Kitta D D. Studies on the Antixidant Activity of *Echinacea* Root Extract[J]. Journal of Agricultural and Food Chemistry, 2000, 48（5）：1466-1472.

[9]　Burda S, Oleszek W. Antioxidant and Antiradical Activities of Flavonoids[J]. Journal of Agricultural and Food Chemistry, 2001, 49: 2774-2779.

[10]　Dong S, Zeng M, Wang D, et al. Antioxidant and biochemical properties of protein 3 hydrolysates prepared from Silver carp（*Hypophthalmichthys molitrix*）[J]. Food Chemistry, 2007, 107（4）：1485-1493.

[11]　Poljsaka B, Milisav I. Oxidized forms of dietary antioxidants: Friends or foes？ [J]. Trends in Food Science & Technology, 2014, 39（2）：156-166.

[12]　Gómez-Estaca J, López-de-Dicastillo C, Hernández-Munoz P, et al. Advances in antioxidant active food packaging[J]. Trends in Food Science & Technology, 2014, 35: 42-51.

[13]　Halake K, Birajdar M, Lee J. Structural implications of polyphenolic antioxidants[J]. Journal of Industrial and Engineering Chemistry, 2016, 35: 1-7.

[14]　Sila A, Bougatef A. Antioxidant peptides from marine by-products: Isolation, identification and application in food systems[J]. Journal of Functional Foods, 2016, 21: 10-26.

[15]　Ganiari S, Choulitoudi E, Oreopoulou V. Edible and active films and coatings as carriers of natural antioxidants for lipid food[J]. Trends in Food Science & Technology, 2017, 68: 70-82.

[16]　Doğan E C, Gökmen V. Evolution of food antioxidants as a core topic of food science for a century[J]. Food Research International, 2018, 105: 76-93.

[17]　Carochoa M, Moralesb P, Ferreira I C F R. Antioxidants: Reviewing the chemistry, food applications, legislation and role as preservatives[J]. Trends in Food Science & Technology, 2018, 71: 107-120.

总结

○ 抗氧化剂
- 能防止或延缓油脂或食品成分氧化分解、变质，提高食品稳定性的物质。
- 防止食品氧化变质的简便有效技术。
- 有些抗氧化剂还赋予食品新的功能。

○ 抗氧化剂的作用机理
- 自由基清除、氢过氧化物分解。
- 金属离子螯合：某些过渡性金属元素如铜、铁等可以引发脂质氧化，从而加快脂类氧化的速度。因此，那些能与金属离子螯合的物质，就可以作为抗氧化剂。
- 氧清除：通过除去食品中的氧来延缓氧化反应的发生，主要包括抗坏血酸、抗坏血酸棕榈酸酯、异抗坏血酸及其钠盐等。

- ·紫外线吸收或单线态氧猝灭。
- ○ 人工合成抗氧化剂
  - ·PG具有一定水溶性，强抗氧化能力，易导致食品变色，复配效果佳。
  - ·BHA热稳定性好，易挥发。
  - ·BHT稳定性好，不与金属离子作用而着色。
  - ·TBHQ强抗氧化活性，具有一定水溶性，焙烤食品的抗氧化持久力差。
- ○ 天然抗氧化剂
  - ·较高安全性。
  - ·抗氧化活性相对较低。
  - ·易导致食品风味与颜色改变。
  - · 纯度低。
- ○ 抗氧化剂使用
  - ·充分了解抗氧化剂的性能。
  - ·正确掌握抗氧化剂的添加时机。
  - ·抗氧化剂及增效剂的合理复配。
  - ·添加量适当。
  - ·控制影响抗氧化剂作用效果的因素。
- ○ 促氧化剂失效（失去作用）的原因
  - ·如果食品已经被氧化，易导致抗氧化剂失去作用。
  - ·抗氧化剂的应用范围不合适，如将脂溶性抗氧化剂添加到饮料（水溶性）中，影响抗氧化剂的效用。
  - ·规避抗氧化剂的促氧化作用，维生素C在过渡金属离子的存在下易表现出促氧化活性。
- ○ 所选用的抗氧化剂的依据
  - ·抗氧化剂的抗氧化能力。
  - ·食品本身的氧化特性与防氧化措施。
  - ·食品的加工技术条件与保藏条件。
  - ·成本。
  - ·抗氧化剂对食品的品质无不良影响。

课后练习

1. 请介绍抗氧化剂的作用机理。
2. 请写出 6 种抗氧化剂的化学名称与结构式。试分析抗氧化剂的结构与其抗氧化能力的关系。

3. 哪些因素会促进抗氧化剂失去作用？

4. 在达到一定要求的保质期前提下，如何减少抗氧化剂的使用量？

5. 举例说明，如何理解和规避抗氧化剂的促氧化作用？

6. 选择天然抗氧化剂时需考虑哪些要素？

7. 使用抗氧化剂应注意哪些问题？

8. 调查富含油脂食品中所使用抗氧化剂的种类，谈谈对该类食品中选用抗氧化剂的依据。

9. 天然抗氧化剂受到消费者追捧，但在食品工业中仍未普遍应用，谈谈提升天然抗氧化剂应用性能的策略。

题1~3答题思路   题4~6答题思路   题7~9答题思路

（www.cipedu.com.cn）

8 食品酶制剂

　　酶与我们的生活息息相关，衣食住行经常伴随酶的身影。图片中的物品都有酶作用的痕迹，你能找出来吗？酶能使面包口感多样、啤酒澄清透亮、油中反式脂肪酸减少……如果说蛋白质、碳水化合物、脂肪、维生素和矿物质是建筑材料，那么酶就是默默无闻的建筑工人，搭建出各种美味的艺术作品，让我们更加愉快地获得营养与健康。

　　你能发现自己身边的食品酶制剂吗？

🌿 **为什么要学习食品酶制剂**

　　食品酶制剂在食品生产中发挥着重要的作用，它可以加速食品加工过程，或者从安全、颜色、风味、营养价值等方面提高食品品质，或者作为食品分析的一种手段。食品酶制剂来源广泛，动植物、微生物都是酶的生产者。随着生物技术的发展，食品酶制剂的品种和经济效益也不断扩大。然而，各种各样的酶制剂具有不同来源、作用的最适温度与pH，适用的食品各不相同；同一种食品有时也需要多种酶的共同作用以获得最佳品质。因此，了解食品酶制剂的来源、特性、作用机制与应用方法对于食品工业从业人员而言非常重要。

　　在我国，酶制剂作为食品添加剂使用时，应符合《食品安全国家标准　食品添加剂使用标准》（GB 2760）和《食品安全国家标准　食品添加剂　食品工业用酶制剂》（GB 1886.174）的规定。通过本章学习，掌握这些酶的来源、特性和作用机制，了解酶活力的测定原理或方法，以及这些酶在食品工业上的应用等，有助于培养学习者掌握基本酶学知识，为实际应用打好基础。

👁 **学习目标**

○ 说出5种淀粉酶的种类及其来源。
○ 指出并描述3种蛋白酶的类型及其作用机制。
○ 指出磷脂酶的5个类型并描述它们作用机制的区别。
○ 举出3种在啤酒生产中用到的酶制剂，并说明它们起到的作用是什么。
○ 举出3种在果汁饮料生产中用到的酶制剂，并说明它们起到的作用是什么。

8.1 糖酶类

　　糖酶类（glycosylases，EC3.2.1）是一类水解 *O-* 和 *S-* 糖苷键的酶。

8.1.1 淀粉酶

　　淀粉酶全称是1,4-α-D-葡聚糖水解酶，是能催化淀粉、糖原及多糖衍生物水解转化成葡萄糖、麦芽糖及其他低聚糖的一类酶的总称。

　　① α-淀粉酶（α-amylase，EC3.2.1.1），系统命名为1,4-α-D-葡聚糖葡萄糖水解酶，属内切型淀粉酶。此酶以 Ca^{2+} 为必需因子并作为稳定因子，既作用于直链淀粉，亦作用于支链淀粉，随机地从分子内部切开 α-1,4-葡萄糖苷键，从

而使淀粉水解生成糊精、寡糖和少量的麦芽糖和葡萄糖，使淀粉黏度迅速下降达到"液化"目的，故又称为液化淀粉酶、液化酶、α-1,4-糊精酶。α-淀粉酶主要来源于芽孢杆菌、曲霉、根霉、猪或牛的胰腺等，最适作用条件因来源不同而异，最适pH范围在4.5～7.0之间，pH4以下容易失活；依热稳定性不同可分为中温α-淀粉酶（最适温度可达70～80℃）和耐高温α-淀粉酶（最适温度可达95℃以上）。

② β-淀粉酶（β-amylase，EC3.2.1.2），系统命名为1,4-α-D-葡聚糖麦芽糖水解酶（1,4-α-D-glucan maltohydrolase），属外切型淀粉酶。该酶是从淀粉、糊精或寡糖的非还原性末端逐次以麦芽糖为单位切断α-1,4-糖苷键，同时发生沃尔登转位反应（Walden inversion），使α-麦芽糖转变成β-麦芽糖。作用的底物若为直链淀粉时能完全分解得到麦芽糖和少量的葡萄糖；若作用于支链淀粉或葡聚糖时，切断至α-1,6-糖苷键的前面反应就停止了，因此，生成分子量较大的极限糊精。β-淀粉酶主要来源于植物和枯草芽孢杆菌，微生物来源的耐热性优于植物的。大麦β-淀粉酶最适pH为4.5～7.5，最适温度50℃；枯草芽孢杆菌（B10-54）β-淀粉酶最适pH为6，最适温度65℃。

③ 葡糖淀粉酶（glucoamylase，EC3.2.1.3），系统命名为α-1,4-葡聚糖葡萄糖水解酶（α-1,4-glucan glucohydrolase），又称淀粉葡糖糖苷酶、糖化酶。它能从底物的非还原性末端将葡萄糖单位水解下来，主要催化水解α-1,4-糖苷键，还具有一定的催化水解α-1,6-糖苷键和α-1,3-糖苷键的能力，水解产物为葡萄糖。葡糖淀粉酶主要来源于黑曲霉、米曲霉、戴尔根霉和雪白根霉等，黑曲霉葡糖淀粉酶最适pH为4，最适温度55℃；米曲霉葡糖淀粉酶最适pH为4～4.5，最适温度56℃；米根霉葡糖淀粉酶最适pH为4.6，最适温度30℃。

④ 普鲁兰酶（pullulanse，EC3.2.1.41）是一种脱支酶，能高效专一地切开支链淀粉分支点α-1,6-糖苷键，从而剪下整个侧支，形成直链淀粉。普鲁兰酶作用于普鲁兰糖、β-极限糊精和支链淀粉，当分支点处葡萄糖残基数量大于2时，可切断α-1,6-糖苷键，其作用底物的最小单位为麦芽糖基麦芽糖。普鲁兰酶主要来源是枯草芽孢杆菌、嗜酸普鲁兰芽孢杆菌、产气克雷伯氏菌、长野解普鲁兰杆菌等。枯草芽孢杆菌普鲁兰酶最适pH为6，最适温度40℃；嗜酸普鲁兰芽孢杆菌（Ax203843.1）普鲁兰酶最适pH为5，最适温度60℃。

⑤ 麦芽糖淀粉酶（maltogenic amylase，EC3.2.1.133）全称为1,4-α-D-葡聚糖-α-麦芽糖基水解酶。麦芽糖淀粉酶是一种外切酶，从底物的非还原性末端开始作用，主要水解淀粉、糊精及寡糖的α-1,4-D-葡萄糖苷键生成α-麦芽糖。以枯草芽孢杆菌168的麦芽糖淀粉酶为例，酶在60～70℃、pH4.5～5.5是稳定的，最适温度和pH分别是55～75℃、pH5.3。

应用：淀粉酶应用广泛，α-淀粉酶主要用于淀粉糖浆、低聚糖、啤酒、烘焙食品、面制品等的生产。β-淀粉酶广泛应用于饴糖、高麦芽糖浆、结晶麦芽糖醇等以麦芽糖为产物的制糖，可以提高麦芽糖的糖化率和产出率，也应用于发酵产业。来源于麦芽和大麦的α-淀粉酶、β-淀粉酶特称为麦芽碳水化合物水解酶（α-、β-麦芽碳水化合物水解酶），主要用于啤酒酿造工业。葡萄糖淀粉酶能使淀粉迅速糖化生成低分子的糊精，应用于催化水解淀粉生产啤酒、黄酒、酱味精和抗生素，也可用于葡萄糖、饴糖和糊精等的生产，天然产物的提取（如皂苷）等。普鲁兰酶与其他淀粉酶联合，用于生产高麦芽糖浆、高果糖浆和葡萄糖等。作为一种新型的酶制剂，麦芽糖淀粉酶主要用于淀粉糖化、食品烘焙和面粉改性工业，在焙烤食品中应用，可延缓淀粉的老化时间。

8.1.2 纤维素酶

纤维素酶是降解纤维素生成葡萄糖的一组酶的总称，它不是单体酶，而是起协同作用的多组分酶系，是一种复合酶。根据其催化功能的不同可分为：①内切葡萄糖苷酶（endo-1,4-β-D-glucanase，EC3.2.1.4，

来自真菌的简称EG，来自细菌的简称Cen）；②外切葡萄糖苷酶（exo-1,4-β-D-glucanase，EC3.2.1.91，来自真菌的简称CBH，来自细菌的简称Cex）；③β-葡萄糖苷酶（β-D-glucosidase，EC3.2.1.21，简称BG），也被称为纤维二糖酶。目前普遍认为，纤维素酶水解不溶性纤维素产生可利用的葡萄糖，是由这三种酶协同作用共同完成的。

纤维素酶系中，大多数酶作用于底物的最适pH为3.5～7.0，pH稳定范围大多在3.0～9.0，最适pH与反应温度有关。作为食品酶制剂的纤维素酶主要来源有黑曲霉、李氏木霉和绿色木霉等。

作用机制：目前，普遍接受的纤维素酶的降解机制是协同作用模型。纤维素的降解过程，首先是纤维素酶分子吸附到纤维素表面，然后内切葡萄糖苷酶（EG）在葡聚糖链的随机位点水解底物，产生寡聚糖；外切葡萄糖苷酶（CBH）从葡聚糖链的非还原端进行水解，主要产物为纤维二糖；而β-葡萄糖苷酶（BG）可水解纤维二糖为葡萄糖，其中对结晶区的作用必须有EG和CBH，对无定形区则仅有EG组分就可以。

应用：在果蔬加工过程中，用纤维素酶处理可避免果蔬的香味和维生素损失，同时软化植物组织，提高可消化性和口感；在果汁饮料生产中，纤维素酶可提高汁液的提取率，促进汁液澄清，提高可溶性固体物含量；在酿酒过程中加入纤维素酶能增加原料中的可发酵性糖，提高出酒率，缩短发酵时间，而且酒的口感醇香，杂醇油含量低；利用纤维素酶水解啤酒糟，将酶解液和残渣分别进行有效利用，可提高啤酒糟的经济效益和环境效益。

8.1.3　果胶酶

果胶酶（pectinase）是一类能够分解果胶物质的多种酶复合体系。按照果胶酶作用方式的不同可以分为两种：一种是催化果胶物质解聚的果胶质解聚酶，可分为多聚半乳糖醛酸酶（polygalacturonase，EC 3.2.1.15）和果胶裂解酶（pectin lyase，EC 4.2.2.10）；另一种是催化果胶分子中酯键水解的果胶酯酶（pectin esterase，EC 3.1.1.11），或称果胶甲基酯酶。

食品酶制剂中果胶酶的来源包括黑曲霉、米根霉和米曲霉。以黑曲霉（Q9P4W2）来源的聚半乳糖醛酸酶为例，其最适pH为4.2，最适温度为40℃。黑曲霉来源的果胶裂解酶的最适pH为5.0，最适温度为38℃。黑曲霉（A0A345K402）来源的果胶酯酶最适pH为3.8，最适温度为45℃。Zn^{2+}对果胶酶有明显的抑制作用，Cu^{2+}和Fe^{3+}对果胶酶影响较大。

作用机制：聚半乳糖醛酸酶通过加入一个水分子使果胶分子链上的α-1,4-糖苷键断裂，释放出单体半乳糖醛酸；果胶裂解酶又称为转移消除酶，通过除去一个水分子使果胶分子链上α-1,4-糖苷键断裂，释放出含双键的产物；果胶酯酶通过加入一个水分子使半乳糖醛酸为主链的果胶上酯键被水解，从而达到水解果胶的目的。

应用：在果蔬汁加工中果胶酶可以快速脱除果胶，降低果蔬汁的黏度，提高出汁率，改善果汁的过滤效率，加速和增强果汁的澄清作用，提高果汁产品稳定性。在带果肉食品生产中添加果胶酶，有利于保持果肉原有的形状、硬度和产品品质。在咖啡发酵中添加果胶酶去除含大量果胶质的果肉状表层。在茶叶加工，它可促进茶叶发酵，也可改善速溶茶粉在冲泡过程中形成泡沫的性能。在酿酒行业使用果胶酶，可以增加天然色素的提取量，改善酒的色泽与风味，增加酒香，并可产生起泡酒，对提高酒的质量有重要作用。在油料生产中将果胶酶和纤维素酶、半纤维素酶结合使用，破坏油料作物的细胞壁，便于释放油料，提高萃取率和油料稳定性。在单细胞产品生产中，通过添加果胶酶降解植物细胞间质中果胶物质可以生产完整的单细胞悬液；该工艺可用于生产带果肉果蔬汁饮料、乳制品的配料，即食的干燥土豆泥、胡萝卜泥和芦荟、人参、越橘叶等保健品的配料。

概念检查 8.1

○ 在果蔬汁加工过程中会出现出汁率低、果汁混浊的现象，有什么办法可以解决？

（www.cipedu.com.cn）

8.1.4　半纤维素酶

半纤维素是由几种不同类型的单糖构成的异质多聚体，这些糖是五碳糖和六碳糖，包括D-木糖、L-阿拉伯糖、D-甘露糖和D-半乳糖等。半纤维素酶（hemicellulase）是分解半纤维素的一类酶的总称，主要包括内切木聚糖酶（endo-1,4-β-xylanase，EC3.2.1.8）、β-甘露糖苷酶（β-mannosidase，EC 3.2.1.25）、β-木糖苷酶（xylan-1,4-β-xylosidase，EC3.2.1.37）、α-葡萄糖醛酸苷酶（α-glucosiduronase，EC3.2.1.139）、α-阿拉伯呋喃糖苷酶（α-L-arabinofuranosidase，EC3.2.1.55）、内切阿拉伯糖酶（endo-α-L-arabinase，EC 3.2.1.99）、乙酰木聚糖酯酶（EC3.1.1.72）和阿魏酰木聚糖酯酶（EC3.1.1.73）。作为食品酶制剂的半纤维素酶的来源为黑曲霉，酶系的最适温度大多为40～65℃，最适pH范围为3.5～6.5。

作用机制：半纤维素酶的主要作用是将植物细胞中的半纤维素水解，同时降低半纤维素溶于水后的黏度。半纤维素的复杂结构决定了半纤维素的酶降解需要多种酶的协同作用。半纤维素酶具有一个简单的执行酶功能的催化域，除了催化域外，还拥有一个碳水化合物结合域，通过该结合域与底物结合来执行酶的功能。这些酶的催化域可以是水解糖苷键的糖基水解酶，也可以是水解木聚糖和阿魏酸或乙酸之间的酯键的碳水化合物酯酶。甘露糖苷酶、阿拉伯呋喃糖苷酶和葡萄糖醛酸苷酶参与糖苷键水解，属于糖基水解酶亚类。乙酰木聚糖酯酶和阿魏酰木聚糖酯酶参与酯键水解，属于碳水化合物酯酶亚类。

应用：半纤维素酶可用于处理咖啡豆，能降低咖啡的黏度，使咖啡的抽提率增加，从而降低速溶咖啡的生产成本；半纤维素酶可以水解谷物面粉中的木聚糖产生木寡糖从而改善面包的质地结构和松软度；它还可与果胶酶合用，使柑橘类果汁澄清。

8.1.5　木聚糖酶

木聚糖酶是一类可降解木聚糖的酶系，多为诱导酶，其水解产物主要为寡聚木糖和木二糖，也含有木糖和阿拉伯糖。内切型木聚糖酶为：1,3-β-木聚糖内切酶（endo-1,3-beta-xylanase，EC3.2.1.32），1,4-β-木聚糖内切酶（endo-1,4-beta-xylanase，EC3.2.1.8）。外切型木聚糖酶为：木聚糖1,4-β-木糖苷酶（xylan 1,4-beta-xylosidase，EC3.2.1.37），木聚糖1,3-β-木糖苷酶（xylan 1,3-xylosidase，EC3.2.1.72）。此外，

还包括可降解纤维素生成葡萄糖的纤维素酶。

食品酶制剂中木聚糖酶主要来源于霉菌、酵母、枯草芽孢杆菌等，以黑曲霉来源的 1,4-β-木聚糖内切酶最适 pH 为 5，稳定 pH 为 3～9，最适温度为 45℃；以枯草芽孢杆菌来源的木聚糖 1,4-β-木糖苷酶最适 pH 为 7，最适温度为 50℃。Cu^{2+}、Zn^{2+}、Fe^{3+}、Fe^{2+} 等金属离子对木聚糖酶活性有抑制作用，而 Co^{2+}、Mn^{2+} 对其有促进作用。

作用机制：木聚糖内切酶作用于木聚糖和长链木寡糖，随机水解断裂木聚糖主干链内部的 β-1,4-糖苷键，多数作用于木聚糖的无侧链区段，产生木寡糖或带有侧链的寡聚糖，从而降低木聚糖的聚合度；木聚糖外切酶则作用于木聚糖和木寡糖的非还原性末端，产物为木糖；纤维素酶能够随机作用于纤维素长链内部的 β-1,4-糖苷键，将纤维素降解成小分子多糖。

应用：木聚糖酶可降解淀粉外围纤维素、木聚糖及半纤维素，利于淀粉酶与淀粉的接触，从而提高淀粉的利用率，增加酒精的产率。作为面粉改良剂，木聚糖酶可以使面团具有更好的延展性以及较强的持气和产气能力。木聚糖酶和果胶酶等组成的复合酶制剂可以降低果汁中果胶含量，减少澄清工艺中果胶酶的用量，改善果浆结构，降低黏度，易于固液分离，缩短压榨作用时间。应用木聚糖酶可生产功能性低聚木糖。

8.1.6　半乳糖苷酶

半乳糖苷酶是可以水解含半乳糖苷键物质的一种酶类，分为 α-半乳糖苷酶和乳糖酶（β-半乳糖苷酶）。

① α-半乳糖苷酶（α-galactosidase，EC 3.2.1.22），系统名称为 1,6-α-D-半乳糖苷半乳糖基水解酶，是能够从 α-半乳寡糖、半乳甘露聚糖侧链、半乳糖脂和糖蛋白的非还原端逐个水解半乳糖残基的糖苷酶。食品工业的 α-半乳糖苷酶主要来源为黑曲霉，其稳定温度为 55℃，最适反应温度 50～60℃，最适 pH4.5。

② 乳糖酶（lactase，EC 3.2.1.23），系统名称为 β-D-半乳糖苷半乳糖水解酶，也称为 β-半乳糖苷酶，是能水解多糖、寡糖或次级代谢产物中的 β-半乳糖苷键的一类酶，来源多样，包括霉菌（米曲霉和黑曲霉）、酵母菌（脆壁克鲁维酵母、乳克鲁维酵母和巴斯德毕赤酵母）以及两歧双歧杆菌等，目前被广泛应用的是来自霉菌和克鲁维酵母菌属的乳糖酶。黑曲霉（P29853）来源的乳糖酶最适 pH 2～4，最适温度 65℃；乳克鲁维酵母菌（KLLAC4）所产乳糖酶最适 pH7，最适温度 35℃。

作用机制：① α-半乳糖苷酶属外切糖苷酶，能专一催化半乳糖寡糖、半乳甘露聚糖和半乳脂质等 α-D-半乳糖苷中末端非还原性 α-D-半乳糖残基的水解。

② 乳糖酶可催化两类反应：一是水解反应，即将一分子的乳糖水解成一分子的半乳糖和葡萄糖；二是转移反应，即将一分子的乳糖与 1～4 个的半乳糖（其他糖基）反应生成低聚半乳糖（其他低聚糖）。

应用：①棉籽糖家族寡糖不能被人体消化吸收，会导致胃肠胀气和腹泻，

α-半乳糖苷酶可用于消除棉籽糖家族寡糖；α-半乳糖苷酶可用于合成α-低聚半乳糖（益生元），促进肠道双歧杆菌和乳杆菌的增殖，降低梭菌的数量。

② 乳糖酶通过转苷作用生成低聚半乳糖，可减少肠道有害毒素的产生，防止便秘和腹泻，可生产乳糖不耐受患者专用乳制品；可增加乳制品的甜度，改善口感，还可防止乳制品冷冻时的结晶现象；能通过降解细胞壁的多糖促进乙烯生成，乙烯促进果蔬软化和成熟。

概念检查 8.2

○ 如何能让乳糖不耐受患者也能享用奶制品而不出现不良反应？

（www.cipedu.com.cn）

8.1.7　转化酶

转化酶（invertase，EC3.2.1.26），系统名为β-呋喃果糖苷酶，又称蔗糖酶，可以不可逆地催化蔗糖裂解为果糖和葡萄糖。转化酶是糖代谢的关键酶，在植物生长、发育及蔗糖的分配等代谢调节中起重要作用。转化酶广泛分布于自然界的植物、动物和微生物中，但酶制剂主要来自酿酒曲霉属和酵母属的某些种。其中，国标GB2760食品添加剂中转化酶主要来源于酿酒酵母（*Saccharomyces cerevisiae*）。以酿酒酵母（*Saccharomyces cerevisiae* CAT-1）来源的转化酶为例，该酶在pH3～7、温度50℃较为稳定，且该酶的最适pH为4.5，最适温度为50℃。水解速度受糖浓度的影响，糖浓度为5%～8%时水解速率最高，当浓度增加到70%时水解速率降低至四分之一。该酶对银离子、硝酸根离子敏感，易失活。

作用机制：转化酶水解蔗糖中的糖苷键使蔗糖水解为葡萄糖和果糖。

应用：转化酶可以使蔗糖分解成葡萄糖和果糖，从而得到比蔗糖的溶解度更高、不易有结晶析出的高浓度转化糖浆；可用于软糖和巧克力糖软芯中防止出现蔗糖结晶；可用于从棉籽糖制备蜜二糖和从菊粉中制备果糖，以及降低果汁和人造蜂蜜中蔗糖含量等。因此，转化酶被广泛应用于冰淇淋、巧克力、各种糖果、果酱、饮料、婴儿配方和烘焙食品等中，亦用于生产人造蜂蜜及从食品中除去蔗糖。

8.1.8　菊糖酶

菊糖酶（inulinase）是一种糖苷水解酶，作用于菊糖中β-1,2-糖苷键。根据水解方式的不同，可将菊糖酶分为两类，分别是内切菊糖酶（EC.3.2.1.7）及外切菊糖酶（EC.3.2.1.80）。该酶的主要来源为黑曲霉。内切菊糖酶的分子质量为56～69kDa，最适温度范围为50～65℃，最适pH范围为4～6。Cd^{2+}、Co^{2+}、Fe^{3+}、Hg^{2+}、Mn^{2+}、Ni^{2+}、Zn^{2+}对内切菊糖酶活力具有强烈的抑制。外切菊糖酶的分子质量为83kDa，最适温度55℃，最适pH4.5。Al^{3+}、Cu^{2+}、Fe^{3+}、Hg^{2+}、Mg^{2+}及D-葡萄糖对外切糖酶具有抑制作用。

作用机制：内切菊糖酶通过在菊糖内部随机剪切，将菊糖剪切成不同长度的果糖链，其水解的产物主要是低聚果糖；外切菊糖酶通过对菊糖的非还原性末端作用，进而对菊糖进行降解，释放出果糖。

应用：内切菊糖酶是在菊糖分子内的β-1,2-糖苷键进行随机剪切，可以催化菊糖分解出低聚果糖，因而在制糖工业上可以用于生产低聚果糖；外切菊糖酶则是在菊糖的非还原末端进行催化，将果糖分子逐个切下，因而在制糖工业上可用于高果糖浆的生产。

8.1.9 右旋糖酐酶

葡聚糖是指以葡萄糖为单糖组成的同型多糖，葡萄糖单元之间以糖苷键连接。其中根据糖苷键的类型又可分为 α-葡聚糖和 β-葡聚糖。α-葡聚糖中使用较多的是右旋糖酐。右旋糖酐酶（dextranase，EC 3.2.1.11）属于糖苷水解酶，是一种将高分子右旋糖酐催化降解为低分子量多糖的水解酶，该酶的主要来源为丽毛壳菌 [*Chaetomium gracile*，又名无定毛壳菌（*Chaetomium erraticum*）]。右旋糖酐酶分子质量约为59kDa，天然形式为二聚体；反应温度为55～65℃（最适温度60℃），反应pH为4～6（最适pH5.2）。Ca^{2+} 及 Co^{2+} 是右旋糖酐酶的激活剂，Cu^{2+}、Fe^{3+}、Hg^{2+} 是右旋糖酐酶的抑制剂。

作用机制：右旋糖酐酶主要作用于右旋糖酐中的 α-1,6-糖苷键，内切右旋糖酐酶其水解产物主要为异麦芽糖、异麦芽三糖、D-葡萄糖等；外切右旋糖酐酶作用于右旋糖酐的非还原端，释放的产物为葡萄糖。大多数的右旋糖酐酶只有在多个连贯的 α-1,6-糖苷键存在时才能发挥催化的作用。

应用：右旋糖酐酶能催化水解高分子右旋糖酐制备功能性低聚异麦芽糖。在果汁生产的过程中，添加右旋糖酐酶降低右旋糖酐的分子量，进而降低果汁的黏度，改善果汁的品质。在制糖工业中，它可以降低蔗糖加工过程中糖浆的黏度、减少蔗糖在加工过程中的损失以及提高蔗糖的回收率。

8.1.10 β-葡聚糖酶

β-葡聚糖酶是一类能水解 β-葡聚糖的水解酶，按作用方式的不同，分为内切和外切两类，包括内切 β-1,3-葡聚糖酶（glucan endo-1,3-beta-D-glucosidase，EC3.2.1.39）、内切 β-1,4-葡聚糖酶（cellulase，EC3.2.1.4）、β-(1,3-1,4)-葡聚糖酶 [endo-(1,3-1,4)-beta-glucanase，EC3.2.1.6]、外切 β-1,3-葡聚糖酶（glucan 1,3-beta-glucosidase，EC3.2.1.58）、外切 β-1,4-葡聚糖酶（glucan 1,4-beta-glucosidase，EC3.2.1.74）。β-葡聚糖酶来源较多，包括地衣芽孢杆菌、黑曲霉、枯草芽孢杆菌等11种菌株。不同种类的 β-葡聚糖酶的酶学性质有所不同。如源于枯草芽孢杆菌的 β-葡聚糖酶在pH 2.5～9是稳定的，而最适pH在6.5～7之间，最适温度为60℃。源于黑曲霉US368的新型 β-葡聚糖酶在pH 3～10、50～70℃是稳定的，而最适pH5，最适温度60℃。

作用机制：β-葡聚糖酶能有效地降解 β-葡聚糖分子中的 β-1,3-糖苷键和 β-1,4-糖苷键，使之降解为小分子，降低亲水性和黏性。内切酶主要随机地将 β-葡聚糖的长链切割成几条短链，释放出分子量较小的寡聚糖，可明显降低 β-葡聚糖的黏度；而外切酶则是从非还原性末端开始作用，将葡聚糖切割成单个葡萄糖，对 β-葡聚糖黏度的影响较小。

应用：β-葡聚糖酶应用于啤酒生产中，可解决因大麦难降解、黏度大的 β-葡聚糖引起的麦汁和啤酒过滤速度慢的问题；在制糖工业中，添加 β-葡聚糖酶降解糖汁中以 β-糖苷键连接的葡聚糖，可显著降低葡聚糖的含量，有利于甘蔗在制品的澄清脱色。

8.2　蛋白酶类

蛋白酶（EC 3.4）是一类水解肽键的酶（peptide hydrolases），按其作用方式可分为内肽酶和端肽酶；按其活性中心和最适pH可分为丝氨酸蛋白酶、巯基蛋白酶、金属蛋白酶和天冬氨酸蛋白酶；按其反应的最适pH值，分为酸性蛋白酶、中性蛋白酶和碱性蛋白酶。蛋白酶广泛存在于动物内脏、植物茎叶和果实、微生物中。动物来源的如胃蛋白酶、胰蛋白酶、胰凝乳蛋白酶，植物来源的如菠萝蛋白酶、木瓜蛋白酶、无花果蛋白酶，食品酶制剂中的微生物蛋白酶主要来源于芽孢杆菌（地衣芽孢杆菌、解淀粉芽孢杆菌、枯草芽孢杆菌、嗜热脂肪芽孢杆菌）、曲霉（黑曲霉、米曲霉、蜂蜜曲霉）、毛霉（米黑根毛霉、微小毛霉）、酵母、寄生内座壳（栗疫菌）等。

GB 1886.174—2016附录中的蛋白酶活力测定是利用酶在一定的温度与pH条件下，水解酪蛋白底物，产生含有酚基的氨基酸（如酪氨酸、色氨酸等），在碱性条件下，将福林试剂还原，生成钼蓝与钨蓝，用分光光度计于波长680 nm下测定溶液的吸光度。酶活力与吸光度成比例，由此可以计算产品的酶活力。

8.2.1　胃蛋白酶

胃蛋白酶又名胃液素、胃蛋白酵素、胃酶，包括胃蛋白酶A（pepsin A，EC 3.4.23.1）和胃蛋白酶B（pepsin B，EC 3.4.23.2）。主要来源于猪、小牛、小羊、禽类的胃组织，以酶原的形式存在于胃底的主细胞里，为一种蛋白质水解酶。从猪胃组织中提取的胃蛋白酶A分子量为35000，最适pH2.1～2.2，最适温度37℃；胃蛋白酶B分子量为36000，最适pH3.0，最适温度35.5℃。

作用机制：胃蛋白酶仅作用于肽键，而不能水解酯类和酰胺类化合物。由苯丙氨酸、酪氨酸及色氨酸形成的肽键，被胃蛋白酶优先水解，胃蛋白酶对两个相邻芳香族氨基酸的肽键最为敏感。胃蛋白酶活性中心含有两个羧基，其中天冬氨酸为催化基团；当酶还没有与底物相结合时，一个羧基处在质子化状态，而另一个羧基处在离解状态。酶与底物生成酶底物络合物后，离解羧基对底物肽键上羰基的亲核进攻，导致一个共价中间物的形成；然后质子化羧基上的羰基氧，从羟基取走一个质子，这样有助于它的羧基碳对肽键—NH—的亲电进攻；最后，氨基-酰基-酶中间物经水解生成产物，酶得到再生。

应用：胃蛋白酶可用于鱼粉制造和其他蛋白质（如大豆蛋白）的水解，在干酪制造中与凝乳酶合作能起到凝乳作用，可用于防止啤酒的冷冻混浊，亦可应用于方便食品，如酸奶、口香糖生产中。

8.2.2　胰蛋白酶

胰蛋白酶（trypsin，EC 3.4.21.4）属于丝氨酸蛋白酶，主要从猪或牛的胰腺提取，因为天然酶半衰期时间较短，常加工成结晶冻干制剂。从牛胰腺中提取的胰蛋白酶分子量为23300，最适温度为45℃，最适pH范围7.8～8.6，pH为2.3时具有最大稳定性，pH5以上易自溶失活，pH>9.0不可逆失活，Ca^{2+}对其有保护和激活作用。猪胰蛋白酶的化学结构与牛胰蛋白酶十分相似，但分子构型与之有很大区别。猪胰蛋白酶的热稳定性较高，无螯合Ca^{2+}的中心部位，因此，Ca^{2+}对其保护作用不明显。

作用机制：胰蛋白酶是肽链内切酶，它能选择性地水解蛋白质中赖氨酸和精氨酸的羧基端肽键，能消化溶解变性蛋白质，对未变性的蛋白质无作用。因此，对活细胞的蛋白质以及有活性的消化酶不起作用。它不仅起消化酶的作用，而且还能限制分解糜蛋白酶原、羧肽酶原、磷脂酶原等其他酶的前体，起活化作用。

胰蛋白酶，由于在底部有一个谷氨酸残基（肽链的189位置），它的离解使得其带负电荷，所以底物

中侧链带正电荷的氨基酸残基（例如赖氨酸或精氨酸）可以进入，并由195位置上的丝氨酸产生相应的催化作用；而对于弹性蛋白酶，由于在肽链的216位存在缬氨酸、226位存在丝氨酸，妨碍了底物中有较大侧链基团的残基进入，所以只有拥有较小空间体积的氨基酸残基（例如丙氨酸）进入，所以只能水解由丙氨酸残基形成的酰胺键。

应用：胰蛋白酶可促进肉类中蛋白质的水解，增加其中氨基酸小分子肽等风味物质，对改善肉类食品的风味具有重要意义。除此之外，胰蛋白酶在酒类和饮料的澄清、畜血蛋白的水解、胰蛋白胨制备、缩短鱼露生产时间、增强牛奶稳定性等方面应用前景较大。

 概念检查 8.3

○ 胰蛋白酶被用于腊肉提高其风味的原理是什么？

（www.cipedu.com.cn）

8.2.3　胰凝乳蛋白酶

胰凝乳蛋白酶（chymotrypsin，EC 3.4.21.1）又称为糜蛋白酶，主要从猪或牛的胰腺中提取分离制得。牛胰凝乳蛋白酶分子量为25 000，最适温度为36℃左右，最适pH值范围7.8～9，pI8.8左右。酶发挥催化作用需要Ca^{2+}辅助，在室温下，Ca^{2+}浓度为5mmol/L时，酶活性可增加1.5倍。

作用机制：胰凝乳蛋白酶是肽链内切酶，专一地水解芳香族氨基酸色氨酸、酪氨酸及苯丙氨酸、亮氨酸等氨基酸残基羧基侧的肽键。其催化部位是由组氨酸（His$_{57}$）、丝氨酸（Ser$_{195}$）、天冬氨酸（Asp$_{102}$）组成的，组氨酸的咪唑基起一般酸碱催化剂的作用，先促进Ser$_{195}$的羟基氧对底物敏感键中的羰基碳原子进行亲核攻击，从而形成酰化中间物，并释放出含有氨基的蛋白质部分（第一部分蛋白质水解产物，片段1），再促进酰化中间物的酰基转移到酰基受体（水或醇）上，导致酶以及第二部分蛋白质水解物（含羧基部分，片段2）的游离，从而完成整个蛋白质水解反应的催化过程。

应用：胰凝乳蛋白酶在保健品、营养饮料、婴幼儿食品、糖果、乳制品等行业中均有应用，如干酪素及酪蛋白磷酸肽的生产、骨胶原蛋白及畜禽屠宰废弃物的水解物——短肽及氨基酸的制备、增鲜调味品、食品焙烤、牛肉嫩化剂、脱脂剂等。

8.2.4　菠萝蛋白酶

菠萝蛋白酶（bromelain）来源于菠萝，根据获得部位的不同，分为果菠萝蛋白酶（fruit bromelain，EC 3.4.22.33）和茎菠萝蛋白酶（stem bromelain，EC 3.4.22.32）。因品种、作用底物等条件的不同，酶的最适作用温度和pH差异较大，果菠萝蛋白酶最适 pH 范围为 2.9～8.3，最适温度范围为 30～70℃；茎菠萝蛋白酶最适 pH 范围为 3.2～10，最适温度范围 25～62.5℃。一种商品菠萝蛋白酶的最适温度 50～60℃，最适 pH 5～8。菠萝蛋白酶易受到铜、铁等金属离子的影响，使其活性降低，而 NaCl、KCl 对酶反应影响不大，$MgCl_2$、$CaCl_2$ 对酶也有一定程度的抑制作用。

作用机制：菠萝蛋白酶水解肽键具有广泛的特异性，优先水解碱性氨基酸或芳香族氨基酸的羧基侧的肽链，选择性水解纤维蛋白，可分解肌纤维，而对纤维蛋白原作用微弱。果菠萝蛋白酶与茎菠萝蛋白酶对合成底物的水解有区别，前者能作用 Bz-Phe-Val-Arg-/-NHMec，但不能作用 Z-Arg-Arg-/-NHMec；而后者对 Z-Arg-Arg-/-NHMec 有强烈的偏好。

应用：菠萝蛋白酶可用于肉质嫩化、啤酒澄清、干酪生产等。菠萝蛋白酶对含酪氨酸较多的蛋白质有很强的水解能力，用于牛肉加工中的嫩化过程，可缩短时间、提高牛肉的适口感。在面团中加入菠萝蛋白酶，对面团的松弛度有改善作用，并能有效防止面团缩水，使面团在烘焙过程中均匀膨胀，提高面包生产率。

8.2.5　木瓜蛋白酶

木瓜蛋白酶又称木瓜酶（papain，EC3.4.22.2），是一类巯基蛋白酶，来源于木瓜。木瓜蛋白酶的最适 pH 和温度随底物而异，以酪蛋白为底物时，酶的最适 pH 为 6.5，最适温度为 60℃；而以 $α$-N-苯甲酰-L-精氨酸乙酯为底物时，酶的最适 pH 升至 7.2，最适温度升至 65℃。一种商品木瓜蛋白酶的最适温度 65℃，最适 pH 6～7；Cu^{2+}、Ag^+、Zn^{2+}、Hg^{2+}、Fe^{3+} 等多种金属离子对其活性有抑制作用。

作用机制：木瓜蛋白酶具有较宽的底物特异性，主要作用于蛋白质中精氨酸、赖氨酸和甘氨酸参与形成的肽键，并能优先水解在肽链的 N 端具有 2 个羧基的氨基酸或芳香族氨基酸的肽键。木瓜蛋白酶催化水解反应包括三个步骤：酶与底物结合、酰化和去酰化。

应用：①啤酒澄清剂。木瓜蛋白酶能减少啤酒、果酒出现低温混浊现象，延长产品的贮运时间和货架期。②饼干松化剂。木瓜蛋白酶能降低面团筋度，提高饼干疏松度，成形性好，能使饼色油润，减少次品率，提高成品率。③肉类嫩化剂。木瓜蛋白酶能使老牛肉、老鸡肉、猪肉、羊肉、猪肚、鱿鱼及鲍鱼等较坚韧肉类迅速嫩化，有利消化并提高营养价值。

8.2.6　无花果蛋白酶

无花果蛋白酶（ficin，EC 3.4.22.3）是一类巯基蛋白酶，来源于无花果。不同无花果中酶的分子量不同，其最适温度和 pH 也存在差异。例如分子量为 23400 的无花果蛋白酶最适温度 60℃，最适 pH6.5。而分子量为 26000 的无花果蛋白酶最适温度 60℃，最适 pH8。一种商品无花果蛋白酶的最适温度 65℃，最适 pH 5.7。

作用机制：无花果蛋白酶与木瓜蛋白酶的作用特性相似，对肽键具有广泛的特异性，它优先水解具有大的疏水侧链的氨基酸。其催化作用分为 3 个步骤：①快速形成松散的酶-底物复合物；②酶活性中心的—SH 被底物的羰基酰化；③酰化酶的分解，生成酶与产物。

应用：无花果蛋白酶可抑制水果发生褐变，所以可以用作蔬菜、水果、虾等天然食品的保鲜剂；还可用于肉类的嫩化、乳液的凝固剂、焙烤食品添加剂等。

8.2.7　凝乳酶

凝乳酶（chymosin，EC 3.4.23.4）是一种具有凝乳作用的蛋白酶，最早在未断奶的小牛胃中被发现，

分了质量介于32000~49000Da，是一种酸性蛋白酶。凝乳酶分子活性部位中因其含有两个天冬氨酸残基，又称为天冬氨酸蛋白酶（aspartic proteinase）。根据第244位氨基酸残基的不同又分为凝乳酶A（残基为Asp）和凝乳酶B（残基为Gly）。粗制凝乳酶来源于小羊、山羊或羔羊皱胃，作用的温度会影响牛奶凝结活性，在65℃时最佳，在75℃时活性完全丧失。利用基因工程技术，可以将小牛前凝乳酶A基因转移到大肠杆菌K-12中，通过发酵的方法得到凝乳酶A，其最适pH为4.2；同样地，将小牛前凝乳酶B基因转移到黑曲霉泡盛变种和乳克鲁维酵母可以得到凝乳酶B，其最适pH为3.7。

作用机制：凝乳酶专一性地剪切Phe_{105}-Met_{106}连接的κ-酪蛋白，能导致牛奶凝结。乳中大约80%是酪蛋白，主要包括α_{s_1}-酪蛋白、α_{s_2}-酪蛋白、β-酪蛋白和κ-酪蛋白。前3个都是疏水性蛋白质，位于酪蛋白内部，能被Ca^{2+}沉淀，而κ-酪蛋白位于酪蛋白表面，对Ca^{2+}不敏感，但是它可以形成保护层而得到稳定的酪蛋白胶束。故凝乳酶的凝乳机理主要体现在：凝乳酶与酪蛋白结合，接着κ-酪蛋白分子层部分水解，使α-酪蛋白、β-酪蛋白失去胶体保护作用成为副酪蛋白，并在游离钙存在的条件下形成"钙桥"，使副酪蛋白的微粒发生团聚作用而产生凝胶体——副酪蛋白钙，从而使乳凝固。

应用：凝乳酶广泛用于乳酪制造业，成为重要的酶制剂，其产值占全世界酶制剂的15%。在奶酪的生产过程中，凝乳酶作为一种关键酶，不但在凝乳过程中起凝乳作用，同时又对奶酪的质构和特有风味的形成具有重要作用。

8.2.8　氨基肽酶

端肽酶是从蛋白质（多肽）分子的游离氨基或羧基的末端逐个将肽键水解，生成氨基酸，前者为氨基肽酶，后者为羧基肽酶。食品工业用酶制剂中的氨基肽酶（aminopeptidase，EC 3.4.11）来源于米曲霉（*Aspergillus oryzae*），主要为以下几种。

① 亮氨酸氨基肽酶（leucyl aminopeptidase，EC 3.4.11.1）：能水解肽链N端并由亮氨酸和其他氨基酸形成肽键的酶，属于肽酶家族M17。以来自米曲霉460的亮氨酸氨基肽酶为例，当其底物为α-Glu-Tyr-Glu时，最适pH为5；底物为Met-Glu时，最适pH为5.5；底物为Leu-Gly-Gly和Leu-β-萘酰胺时，最适pH为8。在上述作用条件下，最适温度为50℃，稳定pH为5.5~9，稳定温度为60℃。

② 脯氨酸氨基肽酶（prolyl aminopeptidase，EC 3.4.11.5）：可特异性水解蛋白质或多肽N端脯氨酸残基的外肽酶，属于肽酶家族S3。以来自米曲霉JN-412的脯氨酸氨基肽酶为例，其最适pH为7.5，最适温度为60℃，稳定温度为30℃。

③ D-立体特异性氨基肽酶（D-stereospecific aminopeptidase，EC 3.4.11.19）：以 I 构型优先于N末端残基的氨基肽酶，属于肽酶家族S12。以来自米曲霉G7H7Y1的D-立体特异性氨基肽酶为例，其最适pH为8~9，最适温度为40℃，稳定pH为8~11。

④ 氨基肽酶Ⅰ（aminopeptidase Ⅰ，EC 3.4.11.22）：属于肽酶家族M18。以来自米曲霉ATCC20386的氨基肽酶Ⅰ为例，其最适pH为9.5，最适温度为55℃，稳定温度为70℃。

作用机制：氨基肽酶的催化机制主要分为三类，即由活性中心金属离子介导的催化过程，由活性中心Cys残基介导的催化过程，由活性中心Ser残基介导的催化过程。不同催化机制的氨基肽酶具有不同的抑制剂。

应用：氨基肽酶多应用于脱除蛋白质水解液的苦味、蛋白质的深度水解和制备生物活性肽。氨基肽酶与其他蛋白酶复合使用，可大幅度提高蛋白质的水解度。在酱油酿造、干酪生产及其他蛋白质水解产品的制备过程中，可提高蛋白质的利用率，节省成本。

8.3　酯酶类

酯酶（EC 3.1）能水解酯键为醇和酸，根据底物酯中酸或醇的特异性要求，可以将其分为羧酸酯水解酶、磷酸一酯水解酶、磷酸二酯水解酶、硫酸酯水解酶、硫酯水解酶等。其中只有硫酯水解酶是根据底物中醇命名的，这一类酶包括许多在有水存在条件下能裂开酰基CoA的酶以及一些作用于硫醇衍生物的酶。羧酸酯水解酶和磷酸酯水解酶是食品中重要的两种酯酶。狭义的酯酶也有指水解低级脂肪酸酯的脂肪酶。

8.3.1　脂肪酶

脂肪酶（triacylglycerol lipase，EC3.1.1.3）又称甘油酯水解酶，能够水解三脂酰甘油酯，释放甘油二酯、甘油一酯、甘油以及游离脂肪酸。主要来源于动植物和微生物，食品工业中应用的产脂肪酶菌株主要是根霉、曲霉、毛霉、假丝酵母等。如柱晶假丝酵母产的脂肪酶，其最适pH5.0，最适温度20℃；黑曲霉产的脂肪酶最适pH3.0~6.5，最适温度为35~45℃，在温度4~55℃范围内稳定。按脂肪酶对底物的特异性可分为三类：脂肪酸特异性、位置特异性和立体特异性。依据脂肪酶的来源不同，脂肪酶还可以分为动物性脂肪酶、植物性脂肪酶和微生物性脂肪酶。不同来源的脂肪酶可以催化同一反应，但反应条件相同时，酶促反应的速率、特异性等则不尽相同。

作用机制：脂肪酶具有油-水界面的亲和力，脂肪酶的活性部位残基由丝氨酸、天冬氨酸、组氨酸组成三联体，属于丝氨酸蛋白酶类。作用于亲水-疏水界面层，这是区别于酯酶的一个特征。在油水界面上，脂肪酶催化三酰甘油的酯键水解，释放含更少酯键的甘油酯或甘油及脂肪酸。此外，还有多种酶活性，如催化多种酯的水解、合成及外消旋混合物的拆分。根据底物专一性分为非专一性脂肪酶、脂肪酸专一性脂肪酶和专一性脂肪酶。

应用：脂肪酶可催化脂肪生成脂肪酸和甘油，在脂肪酸与肥皂工业上广泛应用。脂肪酶在乳品生产中会产生双重影响，一方面，由于脂肪酶对乳脂肪的分解，造成乳粉在保存过程中质量劣化，会使干酪制品产生不愉快的风味；另一方面，通过应用脂肪酶在乳品中进行乳脂水解，可进一步增强干酪、奶粉、奶油的风味，促进干酪的成熟，改善乳制品的品质。此外，适当加入脂肪酶，可有效改善面类产品的质量及弹性。

8.3.2　磷脂酶

磷脂酶是一类能水解磷脂酯键的水解酶，依据其作用位点，可分为磷脂酶A_1、A_2、B、C和D（图8-1），

能特异地作用于磷脂分子内部的各个酯键，形成不同的产物。其中作为食品酶制剂的有磷脂酶、磷脂酶 A_2、磷脂酶 C 和溶血磷脂酶（磷脂酶 B）。

动物体内有多种内源性磷脂酶，将磷脂降解为甘二酯、磷酸胆碱和磷酸肌醇等活性物质。最初的磷脂酶 A_1、A_2 和 D 均是从动物的胰脏中提取，来源有限；随后发现多种微生物来源的磷脂酶，例如，在食品酶制剂生产中，应用黑曲霉发酵生产磷脂酶 A_2，用巴斯德毕赤酵母生产磷脂酶 C 等。

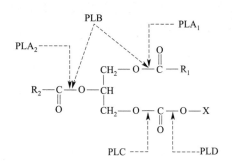

图 8-1 不同磷脂酶作用的磷脂部位示意图

作用机制：①PLA_1（phospholipase A_1，EC 3.1.1.32）是一类能够在磷脂甘油部分的磷脂 Sn-1 位点选择性断裂酯键的酶，生成 1-β 溶血磷脂和脂肪酸。②PLA_2（phospholipase A_2，EC3.1.1.4）是一类能够在磷脂甘油部分的磷脂 Sn-2 位点选择性断裂酯键的酶，生成 1-α 溶血磷脂和脂肪酸。③PLB（phospholipase B，EC 3.1.1.5）具有水解酶和溶血磷脂酶-转酰基酶的活性。水解酶的活性可清除磷脂（磷脂酶 B 的活性）和溶血磷脂中的脂肪酸（溶血磷脂酶的活性），转酰基酶活性则将游离脂肪酸转移到溶血磷脂而生成磷脂。④PLC（phospholipase C，EC3.1.4.3）是一类能够在磷脂甘油部分的磷脂 Sn-3 位点选择性断裂酯键的酶，并且是含有 Zn^{2+}、Mg^{2+} 等离子的金属酶。在动物中，PLC 在磷酸二酯键的甘油侧选择性地催化磷脂［磷脂酰肌醇 4,5-二磷酸（PIP2）］水解，形成酶与底物弱结合的中间体肌醇 1,2-环磷酸二酯和释放二酰基甘油（DAG），然后将中间体水解成肌醇 1,4,5-三磷酸酯（IP3）。PLC 进行酸/碱催化需要两个保守的组氨酸残基，并且 PIP2 水解需要钙离子。⑤PLD（phospholipase D，EC3.1.4.4）是一类催化磷脂分子中磷酸二酯键水解以及碱基交换反应的一类酶的总称。PLD 可从植物（如卷心菜、白菜叶、胡萝卜等）、微生物（如酿酒酵母）中纯化提取。PLD 水解多种磷脂产生磷脂酸（PA）。

应用：在油脂精炼中，磷脂酶可以作用于磷脂，生成极易溶于水的磷酸盐，达到去除磷脂的目的，提高植物油的品质；磷脂酶 A 使蛋黄具有更强的乳化性能，同时其热稳定性大大提高，从而使得改性后的蛋黄制品在高强度的巴氏杀菌条件下还能保持较好的感官指标；磷脂酶用于多种乳制品的加工，可以改善脂肪的稳定性或增加精化过程奶酪、黄油、牛奶和冰淇淋的产量，具体涉及酯键水解的主要酶是 PLA_1、PLA_2 和 PLB；磷脂酶用于修饰磷脂，可以释放出溶血磷脂，它在烘焙面包的过程中的作用像湿润剂，可延长保质期，溶血磷脂具有乳化性质，可改善面团流变学特性，减少乳化剂的使用。

8.4　其他酶类

8.4.1　α-乙酰乳酸脱羧酶

α-乙酰乳酸脱羧酶（alpha-acetolactate decarboxylase，EC.4.1.1.5），又被称为α-羟基-2-甲基-3-氧-丁酸羧基裂解酶。主要来源是枯草芽孢杆菌，供体是短小芽孢杆菌。α-乙酰乳酸脱羧酶是金属酶，由两个大小相同的亚基组成，分子质量为20～40kDa。枯草芽孢杆菌α-乙酰乳酸脱羧酶稳定的pH范围是4.5～8.5，最适pH为5.0。

作用机制：α-乙酰乳酸脱羧酶（ALDC）能够对乙酰乳酸进行脱羧，随后进行质子化反应产生乙偶姻。质子化反应是α-乙酰乳酸脱羧酶催化乙酰乳酸的限速步骤。

应用：α-乙酰乳酸脱羧酶主要应用于啤酒生产，它可以有效降低啤酒发酵过程中双乙酰的含量，从而改善啤酒风味，缩短啤酒发酵期，提高啤酒产量和质量。除此之外，它还可以用来合成单一旋光性的醇类化合物。

8.4.2　葡萄糖氧化酶

葡萄糖氧化酶（glucose oxidase，GOD，EC1.1.3.4）是需氧脱氢酶，系统命名为β-D-葡萄糖氧化还原酶。高纯度的葡萄糖氧化酶为淡黄色晶体，易溶于水，不溶于乙醚、氯仿、甘油等。一般制品中含有过氧化氢酶（hydrogen peroxidase，HPD）。在紫外线下无荧光，但是在热、酸或碱处理后具有特殊的绿色。葡萄糖氧化酶主要来源于黑曲霉和米曲霉。巴斯德毕赤酵母表达的源于黑曲霉（Q0PGS3）的葡萄糖氧化酶在pH 4～9、40～60℃是稳定的，最适pH值为6，最适作用温度为40℃。

作用机制：葡萄糖氧化酶通常与过氧化氢酶组成一个氧化还原酶系统。葡萄糖氧化酶在分子氧存在下能氧化葡萄糖生成D-葡萄糖酸内酯，同时消耗氧生成过氧化氢。过氧化氢酶能够将过氧化氢分解生成水和1/2氧，而后水又与葡萄糖酸内酯结合产生葡萄糖酸。

应用：葡萄糖氧化酶的应用主要有以下5个方面。①去葡萄糖：在脱水制品如蛋白片、脱水蔬菜中加入GOD可以把残留的葡萄糖氧化，避免褐变，保持产品的色泽和溶解性。②脱氧：在含有还原性物质如黄酮、亚油酸、亚麻酸等的食品中，加入适量GOD可以有效去除氧气，保护还原性物质。③杀菌：GOD能消耗环境中的氧，阻止好氧菌生长繁殖。④食品中葡萄糖的定量分析：因GOD能专一地氧化葡萄糖，故可用于定量测定各种食品和各种混合物中的葡萄糖含量。⑤改良面粉：GOD催化β-D-葡萄糖生成过氧化氢，使面筋蛋白中的巯基在过氧化氢的作用下氧化形成二硫键，有助于面团网络结构的形成；同时面粉中过氧化物酶作用于过氧化氢产生自由基，促进戊聚糖的氧化交联反应，有利于可溶性戊聚糖氧化凝胶形成较大的网状结构，增强面团弹性。

8.4.3　漆酶

漆酶（laccase，EC 1.10.3.2）是一类含铜多酚氧化酶，属于单蛋白体分子量差异较大的糖蛋白，结构是相似的球状，由三个含有β圆桶状的杯结构及带有4个铜离子的活性中心组成。按照来源大致可以分为植物漆酶、微生物漆酶和动物漆酶。作为食品酶制剂的漆酶来源于米曲霉，它是一种适宜在温和条件下作用的氧化酶，通常作用温度范围为25～50℃，作用pH范围为3.5～6.0；金属离子Fe^{2+}会较大程度抑制其活性。

作用机制：漆酶是单电子氧化还原酶，能催化苯酚类、芳香胺类和其他富含电子的底物单电子氧化，同时将氧分子还原成水。催化不同类型底物氧化反应的机理不同，当底物是酚类和芳香胺类化合物时，生成自由基中间体，同时分子氧被还原为水；漆酶催化底物氧化和对 O_2 的还原也可以通过四个铜离子协同传递电子和价态变化来实现。

应用：漆酶常用于酒水饮料的制造过程中，它能氧化多酚类物质，使酒和饮料澄清透亮，提高产品品质，延长保质期；漆酶可使牛奶中的蛋白质发生氧化交联，使牛奶凝胶化，且黏度及保质期不受影响；漆酶加入肉片中可以形成黏胶，使产品更便于切成薄片。

8.4.4　过氧化氢酶

过氧化氢酶（hydrogenperoxidase，EC 1.11.1.6）又称触酶（catalase，CAT），是一种氧化酶，是以过氧化氢为底物，通过催化一对电子的转移而最终将其分解为水和氧气。几乎所有需氧微生物中都存在CAT，动物肝脏、红细胞、植物叶绿体等也含有大量CAT。食品工业用过氧化氢酶多以猪、牛、马的肝脏为原料提取，或以黑曲霉或溶壁微球菌进行发酵得到。肝脏来源的过氧化氢酶在pH5.3～8.0之间活性都很高，最适pH值为7.0左右，最适温度为37℃；黑曲霉来源的过氧化氢酶作用的pH范围为5～9，温度范围为15～75℃；小球菌来源的过氧化氢酶最适pH值为7～9，作用温度在30℃左右，60℃完全失活。

作用机制：过氧化氢酶催化过氧化氢分解时，同时有氢供体参加。在反应中［式（8-1）］，过氧化氢作为氢受体，而AH_2作为氢供体。过氧化氢酶也能催化过氧化氢分解，但在反应中［式（8-2）］，一分子过氧化氢作为氢供体，另一分子过氧化氢作为氢受体。

$$H_2O_2 + AH_2 \xrightarrow{\text{过氧化氢酶}} 2H_2O + A \qquad (8\text{-}1)$$

$$2H_2O_2 \xrightarrow{\text{过氧化氢酶}} 2H_2O + O_2 \qquad (8\text{-}2)$$

应用：在牛奶的保存和奶酪制作过程中都要使用过氧化氢进行杀菌消毒，使用过氧化氢酶可以去除残余的过氧化氢。在烘烤食品的制作过程中添加过氧化氢酶，可以利用其分解过氧化氢产生氧气的性质，充当疏松剂从而使产品更加膨松。

8.4.5　谷氨酰胺转氨酶

谷氨酰胺转氨酶（transglutaminase，TGase，EC2.3.2.13）又称转谷氨酰胺酶，可以催化蛋白质分子内或分子间的交联、连接以及蛋白质分子内谷氨酰胺残基的水解。根据来源不同，一般把它分为组织谷氨酰胺转氨酶（TTGase）和微生物谷氨酰胺转氨酶（MTGase或MTG）。目前，链霉菌属是微生物转谷氨酰胺酶的主要菌种来源，其次是芽孢杆菌属。食品酶制剂中谷氨酰胺转氨酶的来源为茂源链霉菌（*Streptomyces mobaraensis*），其分子质量在39～45kDa之间，最适pH为6，最适温度为52～55℃，受Zn^{2+}的强烈抑制，而不受Ba^{2+}、

Ca^{2+}、Co^{2+}、Fe^{3+}、Na^+等的影响。与TTGase相比，MTGase的底物特异性较低，对热、pH都更稳定，且无Ca^{2+}依赖性，因此更适合工业上广泛应用。

作用机制：谷氨酰胺转氨酶催化蛋白质或多肽链中的谷氨酰胺残基的γ-酰胺基和一级氨基之间酰胺基转移反应，蛋白质中的赖氨酸残基的ε-氨基也可以作为一级氨基参与反应，实现蛋白质分子间共价交联聚合，并由此能够直接改变蛋白质本身的特性。

应用：通过谷氨酰胺转氨酶的交联反应，可在食品中引入一些必需氨基酸，使食品的蛋白质组成更合理；可以避免赖氨酸与食品中的其他成分发生不必要的化学反应，防止赖氨酸流失，也减少了不良气味和色泽的产生；可提高蛋白质的加工适应性（如溶解性、起泡性、乳化性、流变性等），有效地防止发生美拉德反应，使食品的营养和色泽均得以提高；可使脂类或脂溶性物质微胶囊化，可用于包埋脂类或脂溶性物质；经该酶交联过的酪蛋白脱水后便可得到不溶于水的薄膜，这种薄膜能够被胰凝乳蛋白酶分解，是一种耐热防水防油的食用薄膜，能够用作食品包装材料；可模拟蛋白质食品，对肉制品进行重组和利用鱼糜生产仿真制品，充分利用低值肉类。

8.4.6　环糊精葡萄糖苷转移酶

环糊精葡萄糖苷转移酶（cyclodextrin glycosyltransferas，CGTase，EC2.4.1.19）又称环状淀粉转移酶，该酶通过催化环化、偶合和歧化反应来降解淀粉，是α-淀粉酶家族中的重要成员，主要作用是将淀粉、糖原、麦芽低聚糖通过环化反应生成环糊精。

我国允许使用的环糊精葡萄糖苷转移酶来源于转基因地衣芽孢杆菌（*Bacillus licheniformis*），该酶的最适温度为50℃，对温度不太敏感，热稳定性较高；最适作用pH值为8.0，稳定的pH值范围是6.0～10.0，在此范围内酶活力保存82%以上。一些金属离子对环糊精葡萄糖苷转移酶有不同程度的抑制作用，其抑制程度的大小依次为$Fe^{2+} > Cu^{2+} > Mg^{2+} > Na^+ > Mn^{2+}$。

作用机制：环糊精葡萄糖苷转移酶（CGT酶）是一种多功能型酶，它能催化四种不同的反应：歧化反应、环化反应和偶合反应三种转糖基反应以及水解反应。歧化反应是CGT酶的主要反应，该反应先把一个直链麦芽低聚糖切断，主要发生在CGT酶催化反应的初始阶段，表现为淀粉糊化液黏度快速下降。环化反应是CGT酶催化的特征反应，是一种分子内转糖基化反应，原理是将直链麦芽低聚糖非还原末端的O4或C4转移到同一直链还原末端的C1或O1上。偶合反应是环化反应的逆反应。水解反应则是将直链淀粉分子切断，然后两段均转移到水分子上，CGT酶具有轻微的水解活性。这四种反应的机理基本相同，仅仅是受体分子不同。

应用：环糊精葡萄糖苷转移酶能通过环化反应利用淀粉生产环糊精，这是其工业应用的基础。环糊精葡萄糖苷转移酶应用于面包烘焙，可以改善面包的品质，如增加面包体积、改善面包质构、延缓面包的老化。环糊精葡萄糖苷转移酶催化低聚糖转移到蔗糖或果糖上可以制备偶合糖，催化甜菊苷、橙皮苷、芸香苷、L-抗坏血酸、鼠李糖等进行糖基化，能显著提高这些物质的使用性能。

8.4.7　转葡糖苷酶

转葡糖苷酶是一类可水解麦芽糖分子及直链麦芽糊精中α-1,4-糖苷键，同时将游离出来的葡萄糖残基转移到一个葡萄糖分子或麦芽糖、麦芽三糖分子上，生成异麦芽糖、潘糖、异麦芽三糖等含α-1,6-键的寡糖的酶。转葡糖苷酶可分为沃米林葡萄糖基转移酶（vomilenine glucosyltransferase，EC2.4.1.219）、1,4-α-葡聚糖-6-α-葡萄糖基转移酶（1,4-alpha-glucan-6-alpha-glucosyltransferase，EC2.4.1.24）、α-转葡糖苷酶（alpha-glucosidase，EC 2.4.1.20）。食品工业用转葡糖苷酶的来源为黑曲霉，其中的α-转葡糖苷酶的最适

pII 为 4.3，稳定 pH 在 3.5~8 之间，最适温度为 55℃；而 1,4-α-葡聚糖-6-α-葡萄糖基转移酶的最适 pH 为 4.5，最适温度为 15℃。

作用机制：α-转葡糖苷酶可以从低聚糖类底物的非还原性末端切开 α-1,4-糖苷键，释放出葡萄糖，或将游离出的葡萄糖残基以 α-1,6-糖苷键转移到另一个糖类底物上，从而得到非发酵性的低聚异麦芽糖（主要包括异麦芽糖、潘糖、异麦芽三糖等）、糖脂或糖肽等。

应用：工业上转葡糖苷酶主要应用于低聚异麦芽糖的生产；应用于啤酒酿造，可以改善啤酒口感，生产低醇保健啤酒及低糖的清爽啤酒；利用其转苷作用，可以合成具有优良甜味的高甜度蛇菊苷衍生物及具有立体旋光性的糖脂及糖肽等；将转葡糖苷酶和葡萄糖氧化酶共固定化后制成生物传感器，可快速高效检测麦芽糖，从而应用于食品成分分析。

8.4.8　单宁酶

单宁酶（tannase，EC 3.1.1.20），也称为单宁酰基水解酶，能够特异性分解单宁酸。主要来源是米曲霉。不同菌株来源的单宁酶性质差异明显。以米曲霉（P78581）的单宁酶为例，稳定 pH 为 3.5~8.5，稳定温度为 40~70℃，最适温度为 37℃；而米曲霉（Q2UII1）单宁酶的最适 pH 为 6，最适温度为 30~35℃。

作用机制：单宁酶水解没食子酸单宁中的酯键和缩酚羧键并生成没食子酸和葡萄糖。

应用：单宁酶可去除天然食品中因单宁而引起的苦涩味；在啤酒和果汁生产中，单宁酶能使产品澄清透明，也可以防止果酒和果汁中酚类物质引起的变质；在茶叶深加工中，防止产品出现冷混浊，提高提取率，保持色泽和改善口味，还可以辅助茶叶抗氧化剂对抗食品氧化。

8.4.9　植酸酶

植酸酶（phytase），又称肌醇六磷酸水解酶，是催化植酸及植酸盐水解成肌醇与磷酸的一类酶的总称，可以专一性地水解植酸中的磷酸酯键，使磷酸游离出来。广义上的植酸酶有 3 种类型：肌醇六磷酸-3-磷酸水解酶（3-植酸酶，EC3.1.3.8）、肌醇六磷酸-6-磷酸水解酶（6-植酸酶，EC 3.1.3.26）和非特异性的正磷酸单酯水解酶（酸性磷酸酶）。它们分别在植酸分子第 3 位、第 6 位和第 2 位碳上水解 1 个磷酸基团。狭义上的植酸酶不包括磷酸酶。

作为食品酶制剂的植酸酶来源于黑曲霉，其最适温度为 65℃，最适 pH 为 5.0，该酶在低 pH 值下也很稳定；Mg^{2+}、Mn^{2+}、Cu^{2+}、Cd^{2+}、Hg^{2+}、Zn^{2+} 和 F^- 的存在会激活植酸酶，Fe^{2+} 或 Fe^{3+} 对酶活性没有明显影响，而 Ca^{2+} 则会抑制其活性。

作用机制：植酸酶将植酸分子上的磷酸基团逐个切下，形成中间产物肌醇五磷酸、肌醇四磷酸、肌醇三磷酸、肌醇二磷酸、肌醇一磷酸，终产物为肌醇和磷酸。

应用：植酸酶可以提高植物性原料食品中磷及其他矿物质元素的利用率，

提高对蛋白质、淀粉和脂肪等营养物质的利用率。植酸酶可以水解植酸及其盐类，释放结合的多价阳离子，能提高钙、镁、锌、锰、铜和铁的生物利用率，促进人体矿物质营养的平衡；植酸酶水解植酸，降低植酸的水平，减轻了植酸对胃蛋白酶和胰蛋白酶等消化酶的影响，提高人体消化吸收能力。

8.4.10　核酸酶

核酸酶（nuclease）是一类能降解核酸的水解酶，根据作用底物的不同，可以分为核糖核酸酶（ribonuclease，RNase）和脱氧核糖核酸酶（DNase）。有些核酸酶既能作用于RNA也能作用于DNA。根据作用位置的不同，可以分为核酸外切酶和核酸内切酶。

目前，食品工业用核酸酶仅由橘青霉生产得到，称为核酸酶P1（nuclease P1，NP1，EC 3.1.30.1），又名5′-磷酸二酯酶，其分子质量为42～50kDa，适用温度范围较广，是一种热稳定性酶，在60℃以下稳定；最适pH因底物而异，一般在pH5～8都有较强的活性。Ti^{3+}、Ce^{3+}、Mn^{2+}、Fe^{3+}等金属离子在一定浓度范围内显示出酶活抑制作用，而Mg^{2+}、Ca^{2+}和Zn^{2+}对酶活略有促进。

作用机制：核酸酶P1不仅具有水解RNA与DNA磷酸二酯键生成5′-核苷酸的活性，而且具有将3′-核苷酸水解成为核苷和磷酸的磷酸单酯酶活性，也可以将寡核苷酸3′末端的磷酸脱离。核酸酶P1主要是切断底物结构3′位上的磷酸，对单链底物的水解速率要远远大于双链底物，对RNA、热变性DNA、寡核苷酸都具有水解作用，对底物的碱基没有特异性。

应用：①食品添加剂。利用核酸酶催化核酸分子中C3上的—OH与磷酸间的磷酸二酯键断裂，产生5′-核苷酸，其具有强的增鲜作用。②低嘌呤食品的研制与生产。利用核酸酶将高嘌呤食物中的核酸水解为嘌呤碱，再用吸附剂来吸附嘌呤，可以有效降低嘌呤的含量。③食品检测。核酸适配体类似于抗体，可特异性识别并结合目标物，而又有优于抗体的优势，例如价格较低、活性不易受外界干扰等。而核酸酶常常被用于这些检测方法中，用于信号放大。

8.4.11　谷氨酰胺酶

谷氨酰胺酶（glutaminase，EC 3.5.1.2）是催化谷氨酰胺水解生产谷氨酸和氨的一种水解酶。主要来源为解淀粉芽孢杆菌。以解淀粉芽孢杆菌Y-9来源的谷氨酰胺酶为例，其最适pH为6.5，最适温度为60℃，在20g/100mL氯化钠溶液中仍有较高的活性（68%）。

作用机制：谷氨酰胺酶水解谷氨酰胺生成谷氨酸主要有两个步骤：第一步是谷氨酰胺酶的亲核基团和底物谷氨酰胺的酰胺部位发生亲核反应脱氨从而形成γ-酰基-酶中间产物，第二步是通过水亲核取代中间产物γ-酰基-酶中的谷氨酰胺酶从而水解形成氨基酸。

应用：谷氨酰胺酶能将酱油曲料中丰富的谷氨酰胺转化成谷氨酸，提高酱油鲜味，从而得到更高品质的酱油，目前部分耐盐性谷氨酰胺酶已被用作酱油发酵过程中的添加酶。此外，利用谷氨酰胺酶酶法合成茶氨酸相对经济，谷氨酰胺酶将谷氨酰胺水解成谷氨酸，谷氨酸与乙胺反应生成茶氨酸。将谷氨酰胺酶固定在介孔颗粒上可提高谷氨酰胺酶在茶氨酸生产过程中的可回收性。

8.4.12　脱氨酶

脱氨酶（deaminase）是一类能切断氨基而产生氨的酶。主要有以下两种：

① L-氨基酸脱氨酶（L-amino-acid oxidase，L-AAD，EC 1.4.3.2）：又名L-氨基酸氧化酶（L-AAO），是一类以FAD为辅酶的黄素蛋白，可以催化L-氨基酸脱氨形成相应的α-酮酸和氨。

② 腺苷酸脱氨酶（AMP deaminase，AMPD，EC 3.5.4.6）：是一种氨基水解酶，可高效催化腺苷一磷

酸（AMP）转变为NH_3和肌苷酸（IMP）。作为食品添加剂的AMPD来源为蜂蜜曲霉（*Aspergillus mellus*）。

柠檬酸根离子和Mn^{2+}对AMPD有激活作用，不同浓度的Na^+、SO_4^{2-}对脱氨酶无明显影响，其他离子浓度超过0.01mol/L对AMPD一般有抑制作用。

作用机制：①L-氨基酸脱氨酶可发生典型的氧化脱氨反应和非典型的氧化脱氨反应。②腺苷酸脱氨酶是一种变构酶，活性中心有组氨酸和丝氨酸，可以催化腺苷一磷酸（AMP）不可逆水解为肌苷酸（IMP）和氨，有非常广泛的底物特异性。

应用：脱氨酶中的AMPD最大用途是酶解腺苷酸生成IMP，IMP是呈味核苷酸，其二钠盐作为食品增味剂，被应用于核苷酸类调味料的生产。

8.4.13　葡萄糖异构酶

葡萄糖异构酶（D-glucose isomerase，GI，EC 5.3.1.5）又称为木糖异构酶（D-xylose isomerase，XI），主要来源为橄榄产色链霉菌、密苏里游动放线菌等7种菌。不同种属来源的葡萄糖异构酶在亚基组成、底物特异性、最适pH、最适温度以及对金属离子的要求等方面均有一定差异。葡萄糖异构酶的最适pH通常微偏碱性，在pH7.0～9.0之间；葡萄糖异构酶最适反应的温度一般在60～90℃，来自链霉菌的葡萄糖异构酶在高温下相当稳定；二价金属离子对酶的活力和稳定性有较大影响，Mg^{2+}、Co^{2+}、Mn^{2+}等对该酶有激活作用，但当浓度超过一定范围时则产生抑制作用；Ca^{2+}、Hg^{2+}、Cu^{2+}等则起抑制作用。

作用机制：葡萄糖异构酶作用底物较广，能将D-葡萄糖、D-木糖和D-核糖等醛糖转化为相应的酮糖，但当底物为D-葡萄糖或D-木糖时，只能将其α-旋光异构体转化，而不能利用其β-旋光异构体为底物。它的催化过程主要分为4个步骤：底物结合、底物开环、氢迁移反应（异构化）和产物分子的闭环。其中氢迁移反应被认为是整个反应过程的限速步骤。

应用：葡萄糖异构酶能催化D-葡萄糖为D-果糖的异构化反应，是工业上大规模以淀粉制备高果糖浆的关键酶。

📁　参考文献

[1] 李祥. 食品添加剂使用技术 [M]. 北京: 化学工业出版社, 2010: 250.

[2] 罗志刚, 杨景峰, 罗发兴. α-淀粉酶的性质及应用 [J]. 食品研究与开发, 2007(08): 169-173.

[3] 张剑, 林庭龙, 秦瑛, 等. β-淀粉酶研究进展 [J]. 中国酿造, 2009(4): 5-8.

[4] 邹艳玲, 徐美娟, 饶志明. 耐热 β-淀粉酶高产菌株的筛选及其产酶条件优化 [J]. 应用与环境生物学报, 2013(5): 121-126.

[5] Lopez C, Torrado A, Guerra N P, et al.Optimization of solid-state enzymatic hydrolysis of chestnut using mixtures of alpha-amylase and glucoamylase[J]. Agricultural and Food Chemistry, 2005, 53(4): 989-995.

[6] Kumar P, Satyanarayana T. Microbial glucoamylases: characteristics and

applications[J]. Critical Reviews in Biotechnology, 2009, 29（3）: 225-255.

[7]　Shiraga S, Kawakami M, Ueda M. Construction of combinatorial library of starch-binding domain of Rhizopus oryzae glucoamylase and screening of clones with enhanced activity by yeast display method[J]. Journal of Molecular Catalysis B Enzymatic, 2004, 28（4）: 229-234.

[8]　Malle D, Itoh T, Hashimoto W, et al. Overexpression, purification and preliminary X-ray analysis of pullulanase from Bacillus subtilis strain 168[J]. Acta crystallographica. Section F, Structural biology and crystallization communications, 2006, 62（4）: 381-384.

[9]　Ana C, Taotao X, Yun G, et al. Hydrogen-bond-based protein engineering for the acidic adaptation of Bacillus acidopullulyticus pullulanase[J]. Enzyme & Microbial Technology, 2019（124）: 79-83.

[10]　杨韵霏, 李由然, 张梁, 等 . 细菌麦芽糖淀粉酶在枯草芽孢杆菌中的诱导型异源表达 [J]. 微生物学通报, 2017, 44（2）: 263-273.

[11]　刘颖, 张玮玮 . 生物技术生产纤维素酶及其应用研究进展 [J]. 精细与专用化学品, 2007（18）: 8-10, 18.

[12]　Lucie Pařenicová, Kester H C M , Benen J A E , et al. Characterization of a novel endopolygalacturonase from Aspergillus niger with unique kinetic properties[J]. FEBS Letters, 2000, 467（2-3）: 333-336.

[13]　Naidu G S N, Panda T. Studies on pH and thermal deactivation of pectolytic enzymes from Aspergillus niger[J]. Biochemical Engineering Journal, 2003, 16（1）: 57-67.

[14]　Zhiwei Z, Junshuai D, Deqing Z , et al. Expression and characterization of a pectin methylesterase from, Aspergillus niger, ZJ5 and its application in fruit processing[J]. Journal of Bioscience & Bioengineering, 2018, 126（6）: 690-696.

[15]　Schnitzhofer W , Weber H J , Vršanská M, et al. Purification and mechanistic characterisation of two polygalacturonases from Sclerotium rolfsii[J]. Enzyme & Microbial Technology, 2007, 40（7）: 1739-1747.

[16]　Cai L, Zhang M, Shao T, et al. Effect of introducing disulfide bridges in C-terminal structure on the thermostability of xylanase XynZF-2 from Aspergillus niger[J]. Journal of General and Applied Microbiology, 2019, 65（5）: 240-245.

[17]　詹志春, 苏纯阳 . 木聚糖酶的理化特性、作用机理及其功能: 第五届饲料安全与生物技术委员会大会暨第二届全国酶制剂在饲料工业中应用学术与技术研讨会 [Z]. 湖南岳阳: 2005.

[18]　慕娟, 问清江, 党永, 等 . 木聚糖酶的开发与应用 [J]. 陕西农业科学, 2012, 58（1）: 111-115.

[19]　Alias N I, Mahadi N M, Murad A M A, et al. Expression optimisation of recombinant alpha-L-arabinofuranosidase from Aspergillus niger ATCC 120120 in Pichia pastoris and its biochemical characterisation [J]. African Journal of Biotechnology, 2011, 10（35）: 6700-6710.

[20]　解西柱 . 阿拉伯呋喃糖苷酶的克隆表达及其在麦汁制造中的应用研究 [D]. 无锡: 江南大学, 2018.

[21]　Ademark P, Larsson M, Tjerneld F, et al. Multiple α-galactosidases from Aspergillus niger: purification, characterization and substrate specificities[J]. Enzyme & Microbial Technology, 2001, 29（6）: 441-448.

[22]　Rodríguez Á P, Leiro R F, Trillo M C, et al. Secretion and properties of a hybrid Kluyveromyces lactis-Aspergillus niger beta-galactosidase [J]. Microbial cell factories, 2006, 5（1）: 41.

[23]　Barbosa P M G , Morais T P D , Silva C A D A, et al. Biochemical characterization and evaluation of invertases produced from Saccharomyces cerevisiae CAT-1 and Rhodotorula mucilaginosa for the production of fructooligosaccharides[J]. Preparative Biochemistry & Biotechnology, 2018, 48（6）: 506-513.

[24]　Catana R, Ferreira B S, Cabral J M S, et al. Immobilization of inulinase for sucrose hydrolysis[J]. Food Chemistry, 2005, 91（3）: 517-520.

[25]　Skowronek M, Fiedurek J. Purification and properties of extracellular endoinulinase from Aspergillus

niger 20 OSM[J]. Food Technology and Biotechnology, 2006, 44(1): 53-58.

[26] Zhang L, Zhao C, Zhu D, et al. Purification and characterization of inulinase from Aspergillus niger AF10 expressed in Pichia pastoris[J]. Protein Expression and Purification, 2004, 35(2): 272-275.

[27] Virgen-Ortíz J J, Ibarra-Junquera V, Escalante-Minakata P, et al. Kinetics and thermodynamic of the purified dextranase from Chaetomium erraticum[J]. Journal of Molecular Catalysis B: Enzymatic, 2015, 122: 80-86.

[28] Mccleary B V. Lichenase from Bacillus subtilis[J]. Methods in enzymology, 1988, 160(1): 572-575.

[29] Elgharbi F, Hmida-Sayari Aïda, Sahnoun M, et al. Purification and biochemical characterization of a novel thermostable lichenase from Aspergillus niger US368[J]. Carbohydrate polymers, 2013, 98(1): 967-975.

[30] 李霞, 宋代军 . β- 葡聚糖酶的作用机理及在单胃动物生产中的应用 [J]. 饲料博览, 2007(7): 15-17.

[31] 刘欣 . 食品酶学 [M]. 北京: 中国轻工业出版社, 2006.

[32] 肖英平, 刘玮, 胡向萍, 等 . 鱼类胰蛋白酶研究进展 [J]. 江西教育学院学报, 2011, 32(3): 34-38.

[33] 谢光 . 茶叶生物碱对胃蛋白酶部分理化性质的影响 [D]. 成都: 四川大学, 2006.

[34] 刘子溱 . 牦牛胰脏中糜蛋白酶的分离纯化及部分特性研究 [D]. 兰州: 甘肃农业大学, 2014.

[35] Cabral H, Leopoldino A M, Tajara E H, et al. Preliminary functional characterization, cloning and primary sequence of Fastuosain, a cysteine peptidase isolated from fruits of Bromelia fastuosa[J]. Protein and peptide letters, 2006, 13(1): 83-89.

[36] Hale L P, Greer P K, Trinh C T, et al. Proteinase activity and stability of natural bromelain preparations[J]. International immunopharmacology, 2005, 5(4): 783-793.

[37] Esti M, Benucci I, Liburdi K, et al. Effect of Wine Inhibitors on Free Pineapple Stem Bromelain Activity in a Model Wine System[J]. Journal of Agricultural and Food Chemistry, 2011, 59(7): 3391-3397.

[38] Mahmood R, Saleemuddin M. Additional stabilization of stem bromelain coupled to a thermosensitive polymer by uniform orientation and using polyclonal antibodies[J]. Biochemistry Biokhimiia, 2007, 72(3): 307-312.

[39] Homaei A, Barkheh H, Sariri R, et al. Immobilized papain on gold nanorods as heterogeneous biocatalysts[J]. Amino Acids, 2014, 46(7): 1649-1657.

[40] Alpay P, Uygun D A. Usage of immobilized papain for enzymatic hydrolysis of proteins[J]. Journal of Molecular Catalysis B: Enzymatic, 2015, 111: 56-63.

[41] Sekizaki H, Toyota E, Fuchise T, et al. Application of several types of

substrates to ficin-catalyzed peptide synthesis[J]. Amino acids, 2008, 34 (1): 149-153.

[42] Kageyama T. Pepsinogens, progastricsins, and prochymosins: Structure, function, evolution, and development[J]. Cellular & Molecular Life Sciences Cmls, 2002, 59 (2): 288-306.

[43] Kumar A, Sharma J, Mohanty A K, et al. Purification and characterization of milk clotting enzyme from goat (*Capra hircus*)[J]. Comparative Biochemistry & Physiology Part B Biochemistry & Molecular Biology, 2006, 145 (1): 108-113.

[44] Kumar A, Grover S, Sharma J, et al. Chymosin and other milk coagulants: Sources and biotechnological interventions[J]. Critical Reviews in Biotechnology, 2010, 30 (4): 243-258.

[45] 刘佟, 崔艳华, 张兰威, 等. 凝乳酶的研究进展 [J]. 中国乳品工业, 2011, 39 (8): 40-43.

[46] 王明强, 张惟广. 发酵法生产凝乳酶的概述 [J]. 食品与发酵科技, 2008, 44 (2): 21-24.

[47] 高新星. 枯草芽孢杆菌氨肽酶分泌表达、分子改造及生理功能研究 [D]. 无锡: 江南大学, 2014.

[48] Ding G, Zhou N, Tian Y. Over-Expression of a Proline Specific Aminopeptidase from Aspergillus oryzae JN-412 and Its Application in Collagen Degradation[J]. Applied Biochemistry and Biotechnology, 2014, 173 (7): 1765-1777.

[49] Marui J, Matsushita-Morita M, Tada S, et al. Enzymatic properties of the glycine d-alanine aminopeptidase of *Aspergillus oryzae* and its activity profiles in liquid-cultured mycelia and solid-state rice culture (rice koji)[J]. Appl Microbiol Biotechnol, 2012, 93 (2): 655-669.

[50] 吴庆勋. 氨肽酶高产菌株的选育及发酵条件优化 [D]. 无锡: 江南大学, 2006.

[51] Yamamoto K, Ueno Y, Otsubo K, et al. Production of *S*-(+)-ibuprofen from a nitrile compound by *Acinetobacter* sp. strain AK226[J]. Applied and Environmental Microbiology, 1990, 56 (10): 3125-3129.

[52] Romero C M, Baigori M D, Pera L M. Catalytic properties of mycelium-bound lipases from *Aspergillus niger* MYA 135[J]. Applied Microbiology and Biotechnology, 2007, 76 (4): 861-866.

[53] 兰立新, 肖怀秋. 微生物脂肪酶应用研究进展 [J]. 安徽农业科学, 2010, 38 (14): 7547-7548, 7561.

[54] 余诚玮, 邓施璐, 温志刚, 等. 米糠及其脂肪酶的研究进展 [J]. 食品安全质量检测学报, 2019, 10 (2): 297-305.

[55] Marlow V A, Rea D, Najmudin S, et al. Structure and Mechanism of Acetolactate Decarboxylase[J]. Acs Chemical Biology, 2013, 8 (10): 2339-2344.

[56] Meng Y, Zhao M, Yang M, et al. Production and characterization of recombinant glucose oxidase from *Aspergillus niger* expressed in Pichia pastoris[J]. Letters in Applied Microbiology, 2014, 58 (4): 393-400.

[57] 吴怡, 马鸿飞, 曹永佳, 等. 真菌漆酶的性质、生产、纯化及固定化研究进展 [J]. 生物技术通报, 2019, 35 (9): 1-10.

[58] 刘灵芝, 钟广蓉, 熊莲, 等. 过氧化氢酶的研究与应用新进展 [J]. 化学与生物工程, 2009, 26 (3): 15-18.

[59] Zhang L, Zhang L, Yi H, et al. Enzymatic characterization of transglutaminase from Streptomyces mobaraensis DSM 40587 in high salt and effect of enzymatic cross-linking of yak milk proteins on functional properties of stirred yogurt[J]. Journal of Dairy Science, 2012, 95 (7): 3559-3568.

[60] Lu S Y, Zhou N D, Tian Y P, et al. Purification and properties of transglutaminase from Streptoverticillium mobaraense[J]. Journal of Food Biochemistry, 2003, 27 (2): 109-125.

[61] 王媛. 环糊精葡基转移酶的基因分析、诱导表达及分离纯化的研究 [D]. 上海: 上海水产大学, 2007.

[62] 李兆丰. 软化类芽孢杆菌α-环糊精葡萄糖基转移酶在大肠杆菌中的表达及其产物特异性分析 [D]. 无锡江南大学, 2009.

[63] 孙涛, 江波, 潘蓓蕾, 环糊精葡萄糖基转移酶的生产及其在食品工业中的应用 [J]. 食品工业科技, 2012 (16): 353-358.

[64] 毕金峰, 李春红, 陈天金. α-转移葡萄糖苷酶的纯化及酶学特性研究 [J]. 食品与发酵工业, 2004, 30 (8): 60-63.

[65] Abdel-Naby M A, El-Tanash A B, Sherief A D A. Structural characterization, catalytic, kinetic and

thermodynamic properties of *Aspergillus oryzae* tannase[J]. International Journal of Biological Macromolecules, 2016, 92: 803-811.

[66] Koseki T, Kyotaro I, Katsuto S, et al. Characterization of a novel *Aspergillus oryzae* tannase expressed in Pichia pastoris[J]. Journal of Bioscience & Bioengineering, 2018, 126 (5): 553-558.

[67] Vats P, Banerjee U C. Biochemical characterisation of extracellular phytase (myo-inositol hexakisphosphate phosphohydrolase) from a hyper-producing strain of *Aspergillus niger* van Teighem[J]. Journal of Industrial Microbiology & Biotechnology, 2005, 32 (4): 141-147.

[68] Casey A, Walsh G. Purification and characterization of extracellular phytase from *Aspergillus niger* ATCC 9142[J]. Bioresource Technology, 2003, 86 (2): 183-188.

[69] 喻晨, 赵劼, 张亚雄, 等. 橘青霉发酵制备核酸酶 P1 研究进展 [J]. 食品工业科技, 2010, 31 (11): 416-419.

[70] 何义进, 华洵璐, 匡群, 等. 核酸水解酶及酶解法生产核苷酸研究进展 [J]. 辽宁大学学报: 自然科学版, 2012, 39 (02): 110-117.

[71] Ye M, Liu X, Zhao L. Production of a novel salt-tolerant L-glutaminase from *Bacillus amyloliquefaciens* using agro-industrial residues and its application in chinese soy sauce fermentation[J]. Biotechnology, 2013, 12 (1): 25-35.

[72] 叶炜, 田吕明, 姚鹃, 等. AMP 脱氨酶的生化性质研究 [J]. 食品工业科技, 2012, 1: 164-166, 179.

[73] 邓辉, 陈存武, 韦传宝. 葡萄糖异构酶的结构特征及其工业 (高产) 用酶发掘 [J]. 中国生物化学与分子生物学报, 2016, 32 (5): 510-517.

总结

○ 食品酶制剂的种类
- 主要可分为糖酶类、蛋白酶类、酯酶类、其他酶类。
- 酶制剂的名称常根据它所催化的底物、反应的类型或酶的来源来命名。

○ 食品酶制剂的选择
- 同一种酶有不同的来源，来源不同，其分子结构、底物特异性、反应的最适条件可能存在一定差异。
- 选择酶制剂前要充分了解其作用机制。

○ 食品酶制剂的应用
- 食品酶制剂可以加速食品加工过程，或者从安全、颜色、风味、营养价值等方面提高食品品质，或者作为食品分析的一种手段。
- 在食品生产的工艺流程中，不同的生产工序需用到不同的酶制剂。
- 同一种食品生产过程中可能用到一种或多种酶制剂。
- 生活中出现的饮食健康问题也可通过酶制剂加以改善。

✎ 课后练习

1. 半纤维素酶在速溶咖啡生产中应用极广，常规法生产速溶咖啡是将咖啡豆提取液浓缩后直接进行冷冻干燥或喷雾干燥，试说出半纤维素酶在速溶咖啡中的具体作用。

题1～4答题思路　　题5～9答题思路

2. 为什么花椰菜、洋葱一次性吃太多会出现胃胀气、腹泻的现象？什么酶可以改善？

3. 淀粉为原料生产高果糖浆的工艺存在哪些局限？是否有更简单的方法生产高果糖浆？

4. 为了提高蔗糖的产率，在蔗糖加工过程中可以使用哪种酶，为什么？

5. 胃蛋白酶和菠萝蛋白酶在啤酒澄清中起什么作用？

6. 木瓜蛋白酶作为肉类嫩化剂可以使肉更容易消化并提高营养价值，主要针对哪些类型的肉，作用原理是什么？

7. 举例说明葡萄糖氧化酶如何防止食品氧化。

8. 小麦本身含有植酸酶，为什么在制作面点的过程中需要额外添加植酸酶？

9. 葡萄糖异构酶在食品领域主要应用于高果糖浆的生产中，试简述其在高果糖浆中的具体作用。

（www.cipedu.com.cn）

8

9 食品营养强化剂

○○ ──── ○○ ○ ○○

营养素缺乏对人群健康有多方面的影响，甚至造成人体机能损害。

食品营养强化是一项控制营养素缺乏的有效的方法。

食品营养强化剂包括氨基酸类营养强化剂、维生素类强化剂、无机盐类强化剂、必需脂肪酸类营养强化剂等多种。

营养素缺乏

相关疾病和症状：
- 生长发育迟缓(赖氨酸、蛋氨酸、碘等缺乏)
- 缺铁性贫血(铁缺乏)
- 夜盲症(维生素A缺乏)
- 骨质疏松(维生素D缺乏)

食品营养强化剂

食品营养强化：
- 婴幼儿食品中添加蛋白质、氨基酸、铁、维生素A
- 盐中添加碘(碘盐)
- 谷物产品中添加B族维生素
- 牛奶中添加维生素D

人体健康

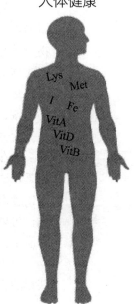

 为什么学习食品营养强化剂？

在日常膳食摄入偏好中，在食品的加工和储藏过程中，常常会导致食品营养素缺失和损失，尤其是微量营养素的缺乏。都有哪些食品营养素，尤其是哪些食品微量营养素容易缺失和损失呢？是什么原因导致食品营养素，尤其是食品微量营养素的缺失呢？食品营养强化剂的使用和补充都使机体避免和减缓哪些疾病发生和特殊症状的出现？常用的食品营养强化剂都有哪些？在使用过程中，还需要了解它们哪些物理和化学特性，以及营养功能？这些问题在本章中都有具体的答复。营养素强化的必需条件、食品营养强化的原则、食品营养素强化的方法以及营养强化食品需要注意的问题等在本章都有阐述。

👁 学习目标

○ 指出食品营养强化剂与其他食品添加剂有何不同，以及使用食品添加剂的目的。
○ 了解营养强化剂种类，以及常用的营养强化剂。
○ 最常见的微量营养素缺乏都有哪几种？请举例说明，某些特定微量营养素缺乏会导致哪些疾病和特殊症状。
○ 要掌握食品营养强化的原则，以及食品营养素强化的方法。
○ 要熟悉常用的营养强化剂物理和化学特性，以及营养功能。

食品营养强化剂（又称营养强化剂）是为了增加食品的营养成分（价值）而加入食品中的天然或人工合成的营养素和其他营养成分。其中营养素是指食物中具有特定生理作用，能维持机体生长、发育、活动、繁殖以及正常代谢所需的物质，包括蛋白质、脂肪、碳水化合物、矿物质、维生素等。而其他营养成分是指除营养素以外的具有营养和（或）生理功能的其他食物成分，例如左旋肉碱、叶黄素、低聚果糖、酪蛋白肽等。

营养强化的主要目的是：①弥补食品在正常加工、储存时造成的营养素损失；②在一定的地域范围内，有相当规模的人群出现某些营养素摄入水平低或缺乏，通过强化可以改善其摄入水平低或缺乏导致的健康影响；③某些人群由于饮食习惯和（或）其他原因可能出现某些营养素摄入量水平低或缺乏，通过强化可以改善其摄入水平低或缺乏导致的健康影响；④补充和调整特殊膳食用食品中营养素和（或）其他营养成分的含量。

对于强化食品的类别选择，必须考虑：①应选择目标人群普遍消费且容易获得的食品进行强化；②作为强化载体的食品消费量应相对比较稳定；③我国居民膳食指南中提倡减少食用的食品不宜作为强化的载体。

　　在使用营养强化剂时要遵循下列要求：①营养强化剂的使用不应导致人群食用后营养素及其他营养成分摄入过量或不均衡，不应导致任何营养素及其他营养成分的代谢异常；②营养强化剂的使用不应鼓励和引导与国家营养政策相悖的食品消费模式；③添加到食品中的营养强化剂应能在特定的储存、运输和食用条件下保持质量的稳定；④添加到食品中的营养强化剂不应导致食品一般特性如色泽、滋味、气味、烹调特性等发生明显不良改变；⑤不应通过使用营养强化剂夸大食品中某一营养成分的含量或作用误导和欺骗消费者。

概念检查 9.1

　○　食品营养强化剂的添加即食品营养强化，与其他食品添加剂目的有何不同？

（www.cipedu.com.cn）

9.1　食品营养强化与食品营养强化剂

9.1.1　营养素缺乏与补充

　　微量营养素缺乏（micronutrient malnutrition，MNM）对人体健康有很多方面的影响，甚至造成人体机能损害。因此，微量营养素缺乏除了对健康有明显的直接影响外，还会对可能发生的人群导致巨额健康支出和劳动力资源的损失。有估计，微量营养素缺乏与世界上7.3%的疾病有关。在世界范围内，三种最常见的微量营养素缺乏是铁（iron）、维生素A（vitamin A）和碘（iodine）缺乏。维生素D（vitamin D）、叶酸（folate）和锌（zinc）的缺乏导致的疾病也排在疾病诱因的前列。微量营养素缺乏本身会影响人体的健康，而且可作为引发其他疾病的危险因子，可以提高疾病的发病率（morbidity）和死亡率（mortality）。比如严重缺铁导致的贫血病会增加母亲和儿童的死亡率。为铁缺乏的人群提供铁可以改善认知机能、学习和工作能力。维生素A对儿童生长发育、对眼的视觉功能尤其夜视起重要作用。为缺乏维生素A的儿童提供维生素A还会降低其疾病死亡率（如严重腹泻、麻疹和其他疾病）。碘缺乏可导致儿童脑损伤和智力发育迟缓，且与新生儿死亡和低体重有关。

　　控制微量营养素如维生素和矿物质的缺乏是全面控制营养不良的关键措施。可通过以下三个方面增加微量营养素的摄入：①增加膳食的多样性，这是最可行和最持久的选择，要长期才可见效；②微量营养素补充剂，它适用于个人和小规模人群，见效快；③食品营养强化，可覆盖较大规模的人群，见效较快，这是一项对微量营养素缺乏可采取的有效的控制措施。碘盐在20世纪20年代早期在瑞士和美国出现，之后逐渐介绍到其他国家，至今大多数国家都采用碘盐。20世纪40年代早期开始，美国就开始在谷物产品中添加一些B族维生素（硫胺素、核黄素、烟酸）。美国在婴幼儿食品中添加铁，因此减少了婴幼儿患缺铁性贫血的风险。美国还在牛奶中添加维生素D。丹麦在人造奶油中添加维生素A。

　　食品营养强化是一项控制微量营养素缺乏的有效方法，具有如下优点：①通过强化大宗和常规食品，可保持食品营养强化剂经常有规律地摄入，比其他不连续的干预能更有效地维持体内的营养水平。强化食品也有助于降低多种营养素缺乏的风险，这一风险是由季节性的食物短缺、膳食质量较差、儿童生长

发育需要量增加、怀孕和哺乳期需要增加而导致的。②食品营养强化剂的目标通常是提供合适的微量营养素，其含量与一个良好的、平衡的膳食提供的大致相当，即提供"自然含量的"的微量营养素。③营养强化剂不需要改变已有的食物形式。④多种微量营养素缺乏经常发生于膳食质量较差的人群中，可在食物中强化多种微量营养素。⑤食品营养强化剂添加量的严格控制，造成慢性中毒的风险较小。⑥婴幼儿摄入的食品种类相对较少，可能得不到他们需要的所有微量营养素，营养强化剂补充食品适合婴幼儿。

对于营养强化食品也有几个问题要注意：①强化食品虽然包含了选定的微量营养素，但并不能代替好的平衡膳食。平衡膳食提供了健康所需的足够的能量、蛋白质、必需脂肪酸和其他营养成分。②食品营养强化剂的技术问题还没有完全解决，特别是营养强化剂添加量、稳定性、与其他营养素的相互作用、对食物感官的影响等。③食品营养强化比其他方法效果好，但是食品营养强化剂的研究实施花费较大。

9.1.2　食品营养素的强化

9.1.2.1　食品营养素强化的原则

食品营养素（food nutrient）即正常作为食品组成成分而被消费的物质，能够：①提供能量；②对人的生长、发育和保持健康提供基本物质；③缺乏时会导致典型的生化或生理方面的改变。其中，必需营养素（essential nutrient）是生长发育和维持生命必需的，并且人体自身不能合成足够量的物质。强化营养素（fortification/enrichment）即不论食物中是否天然存在，为了预防或纠正正常人群或特殊人群一种或多种营养素缺乏，而在食物中添加的一种或几种营养素。营养补充（supplement）或营养补偿（restoration）是指向食物中添加在其加工过程、储藏或处理过程中所损失的必需营养素，使其达到食物可食部分损失前的营养素水平。食品营养素强化对人群的健康促进作用包括：①预防或减轻人群中微量营养素缺乏的风险；②减轻或消除特定人群中已经发生的微量营养素缺乏；③维持和改善健康状况（富含某些微量营养素可能帮助预防癌症和其他疾病）。

食品营养强化应遵循以下几个原则：①食品中添加营养强化剂要有明确的目的，是为了达到补足人体所需要的微量营养素，并保证特供食品中营养素组成的合理性；②与其他膳食能够提供的微量营养素含量相比，必需营养素的添加不能过量也不能不足；③食物中微量营养素的添加不应对其他营养素的生物利用产生不利影响；④食物中微量营养素的稳定性应该满足一般的包装、储藏、物流和使用的要求；⑤强化添加的微量营养素应该在食品中是可生物利用的；⑥强化添加的微量营养素不应导致食物产生不良变化（比如颜色、口感、风味、质地、烹饪属性），也不能不适度地缩短食品的货架期；⑦应该有合理的技术和加工设备来保证食物中营养强化有好的添加途径；⑧不应利用食品营养强化来误导和欺骗消费者；⑨微量营养素强化所导致的额外费用应该控制在能使消费者接受的物价水平；⑩应该有一套明确的方法来确定和控制食品中添加的微量营养素的含量；⑪应该遵循有关的法规和食品标准。

 概念检查9.2

○ 食品营养素强化除了要遵循食品添加剂的使用原则，还需要遵循哪些特殊的原则？

（www.cipedu.com.cn）

实施微量营养素强化的必需条件是：①有根据表明在人群中有增加某种微量营养素摄入的需要，这证据可以是微量营养素缺乏的临床症状，或者没有不明显的临床症状，但有摄入不足而可能发生缺乏的评估；②强化某种微量营养素的食物应该是目标人群食用的；③作为基质的食物的摄入量应该保持持续和稳定；④微量营养素在食物中的添加量应该能够保证特定人群摄入正常量的食物后能有效减轻或者消除微量营养素的缺乏；⑤控制微量营养素的添加量以保证在摄入强化食品较多的情况下，不会发生微量营养素摄入过量的问题。

9.1.2.2　食品营养素强化的实施

强化可以被分为强制性强化（mandatory fortification）和自愿强化（voluntary fortification）。强制性强化是政府以法律形式要求生产者在特定食物或者几类食物中添加指定的营养素，是在有科学依据的基础上强制实施，能够保证所选择的食物被指定的微量营养素强化并且能连续供应。当有人群有明显的健康问题，或者有缺乏某些微量营养素的风险时，以及这些需要和风险可以被含有这些微量营养素强化食品来改善和减小时，政府应该开始实施强制性强化。强制性强化是强化食物时最常被用到的方法，包括碘、铁、维生素A和叶酸，其中碘盐使用最广泛。其他强制性大量强化的例子还有向糖和人造奶油中添加维生素A，在面粉中强化铁（通常与维生素B_1、维生素B_2和烟酸一起强化），以及在面粉中强化叶酸和维生素B_{12}。自愿强化是生产者自由选择强化特定的食品。虽是自愿的，但也必须遵守有关法规。食品产业和消费者对增加微量营养素摄入产生的好处的追求，是自愿强化的主要推动力。在进行自愿强化时，政府有责任保证消费者不被强化计划误导或者欺骗，还要保证市场对强化食品的促进不与国家关于健康饮食等食品与营养方面的政策冲突或矛盾。

9.1.2.3　食品营养素强化的方法

食品微量营养素强化的方法可分为：①在原料或主要食物中添加，如面粉、谷类、米、饮用水、食盐等。凡是规定添加强化剂的食品以及具有其营养内容的强化，都可以使用这个方法，但食物和食品原料在加工和储藏过程中会有一定程度的损失。②在食品加工过程中添加，如在焙烤制品、婴儿食品、饮料、罐头食品等的配料加工过程中进行强化。这要求有适合微量营养素稳定的加工工艺，以保证食品营养素的稳定性。③在成品中加入，如在成品的最后工序中加入，可减少强化剂在加工前原料的处理过程及加工中的破坏损失。奶粉类及一些救急食品中都采用这种方法。④用生物学方法添加，如用生物作载体吸收携带微量营养素，生产富含微量营养素的生物制品供食用。例如富含亚麻酸的鸡蛋、锌乳等。⑤用物理方法添加，如把富含微量元素的材料制成饮食器具（饮具、茶杯等），缓慢向食物中释放微量元素。

○ 食品营养素强化与其他食品添加剂的添加不同，食品（微量）营养素强化方法中需要考虑的影响因素有哪些（合适的食品介质、间接介质、食品加工过程）？

（www.cipedu.com.cn）

9.1.2.4　食品营养素的稳态化技术

在食品加工过程中，要想对微量营养素进行有效管理和正确使用，必须深刻地理解这些微量营养素的性质，比如在不同的加工处理条件下它们的稳定性、溶解性、与其他组分的相互作用。根据不同的使用条件，这些微量营养素可被制备成不同的形式，以便于它们更好和广泛应用。

维生素A在体内通常以游离醇的形式或者与脂肪酸结合成酯的形式存在。可以通过化学合成的方法形成纯净的棕榈酸维生素A或者乙酸维生素A，也可以通过还原鱼油分子得到维生素A。维生素A是淡黄色油状物，可以结晶成针状晶体。维生素A前体可转化成有活性的形式，前体中最常用的是β-胡萝卜素。在无氧和避光的条件下加热，维生素A相对比较稳定，总的损失可为5%～50%，这还取决于加热时间、温度和类胡萝卜素等因素。在有氧气和光照的条件下，维生素A氧化损失。微量金属的存在也会加速维生素A的氧化损失。即使在脱水食品中，维生素A和维生素A前体也很容易氧化而损失。损失的程度与干燥的程度、包装材料的保护能力和储存条件有关。商品维生素A有多种形式，以便应对不同的条件。对于富含脂肪或油的食物，比如人造奶油、油类和乳制品，可以使用维生素A棕榈酸酯或者维生素A乙酸酯，添加酚类或者生育酚的混合物可以稳定维生素A。如果与干燥食物混合，可使用干燥形式的维生素A，同时添加生育酸和酚类抗氧化剂起稳定保护作用。用阿拉伯胶和明胶等亲水性物质可将维生素A包裹成微胶囊，用于液态食品的强化。

维生素D主要有两种形式：维生素D_3和维生素D_2。它们是可溶于脂肪的白色晶体，由相应甾醇经过辐射生成，然后再纯化获得。维生素D对氧气和光照敏感，维生素D_3较维生素D_2稳定性稍好。微量金属铜、铁存在使其易氧化。在干燥产品中维生素D易氧化损失。与维生素A类似，维生素D有两种商品形式：一种是脂溶性的晶体，用于富含脂肪的食品；另一种是稳定化的胶囊形式，用于干燥可以水化的产品。

维生素E稍有黏性，是黄白色的油状液体，它由精炼植物油的副产品进行蒸馏得到，也可以化学合成。天然存在的维生素是右旋体（D-isomer）。左旋体（L-isomer）的生物活性不如右旋体。合成的维生素是由右旋体和左旋体构成的外消旋混合物（DL-isomer）。由于外消旋混合物比较稳定而且容易纯化，因此维生素E的国际单位（international unit，IU）定义为1mg DL-α-生育酚醋酸酯。游离醇形式的维生素E很容易氧化，因此常作为抗氧化剂来保护食物中的脂类。酯类形式的维生素E，尤其是醋酸维生素E则有相当好的稳定性。因此，强化剂通常选用酯类形式。用微胶囊包裹维生素E可用于液体。

维生素B_1（又称硫胺素）可由化学合成制备成盐酸盐或者硝酸盐形式。盐酸盐形式在水中的溶解度为50%，而硝酸盐为2.7%。白色的晶体，具有特征性的酵母样气味，稍有苦味。硫胺素是最不稳定的维生素之一。在pH6或更低时，硫胺素对热和氧的稳定性最高。随着pH的升高，稳定性会逐渐下降。在液体食品中，受无机盐的亲核性攻击，硫胺素容易被降解。对于液体食物，可以选择盐酸硫胺素强化。在其他情况下则更多地使用硝酸硫胺素，原因是它的吸水性较低。也有用单甘油酯或双甘油酯将硫胺素包裹制成微胶囊。维生素B_2（又称核黄素）水溶性差，制成核黄素5-磷酸的钠盐则使水溶性有所提高。核黄素在多数加工过程中较稳定，但在碱液中不稳定。维生素B_6其商品形式是盐酸盐，也可以微胶囊包裹的形式存在。维生素B_6对加热以及氧相当稳定，但金属离子可以催化其降解。维生素PP以烟酸和烟酰胺两种形式存在，不论是固态或液态，对热、光和氧都相当稳定。维生素B_{12}商品形式是具吸湿性的深红色黏性晶体，pH4～7的溶液中最稳定，对热也相当稳定，但对氧化剂和还原剂、光都不稳定。一般来说，B族维生素在有氧和光照下都不稳定，尤其对光非常敏感，特别是有抗坏血酸存在时。

维生素C常见形式包括游离酸、钠盐和钙盐，并有粉末、晶体或颗粒等形式，可与不同大小颗粒和不同密度的干燥产品混合。其干燥的形式较稳定，水溶性较好，在水溶液中容易流失。容易被氧化。在脱水的柑橘汁中，维生素C的降解与温度和水分活度有关。其他因素也可以影响维生素C的降解程度，如盐和糖的浓度、pH、氧、金属催化剂、抗坏血酸与脱氢抗坏血酸的比例。抗坏血酸可用脂肪包被制成抗坏血酸棕榈酸酯。

食物中铁强化剂的稳定性取决于其溶解性。使用溶解度较高的含铁化合物会对颜色和风味产生不良影响，因为它会与食物中的其他成分发生反应。婴儿谷物中加入硫酸铁后颜色会变灰或变绿。风味的影响是由铁催化的脂肪氧化造成的。含铁化合物本身也可产生金属气味。这些不良影响可通过用氢化植物油或者乙基纤维素包裹来避免。

常用碘强化剂包括碘化物、碘酸钠、碘酸钾。碘酸盐对于高湿、高环境温度、日照、空气和杂质都较稳定。碘化钾在食盐较为干燥、没有杂质并且稍微偏碱的条件下适用。否则碘化物会被氧化成分子碘，进而挥发损失。碘化物的损失可以通过添加小分子稳定剂来减少，比如硫代硫酸钠、氢氧化钙、葡萄糖、碳酸氢钠等。

9.2　氨基酸类强化剂

蛋白质是人体重要的营养素，在体内主要作用是构成肌肉组织，它还有调节生理机能和提供热量的作用。从食品中摄取的蛋白质在人体内全部分解成氨基酸，再被人体各个组织吸收，其中有部分转变为热能，或以尿素、铵盐类的形式排出体外。蛋白质的营养价值取决于氨基酸组成，以及各种氨基酸含量的比例，尤其是必需氨基酸的含量。所有蛋白质都由20种氨基酸组成，其中大部分在体内可由其他物质合成，但赖氨酸、色氨酸、亮氨酸、异亮氨酸、缬氨酸、苯丙氨酸、苏氨酸和蛋氨酸这8种氨基酸，不能由人体合成，必须由食物供给，称为必需氨基酸（essential amino acids）。

人体在蛋白质的代谢过程中，某种氨基酸过多或不足会影响其他一些氨基酸的利用。为满足蛋白质合成的要求，各种氨基酸尤其必需氨基酸的摄入要达到一定的需要量。如果膳食中某一种必需氨基酸的含量低于需要量，那么也会影响其他氨基酸的利用从而减低蛋白质正常合成，这种必需氨基酸也称为限

制性氨基酸（limiting amino acid），是决定膳食中蛋白质营养价值的重要因素。所以为了开发食物中蛋白质，尤其是植物蛋白营养价值，要保证限制性氨基酸含量以及各种氨基酸的比例，以此为依据来增添氨基酸，这是使用氨基酸强化剂的一个主要原因。食物中两种主要的限制性氨基酸为赖氨酸和蛋氨酸。赖氨酸是人体的必需氨基酸，在谷物蛋白质和一些其他植物蛋白质中含量较少，是决定谷类植物蛋白质营养价值的限制性氨基酸。所以，在一些以谷类面粉为基础的婴幼儿食品中常常添加赖氨酸，提高其营养价值。蛋氨酸也是人体的必需氨基酸，但在大豆中含量较少，是决定大豆蛋白质营养价值的限制性氨基酸。用蛋氨酸来强化以大豆蛋白为原料的营养保健食品可提高大豆蛋白的营养价值。

9.2.1　赖氨酸

L-赖氨酸（L-lysine），分子式为$C_6H_{14}N_2O_2$。其结构式为：

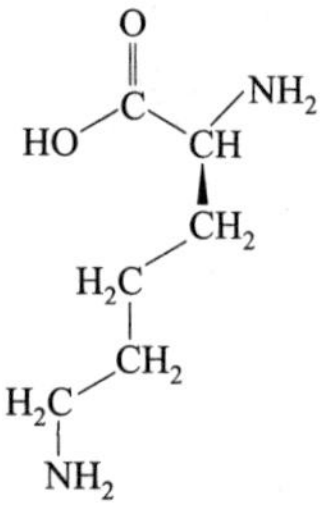

常使用的化学结构为赖氨酸盐酸盐（L-lysine monohydrochloride），分子式为$H_2N(CH_2)_4(NH_2)CHCOOH \cdot HCl$。其结构式为：

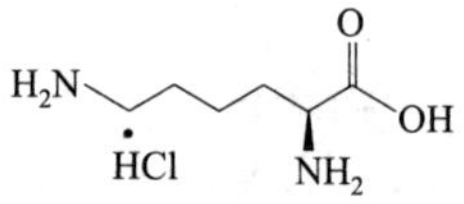

性状与性能：市售商品L-赖氨酸盐酸盐是白色颗粒或粉末，水溶性好，难溶于乙醇或乙醚。无味，口感略带苦涩味和酸味。

营养与安全：赖氨酸在人体内不能自行合成，因此必须从食品中摄取。人体缺乏赖氨酸会影响蛋白质代谢，导致神经功能障碍。有研究表明，采用强化赖氨酸的小麦粉可明显促进儿童身高、体重的增长，并改善儿童及成人的免疫功能。在通常情况下，动物性蛋白质中的氨基酸比例与人体内的氨基酸比例相一致。但植物性蛋白质内赖氨酸含量低，称之为第一限制性氨基酸。赖氨酸是大米、玉米、小麦粉的第一限制性氨基酸，其含量仅为畜肉、鱼肉等动物性蛋白质的1/3，因此植物性蛋白质的效价远比动物性蛋白质为低。在中国的膳食结构中，植物性蛋白质的供给约占70%，所以在大米、玉米、小麦粉之类的谷类农作物食品中强化赖氨酸是十分必要的。添加量一般为0.1%～0.3%。人体对氨基酸的需要有一个均衡的问题，过多添加赖氨酸，会影响其他氨基酸的吸收和代谢。

9.2.2　蛋氨酸

L-蛋氨酸（methionine），又称L-甲硫氨酸、2-氨基-4-甲硫基丁酸，分子

式为 $C_5H_{11}NO_2S$。其结构式为：

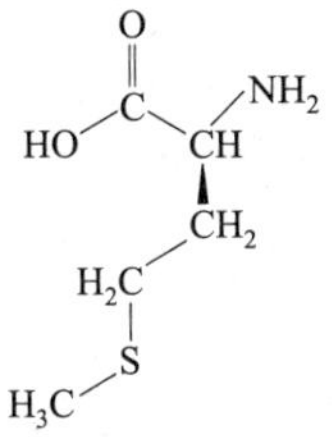

性状与性能：蛋氨酸为白色或淡黄色片状结晶或粉末，外观呈半透明的细颗粒，有的呈长棱状。有特殊气味，味微甜。有旋光性，熔点281℃，密度1.340kg/m³。溶于水、稀酸和稀碱，微溶于醇，不溶于醚。对热和空气稳定，对强酸不稳定。

营养与安全：蛋氨酸是必需氨基酸，是含硫氨基酸，是体内半胱氨酸的前体，其侧链甲基末端可作为甲基供体，参与甲基转移反应。添加量一般占食品中总蛋白质量的3.1%。

9.2.3　牛磺酸

牛磺酸（taurine）又称氨基乙基磺酸，分子式为 $C_2H_7NO_3S$。其结构式为：

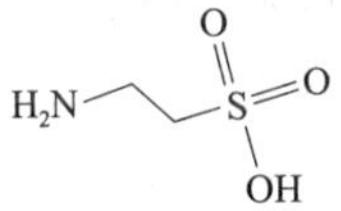

性状与性能：牛磺酸通常是白色晶体或粉末，无旋光性，熔点328℃（317℃分解）。无臭，味微酸。溶于水，不溶于乙醇、乙醚或丙酮。在水溶液中呈中性，对热稳定。

营养与安全：牛磺酸是非必需氨基酸，也是含硫氨基酸。牛磺酸具有多种生理功能，例如在人和动物胆汁中与胆汁酸结合形成牛磺胆酸，促进消化道中脂类的吸收。牛磺酸与甘氨酸、γ-氨基丁酸一样都是抑制性神经递质。牛磺酸可与细胞膜磷脂结合，调节膜的流动性；参与调节蛋白磷酸化过程。

机体中牛磺酸主要来自外界摄取，部分由自身合成。牛磺酸在动物体内含量较高，尤其海鱼、贝类含量较高，而一般肉类中牛磺酸含量仅为鱼贝类的1%～10%，植物和细菌中缺乏，故动物性食品是膳食中牛磺酸的主要来源。体内牛磺酸的合成来自半胱氨酸在肝脏半胱氨酸双氧歧化酶作用下的氧化产物半胱亚磺酸。由于半胱亚磺酸脱羧酶活性较低，只有小部分半胱亚磺酸在半胱亚磺酸脱羧酶的作用下脱羧，生成亚牛磺酸，再氧化成牛磺酸。由于磺酸基的存在，牛磺酸不能参与合成蛋白质，因而在细胞内呈游离状态。

9.3　维生素类强化剂

9.3.1　脂溶性维生素类

9.3.1.1　维生素 A

维生素 A 又称视黄醇，存在于动物性食物中。在动物体内以视黄醇（retinol，维生素 A_1）和脱氢视黄醇（dehydroretinol，维生素 A_2）两种形式存在。其结构式为：

视黄醇

CH₂OR

脱氢视黄醇

性状与性能：维生素A可以以醇、醛、酸的形式存在，在体内视黄醇可以被氧化为视黄醛（retinal），视黄醛可进一步氧化为视黄酸（retinoic acid）。视黄醛是维生素A的主要活性形式。而视黄酯是主要的储存形式。类胡萝卜素可在体内转为维生素A，因此被称为维生素A原。比较重要的类胡萝卜素有β-胡萝卜素、α-胡萝卜素、γ-胡萝卜素等，以β-胡萝卜素的活性最高，它常与叶绿素并存。由β-胡萝卜素转化成的维生素A约占人体维生素A需要量的2/3。

维生素A与胡萝卜素均溶于脂肪及大多数有机溶剂中，淡黄色油状物，可以结晶成为针状晶体，不溶于水。天然存在于动物性食物中的维生素A是相对稳定的，一般烹调和罐头加工都不易破坏。但视黄醇及其同系物在氧的作用下，极不稳定，仅以弱氧化剂即可将视黄醇氧化，紫外线能促进这种氧化过程的发生。在无氧条件下，视黄醛对碱稳定，但在酸中不稳定。油脂在酸败过程中，其所含的维生素A会受到严重的破坏，但食物中含有的磷脂、维生素E及其他抗氧化物质，均有提高维生素A稳定性的作用。

食物中维生素A大都以视黄酯（retinyl ester）的形式存在。视黄酯和维生素A原类胡萝卜素经胃内的蛋白酶消化作用后从食物中释出，并与其他脂质聚合，在小肠中经胆盐和胰脂酶的共同作用，视黄醇和胡萝卜醇（叶黄素）的酯被水解。视黄醇、胡萝卜醇和类胡萝卜素等消化产物一起被乳化后，由肠黏膜吸收。维生素A吸收率明显高于胡萝卜素。

维生素A（视黄醇）是一种不稳定的化合物，通常选用较稳定的棕榈酸酯（palmitate）或醋酸酯（acetate）的形式。维生素A原（provitamin A）、醋酸视黄酯、棕榈酸视黄酯、全反式视黄醇都可以作为补充维生素A的食品强化剂。β-胡萝卜素具有明显的橙色，限制了它在许多食品中应用，只被用在人造奶油和饮料中。由于维生素A是脂溶性的，所以很容易添加到以脂肪为主或者含油的食品中。如果被强化的食物是干燥的或者以水为主，就需要将维生素A胶囊化。维生素A强化剂可以分为两类：①油性形式，直接添加到富含脂肪的食品中，使两者融为一体，或者将其添加到以水为主的食品中，形成乳化液（如调制乳）；②干性形式，以干燥物质的形式与食品直接混合（如大米、小麦粉、烘焙原料等），或者将其分散在水中。所有形式都能被很好地吸收（90%以上）。油性的维生素A是干性制品价格的一半至三分之一。维生素A作为营养强化剂及在食品强化中的应用见表9-1。

营养与安全：维生素A的主要生理功能是维持正常视觉，维持上皮细胞结构的完整性。维生素A缺乏（vitamin A deficiency，VAD）有视觉方面的临床症状，比如夜盲和干眼病。维生素A缺乏是造成儿童可预防的视觉损伤和失明

表9-1　维生素A作为营养强化剂及在食品强化中的应用

被强化食品	维生素A的形式	稳定性
谷物面粉	醋酸视黄酯或棕榈酸视黄酯	一般
脂肪和油	β-胡萝卜素和醋酸视黄酯、棕榈酸视黄酯	好
糖	棕榈酸视黄酯	一般
奶粉	醋酸视黄酯或棕榈酸视黄酯	好
调制乳	醋酸视黄酯（首选）或者棕榈酸视黄酯	一般/好
婴儿食品	棕榈酸视黄酯	好

注：摘自WHO/FAO，Guidelines on food fortification with micronutrients，2006。

的主要原因，同时也会明显增加儿童患严重疾病和死亡的危险性。即使无临床症状的维生素A缺乏也会增加腹泻和麻疹死亡的危险性。有研究表明，给妇女同时补充铁和维生素A比只补充铁，能够使血红蛋白的浓度多增加大约10g/L。维生素A缺乏时，还可引起上皮组织改变，如腺体分泌减少、皮肤干燥、角化过度及增生、脱屑等。

维生素A缺乏的主要原因是膳食中维生素A的摄入不足（如乳制品、鸡蛋、水果、肉类），营养不良和传染病的发生，特别是麻疹和腹泻。动物性食品是维生素A最好的来源，如肝、鸡蛋和乳制品。维生素A在它们当中以视黄醇的形式存在，这是能被人体直接利用的形式。因此，维生素A缺乏总是与从动物性食品中摄入的维生素A不足有联系。如果膳食中动物性食品，特别是脂肪较少，儿童对维生素A的需求就很难满足。果蔬中维生素A是以类胡萝卜素（carotenoids）的形式存在，其中最重要的是β-胡萝卜素（β-carotene）。β-胡萝卜素和其他的类胡萝卜素（维生素A原）不是维生素的活性形式，变为维生素A的转化率低，有效吸收的量也很少。在膳食中，β-胡萝卜素以12∶1或更小的转化率转化成视黄醇。其他维生素A前体的转化率相对较低，转化率为24∶1。不同的烹饪过程，比如蒸煮、捣碎、加油，可以提高类胡萝卜素的吸收率。合成的β-胡萝卜素是维生素A重要的补充剂，以油的形式补给，视黄醇的转化率为2∶1；用于强化食品中，其转化率为6∶1。

一次性大剂量或长期过量摄入维生素A都会对生理造成有害作用，导致一系列的中毒症状，如头痛、呕吐、肝损伤、骨骼畸形、关节痛、脱发和皮肤损伤等。

9.3.1.2　维生素D

维生素D的自然形式是维生素D_3（cholecalciferol，胆钙化醇）。维生素D_3首先在肝内代谢为25-OH-D_3，然后在肾中代谢为有生物活性的1,25-$(OH)_2$-D_3。维生素D也可以是植物来源，其形式为维生素D_2（ergocalciferol，麦角钙化醇）。两种形式在体内的代谢途径相似，功效相等。其结构式为：

维生素D_3　　　　　　维生素D_2

　　性状与性能：维生素D_2和维生素D_3具有相似的生理活性，都可添加到食品中。可溶于脂肪的白色晶体，对氧、潮湿敏感，还会与矿物质反应。市售维生素D是干粉状，其中含有抗氧化剂（通常是生育酚），可以不受矿物质的影响，保持其稳定。

　　营养与安全：维生素D是体内钙磷平衡的重要调节剂。它在细胞分化和激素的分泌中起重要作用，受副甲状腺激素（parathyroid hormone，PTH）和胰岛素（insulin）的调节。维生素D（钙化醇，calciferol）是在紫外线的作用下由皮肤中前体7-脱氢钙化醇合成。维生素D严重缺乏时会导致骨骼疾病，在婴幼儿被称为佝偻病（rickets），而在成年人则被称为骨质疏松症（osteomalacia），主要特征是骨骼基质不能正常钙化。

　　人体内大部分的（80%）维生素D是在皮肤合成的。这一过程通常为婴儿、儿童和成年人提供了所需要的全部维生素D。紫外线照射不够，皮肤被衣服遮盖，都可导致皮肤合成维生素D量不足。由于老年人皮肤维生素D合成较慢，因此对膳食中维生素D的需要增加。牛奶、肉、鱼、蛋等食物中均可提供维生素D。维生素D在食物中的含量较少，通常牛奶制品只能提供日常维生素D需要量的一小部分。青鱼、鲑鱼、沙丁鱼和鱼肝油是维生素D主要的膳食来源。其他的动物性食品也能提供一小部分维生素D（如牛肉、猪肉、鸡肉）。

　　牛奶、乳制品如奶粉和含乳饮料、果蔬饮料等可被维生素D强化。要保证在膳食中至少有400 IU/d的维生素D摄入量。

9.3.1.3　维生素E

　　维生素E又称生育酚，是由生育酚类（tocopherol）和三烯生育酚类（tocotrienol）所构成一组化合物的总称。维生素E的基本化学结构是由一个可被取代的羟基环连接一个侧链组成。生育酚与三烯生育酚的区别在于侧链中是否有双键，没有双键的称为生育酚，有3个双键的称为三烯生育酚。可根据其化学结构苯环上的甲基数目和位置的不同而分为：α-、β-、γ-、δ-生育酚和三烯生育酚，两类共8种化合物。维生素E（α-生育酚）的化学结构式为：

维生素E侧链的化学结构：

	R_1	R_2	R_3
α	CH_3	CH_3	CH_3
β	CH_3	H	CH_3
γ	H	CH_3	CH_3
δ	H	H	CH_3

在已知的8种不同分子结构的维生素E中，以α-生育酚的生物活性最高，分子式为$C_{29}H_{50}O_2$。生育酚生物活性以国际单位（IU）表示，DL-α-生育酚醋酸酯：1mg = 1IU；DL-α-生育酚：1mg =1.1IU；D-α-生育酚醋酸酯：1mg=1.36IU；D-α-生育酚：1mg =1.49IU。如果以α-生育酚的生物活性为100，则β-、γ-、δ-生育酚的生物活性分别为50、10和1，α-三烯生育酚的生物活性为30。天然维生素E主要为D-α-生育酚，而合成的维生素E是消旋体DL-α-生育酚。维生素E强化剂多为合成DL-α-生育酚酯。

它们都是浅黄色黏性油质状，溶于乙醇和脂肪溶剂，不溶于水。熔点2.5~3.5℃，沸点200~220℃。维生素E对酸和热稳定，在没有氧气存在时单纯加热到200℃或在盐酸中加热到100℃也不起变化。但暴露于氧、紫外线、碱、铁下则易受破坏，经酯化后可提高其稳定性。生育酚的羟基与醋酸、琥珀酸、尼克酸等的酯化反应可保护生育酚分子不被氧化。而且酯化的生育酚呈粉状，便于应用。最常用的是醋酸生育酚和琥珀酸生育酚。生育酚酯在消化道中脂酶的作用下分解释放具有活性的α-生育酚。α-生育酚的吸收和油、脂、维生素A等脂溶性物质相同。大剂量维生素A、多不饱和脂肪酸都可影响维生素E的吸收。维生素E的生物活性包括抗氧化作用，增强免疫功能，促进许多激素、抗坏血酸和血红素合成等。在体内，维生素C及硒可使氧化α-生育酚还原。

9.3.2　水溶性维生素类

9.3.2.1　维生素C

维生素C（vitamin C）又称L-抗坏血酸（L-ascorbic acid），分子式为$C_6H_8O_6$，分子量为176.13。其化学结构式：

性状与性能：白色粉末，水溶性好，极易受温度、pH、盐和糖的浓度、氧、酶、金属催化剂（特别是Cu^{2+}和Fe^{3+}）、水分活度、抗坏血酸的初始浓度等因素的影响而发生降解。有强酸味。

营养与安全：维生素C是电子供体，形成包括抗坏血酸和脱氢抗坏血酸的氧化还原系统。它在新陈代谢中的作用是保证胶原蛋白的形成，也起抗氧化作用。虽然严重的维生素C缺乏（坏血病）目前已经很少见，但是轻度和轻微的缺乏可能还很常见。

维生素C广泛存在于植物和动物组织中。柑橘类等是维生素C的很好来源。维生素C常被用作食品添加剂起抗氧化和抗菌作用。未经烹调的食品是维生素C强化的良好载体。混合食品，如紧急救援粮食，往往强化维生素C，因为混合食品是公认的对维生素C缺乏症人群的最有效的补给方式。市场上的强化食品，如奶粉、婴儿乳粉、谷物营养补充食品和软饮料能够有效地增加维生素C摄入量。因为软饮料中的糖分有利于保护抗坏血酸，糖也可作为维生素C的载体。

9.3.2.2　维生素B₁₂

维生素B_{12}（cobalamin，钴胺素），常使用的化学形式为氰钴胺、盐酸氰钴胺、羟钴胺。维生素B_{12}是必需氨基酸甲硫氨酸（methionine）合成的辅助因子，是化学结构最复杂的维生素。其化学结构式：

性状与性能：维生素B_{12}为红色结晶状物质，水溶液在室温和避光条件下是稳定的，在pH4～6范围内，高压加热也仅有少量损失。在碱性溶液中加热，能定量地破坏维生素B_{12}。低浓度的巯基化合物等还原剂，能防止维生素B_{12}破坏，但用量较多以后，则又起破坏作用。抗坏血酸、亚硫酸盐、硫胺素与尼克酸的结合都能破坏维生素B_{12}。铁与来自硫胺素中具有破坏作用的硫化氢结合，可以保护维生素B_{12}，低价铁盐则导致维生素B_{12}的迅速破坏，而三价铁盐有稳定作用。维生素B_{12}主要存在于动物组织中，是唯一只能由微生物合成的维生素。

营养与安全：以维生素B_{12}作辅酶的甲硫氨酸合成酶参与叶酸有关甲基化代谢循环，即参与作为甲基供体的5-甲基四氢叶酸的代谢。维生素B_{12}的缺乏可以影响对叶酸的利用并且导致对神经的损伤，引起巨幼红细胞性贫血，使血浆高半胱氨酸浓度升高，并且可能使免疫力下降。婴幼儿维生素B_{12}缺乏时，出现发育不良、大脑发育迟缓的症状，有时也会有精神障碍。研究表明，对易感人群补充维生素B_{12}，可减轻症状，恢复身体的生长发育。

维生素B_{12}可由动物肠内的微生物合成，随后被吸收和利用。来自草食动物的产品（比如肉类、牛奶）和鸡蛋也就成为人类维生素B_{12}的唯一来源。摄入动物性食品过少会导致维生素B_{12}的缺乏。只摄入牛奶和鸡蛋人群血中维生素B_{12}的浓度低于食用肉类人群血中维生素B_{12}的浓度。母亲对维生素B_{12}摄入不足会使得母乳中的维生素B_{12}含量不足，导致婴儿的缺乏。长期的幽门螺杆菌感染造成的胃萎缩，可以使维生素B_{12}的吸收受到影响。用作添加剂和补充剂的维生素B_{12}的晶体形式很容易被吸收。20%的老年人可能有不同程度的维生素B_{12}缺乏，可以通过维生素B_{12}强化食品或者补充剂的形式得到补充。

9.3.2.3　维生素B_1

维生素B_1又称硫胺素（thiamin），在α-酮基酸和糖类化合物的中间代谢中起着十分重要的作用。常使用的化学形式为盐酸硫胺素和硝基硫胺素。硫胺素的主要功能形式是焦磷酸硫胺素，即硫胺素焦磷酸酯。各种结构式的硫胺素都具有维生素B_1活性。

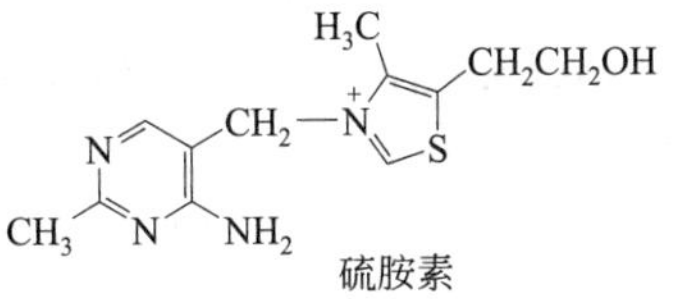

硫胺素

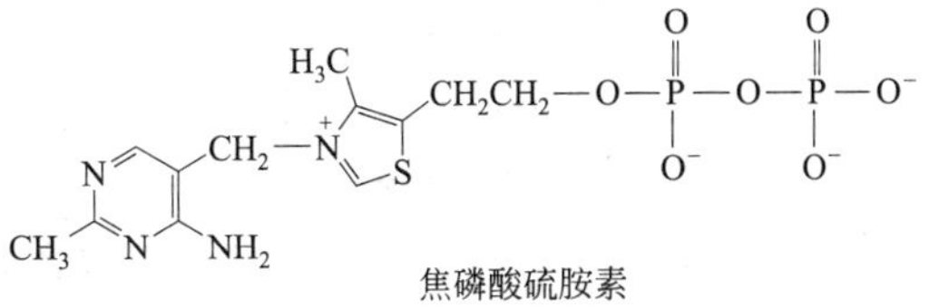

焦磷酸硫胺素

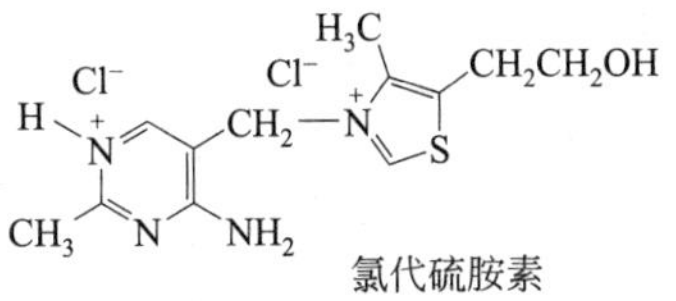

氯代硫胺素

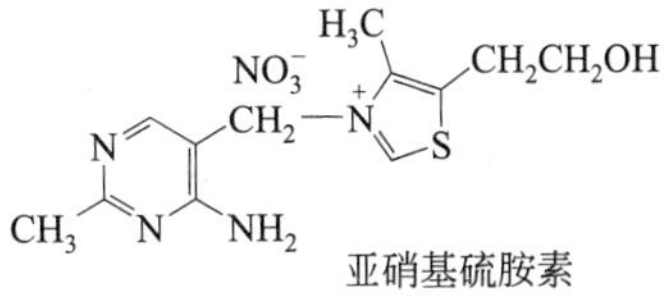

亚硝基硫胺素

性状与性能：白色粉末，具有强碱性，在食品中都是完全离子化的。硫胺素是所有维生素中最不稳定的一种。其稳定性易受pH、温度、离子强度、缓冲液以及其他反应物的影响，其降解反应遵循一级反应动力学机制。硫胺素热分解可形成具有特殊气味的成分，可在烹调食物中产生"肉"的香味。

营养与安全：硫胺素是碳水化合物代谢中一些关键酶类的辅因子，与神经功能有关。硫胺素缺乏的临床症状不明显，严重缺乏会导致脚气病，在以碳水化合物为主特别是以精白米的形式摄入的人群中常发生。

硫胺素广泛分布于植物和动物体中，主要来源有小麦胚芽、酵母提取物、多数动物的内脏、豆类、坚果仁类等。因此造成硫胺素缺乏的主要原因就是动物性食品、奶制品和豆类摄入过少，而精制大米和谷物摄入过多。膳食中富含抗硫胺素成分也是另外一个诱因。其中最常见的是硫胺素酶，它们天然存在于生鱼中并且有时来自细菌污染。在日本和泰国东部也有硫胺素缺乏的病例，主要是因为食用生鱼（含有硫胺素酶）和精致面粉。茶叶、蕨类和槟榔中也有抗硫胺素成分。长期过量饮酒也可能造成硫胺素的缺乏。

9.3.2.4 维生素B₂

维生素B_2又称核黄素、核黄素-5-磷酸钠。核黄素（riboflavin）是一大类具有生物活性的化合物，是许多核苷酸的前体，其中最重要的是黄素单核苷酸（flavin mononucleotide，FMN）和黄素腺嘌呤二核苷酸（flavin adenine dinucleotide，FAD），它们作为辅酶参与许多代谢途径和产能反应。其化学结构式：

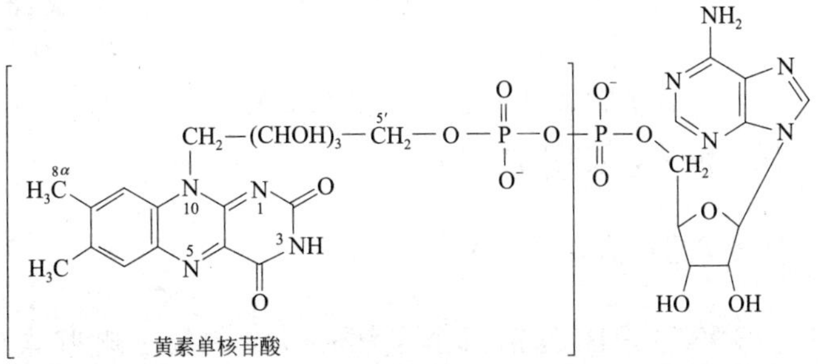

黄素单核苷酸

性状与性能：核黄素是黄色粉末或结晶，具有热稳定性，不受空气中氧的影响，在酸性溶液中稳定，但在碱性溶液中不稳定，光照射容易分解。在酸性或中性溶液中，受辐射可形成具有蓝色荧光的光色素和不等量的光黄素。光黄素是一种比核黄素更强的氧化剂，能加速其他维生素的破坏，特别是抗坏血酸的破坏。

营养与安全：核黄素缺乏很少单独发生，一般伴随一种或几种其他的B族维生素的缺乏。核黄素缺乏的症状没有明显特点。早期症状包括虚弱、疲惫、嘴痛、眼干痒伴灼烧感。进一步缺乏的特点是皮炎

（唇干裂、口角炎）、脑功能失调和低血红素贫血。核黄素缺乏也会减少铁的吸收和利用，是造成贫血的一个原因。有调查显示，90%中国成年人的尿液中核黄素含量偏低。

核黄素的主要膳食来源是肉类和乳制品，绿叶蔬菜也是很好的来源，谷物中含量较少。因此动物性食品摄入较少的人有缺乏的风险。与其他B族维生素相同，长期酗酒也是引起核黄素缺乏的因素。

9.3.2.5 维生素PP

维生素PP包括烟酸（亦称尼克酸）和烟酰胺（亦称尼克酰胺）两种化合物。它们作为前体物质合成烟酰胺腺嘌呤二核苷酸（nicotinamide adenine dinucleotide，NAD）和它的磷酸盐（nicotinamide adenine dinucleotide phosphate，NADP）。常使用的化学形式为烟酸和烟酰胺。它们是有辅酶功能的一组物质，包括参与氧化还原过程。它们的化学结构式如下：

烟酸　　　　　　　　烟酰胺

性状与性能：烟酸是一种最稳定的维生素，对热、光、空气和碱都不敏感，在食品加工中也无热损失。

营养与安全：烟酸缺乏会导致糙皮病，通常发生在以谷物（如玉米、高粱）为主食的人群，因为谷物中可生物利用的烟酸、色氨酸及其合成前体的含量较低。玉米中的烟酸以结合态的形式存在，只有30%可生物吸收，而且色氨酸含量较低。与其他维生素不同的是，人体需要的一部分烟酸可以由色氨酸转化生成：60mg色氨酸可以通过烟酸衍生物转化成1mg烟酸。

如果烟酸和/或色氨酸摄入不足，2～3个月内便会出现烟酸缺乏（脚气病）的临床症状，如消化道黏膜疾病、嘴部疾病、呕吐和腹泻，以及神经性疾病，例如抑郁、疲劳和失忆。脚气病典型症状是皮肤暴露部位色素对称沉积。

烟酸在动植物中广泛存在。主要来源是面包酵母、动物性食品和乳制品、谷物、豆类和绿叶蔬菜。牛奶和大米所含的烟酸量不高，但是含有丰富的色氨酸，也是烟酸的间接来源。

9.3.2.6 维生素B_6

维生素B_6包括三个自然存在的物质：吡哆素或吡哆醇（pyridoxine or pyridoxol，PN）、吡哆醛（pyridoxal，PL）和吡哆胺（pyridoxamine，PM）。常使用的化学形式为盐酸吡哆醇、5′-磷酸吡哆醛（pyridoxal 5′-phosphate）。它们的化学结构式：

R = CHO　　吡哆醛（PL）
R = CH$_2$OH　　吡哆醇（PN）
R = CH$_2$NH$_2$　　吡哆胺（PM）

性状与性能：维生素B$_6$的三种形式都具有热稳定性，遇碱则分解。其中吡哆醛最为稳定，通常用来强化食品。维生素B$_6$在氧存在下，紫外线照射可转变为无生物活性的4-吡哆酸。维生素B$_6$的三种自然存在的物质均可被磷酸化，最终氧化生成5′-磷酸吡哆醛（pyridoxal 5′-phosphate，PLP）。PLP是羰基反应的辅酶，参与氨基酸代谢。

常用的B族维生素强化剂及其物理化学性质见表9-2。

表9-2　B族维生素强化剂及其物理化学性质

维生素	强化剂成分	物理性质	稳定性
硫胺素（维生素B$_1$）	盐酸硫胺素	水溶性较硝基硫胺素好，白色	两种盐在避光和干燥条件下对氧稳定，在中性和碱性溶液中不稳定
	硝基硫胺素	白色	焙烤时可损失15%~20%
核黄素（维生素B$_2$）	核黄素-5-磷酸钠	水溶性好，黄色	光照下不稳定
维生素PP	尼克酸	微溶于水，溶于碱，白色	在氧、加热和光照下都很稳定
	尼克酰胺	水溶性好，白色	在氧、加热下不稳定，但对紫外线较敏感
吡哆醇（维生素B$_6$）	磷酸吡哆醇	水溶性好，白色	被包裹形式下良好存在
维生素B$_{12}$	钴胺素	微溶于水	在中性或酸性溶液中，对氧和加热相对稳定

注：摘自WHO/FAO，Guidelines on food fortification with micronutrients，2006。

营养与安全：B族维生素在碳水化合物、蛋白质和脂肪代谢及正常神经发育过程中起着重要的作用。B族维生素的缺乏会导致脚气病和糙皮病。维生素B$_6$缺乏很少单独发生，常伴随其他B族维生素的缺乏而发生。维生素B$_6$缺乏会出现一些非特异症状，例如神经性病变（如癫痫性惊厥）、皮肤病变（如皮肤炎、舌炎、口角炎），或有贫血。维生素B$_6$缺乏也可以引起血高半胱氨酸的含量升高。维生素B$_6$广泛存在于食物中，肉类、完整谷物、蔬菜和坚果中维生素B$_6$的含量尤其丰富。水溶性B族维生素在用水烹饪和加热中（烟酸对热稳定）会被破坏。维生素B$_6$在烹饪和储存过程中会有不同程度的损失，最多到50%。植物中通常含有吡哆醇，动物中含有的是吡哆醛。吡哆醇是最稳定的形式，吡哆醛其次。与其他B族维生素缺乏的原因相似，动物性食品摄入不足与精制谷物摄入过多是造成其缺乏的主要原因。同样，长期酗酒也是导致维生素B$_6$缺乏的原因。

由于B族维生素的食物来源相似，因此缺乏一种B族维生素的膳食很可能意味着其他B族维生素的缺乏。在除去麸皮和大部分胚芽后所得精制谷物仅含有胚乳和少部分的胚芽，几乎所有硫胺素、核黄素和烟酸都会在精制过程中流失。因此许多国家要求在精制谷物制得的面粉中强化丢失的B族维生素。硫胺素和核黄素没有规定摄入量上限，美国食品营养协会规定尼克酸最高摄入限量为35mg/d，维生素B$_6$成人最高限量为100mg/d、儿童为30~40mg/d，叶酸为1mg/d。

9.3.2.7　叶酸

叶酸（folic acid）又称蝶酰谷氨酸。天然存在的量很少，从人体对叶酸的需要量看，叶酸是需求量较大的维生素。其化学结构式：

性状与性能：叶酸是一种暗黄色到橘黄色晶体，无臭无味，不易溶解于水，其钠盐溶解度较大。叶酸在厌氧条件下对碱稳定。但在有氧条件下，遇碱会发生水解。对热、光照、氧化剂和还原剂都不稳定。

常用的叶酸强化剂是由人工合成的，黄色或橘黄色，微溶于水，溶于稀酸和碱。在中性pH溶液中稳定。热稳定性较好，但对氧化和还原剂敏感，对紫外线敏感。

营养与安全：叶酸在核苷酸的合成和甲基化的过程中起重要作用，参与细胞增殖和组织发育。叶酸和维生素B_{12}一起参与蛋白质的合成和甲基化过程。叶酸和维生素B_{12}的同时缺乏将导致巨幼红细胞性贫血。叶酸摄入量不足，可能导致神经管缺陷以及其他先天性疾病的发生率增加。

血高半胱氨酸的增加也是叶酸缺乏的一项指标。不过，其他维生素缺乏（如维生素B_2、维生素B_6和维生素B_{12}）也会使血高半胱氨酸增加。摄入过多精制谷物的人群容易缺乏叶酸。小麦在研磨中大约会有75%的叶酸丢失。吸收不良、长期饮酒也可引起叶酸缺乏。膳食中叶酸的主要来源是绿叶蔬菜、水果、酵母和动物肝脏。常食用这些食物的人群可获得较多的叶酸。

在受精前和受孕28d期间补充叶酸可以减少新生儿神经管缺陷的发生率。在怀孕期间的叶酸补充与早产率的降低有关。妇女在受孕前至少一个月应开始补充叶酸，每天需要量为400μg。

9.4　无机盐类强化剂

9.4.1　钙盐

钙（calcium，Ca）是人体内含量最多的矿物质。人体内钙（1000~1200g）主要以羟基磷灰石的形式（>99%）存在于骨骼内。除了维持骨骼的坚硬度和强度，钙还参与了很多的新陈代谢过程，包括凝血、细胞黏附、肌肉萎缩、激素和神经递质释放、糖原代谢、细胞增殖和分化等。

性状与性能：钙强化剂有硫酸盐、碳酸盐、氯化物、磷酸盐、醋酸盐或乳酸盐、柠檬酸盐、苹果酸盐或葡萄糖酸盐等，结合的酸性分子越大其含钙量就相对减少。其性质参见表9-3。

表9-3　钙强化剂及其物理特性

化合物	含钙量/%	颜色	味道	气味	溶解度/(mmol/L)
碳酸钙	40	无色	肥皂质地，柠檬味	无味	0.153
氯化钙	36	无色	咸味，苦涩		67.12
硫酸钙	29				15.3
磷灰石	40				0.08
磷酸二氢钙	30	白色	甜味，无刺激性		1.84
磷酸氢钙	17	无色	甜味，无刺激性		71.4
磷酸钙	38	白色	甜味，无刺激性	无味	0.064
焦磷酸钙	31	无色			不溶
醋酸钙	25	无色			2364

续表

化合物	含钙量 /%	颜色	味道	气味	溶解度 /（mmol/L）
乳酸钙	13	白色	中性的	无味	0.13
柠檬酸钙	24	无色	酸味，清爽	无味	1.49
苹果酸钙	23	无色			80.0
葡萄糖酸钙	9	白色	无刺激性	无味	73.6
氢氧化钙	54	无色	轻微苦涩	无味	25.0
氧化钙	71	无色			23.3

注：摘自WHO/FAO，Guidelines on food fortification with micronutrients，2006。

营养与安全：钙缺乏可致骨质疏松症，骨骼质量减少，由此造成骨骼脆弱和骨折。

钙的硫酸盐、碳酸盐、氯化物、磷酸盐、醋酸盐或乳酸盐都适合用于小麦粉的强化，但为了成功地做出面包，采用钙的氧化物和氢氧化物时，需要调整面团的pH值。溶解性好的钙盐，如柠檬酸盐、苹果酸盐或葡萄糖酸盐，被普遍地用于强化果汁或其他饮料。三聚磷酸钙，有时是碳酸钙或乳酸钙，用于牛乳的强化，同时必须添加胶质（如卡拉胶、瓜尔胶）防止钙盐的沉淀。钙的化合物也可用于酸奶和奶酪的强化。大豆饮料作为牛乳的替代品，也需要强化钙。稳定剂，如六偏磷酸钠或柠檬酸钾，可提高葡萄糖酸钙或乳酸葡萄糖酸钙强化大豆饮料的质量。钙盐加入某些食品中可能引起其颜色、质地和稳定性的变化，这是由于蛋白质和多糖交联产生的。婴儿配制乳和钙补充食品推荐可生物利用作为食品强化剂的钙盐。

市场上钙盐类中钙含量在9%（葡萄糖酸盐）到71%（钙氧化物）。含钙量低的盐往往加入量大。低溶解度不影响强化钙制剂的生物利用度。强化添加钙的吸收率与食物中自然存在的钙的吸收相似，大致在10%～30%。高剂量钙会抑制食物中铁的吸收，要适当控制钙的添加量。加入抗坏血酸可缓解钙对铁吸收的抑制作用。

9.4.2　铁盐

人体中的大多数铁（iron，Fe）以血红蛋白的形式存在于红细胞中，从肺携带氧运送到组织。铁也是许多酶系统的重要组成，比如参与氧化代谢的细胞色素酶（cytochromes）。铁以铁蛋白（ferritin）和血铁黄蛋白（haemosiderin）的形式存在于肝脏。食物强化常用铁化合物见表9-4。

表9-4　食物强化常用铁化合物

铁化合物	铁含量 /%	相对生物利用率（$FeSO_4 \cdot 7H_2O$）/%	相对成本（$mgFeSO_4$）
水溶性：			
硫酸亚铁（含水）（ferrous sulfate · $7H_2O$）	20	100	1.0
硫酸亚铁（无水）（ferrous sulfate, dried）	33	100	1.0
葡萄糖酸亚铁（ferrous gluconate）	12	89	6.7
乳酸亚铁（ferrous lactate）	19	67	7.5
甘氨酸亚铁（ferrous bisglycinate）	20	>100	17.6
柠檬酸铁铵（ferric ammonium citrate）	17	51	4.4
EDTA 铁钠（sodium iron EDTA）	13	>100	16.7

续表

铁化合物	铁含量/%	相对生物利用率（FeSO₄·7H₂O）/%	相对成本（mgFeSO₄）
微溶于水，溶于稀酸：			
富马酸亚铁（ferrous fumarate）	29	25~32	4.0
琥珀酸亚铁（ferrous succinate）	33	92	9.7
蔗糖铁（ferric saccharate）	10	74	8.1
不溶于水，微溶于稀酸：			
正磷酸铁（ferric orthophosphate）	29	25~32	4.0
焦磷酸铁（ferric pyrophosphate）	25	21~74	4.7
元素铁（elemental iron）			
氢还原铁粉（H-reduced iron）	96	13~148	0.5
原子化铁（atomized iron）	96	（24）	0.4
一氧化碳还原铁粉（CO-reduced iron）	97	（12~32）	<1.0
电解化铁（electrolytic iron）	97	75	0.8
羰基铁（carbonyl iron）	99	5~20	2.2
胶囊形式：			
硫酸亚铁（ferrous sulfate）	16	100	9.8
富巴酸亚铁（ferrous fumarate）	16	100	17.4

注：摘自 WHO/FAO，Guidelines on food fortification with micronutrients，2006。

营养与安全：铁缺乏（iron deficiency）是长期铁负平衡的结果，严重时会导致血液中血红蛋白浓度降低，发生缺铁性贫血（iron-deficiency anaemia）。血红蛋白是常用的贫血检测指标。由缺铁导致的贫血还要有血清铁蛋白、转铁蛋白饱和度、锌原卟啉和血清转铁蛋白受体等这些表示铁含量的指标来确定。

造成铁缺乏的主要因素包括：肉、鸡、鱼类来源的血红素铁摄入不足；果蔬来源的维生素 C 摄入不足（维生素 C 促进膳食中铁的吸收）；膳食中富含植酸（豆类和谷物）或酚类化合物（存在于咖啡、茶、高粱和小米中）可导致铁吸收率下降；处在需铁量增加的阶段（如生长和怀孕）；月经或者寄生虫感染造成的严重失血；感染性疾病及其微量营养素如维生素 A 和维生素 B_{12}、叶酸和核黄素缺乏，也同样增加了缺铁性贫血的可能。

铁是强化剂中最难选择的微量营养素，因为生物利用率（bioavailability）好的铁化合物往往也易于和食物成分相互作用而导致不良的感官改变。所以在选择铁化合物作为食物强化剂时，要考虑其与硫酸亚铁比较的相对生物利用率（relative bioavailability，RBV），以及是否与食物基质反应引起不良感官变化（如味道、颜色、质地）。成本也是要考虑的因素。用于食物强化剂的铁化合物可分为三种：水溶性；微溶于水，但溶于稀酸；不溶于水，微溶于稀酸。

9.4.3 锌盐

锌（zinc，Zn）是许多酶所必需的成分，参与蛋白质合成，对细胞生长和分化快的组织（如免疫系统和消化道）发育起重要作用。

性状与性能：适合用作食品强化剂的锌化合物包括硫酸锌、葡萄糖酸锌、甘氨酸锌、乳酸锌、柠檬酸锌、乙酸锌、碳酸锌、氧化锌、氯化锌。它们呈白色或无色，有不同的水溶性，添加入某些食品后会有异样口感。锌氧化物水溶性差，但价格便宜，是常用的锌强化剂。有研究表明，锌氧化物与水溶性较好的硫酸锌相比，在强化麦片中锌的吸收率相当，可能因为锌氧化物溶于胃酸。

营养与安全：怀孕期和泌乳期的妇女及婴幼儿容易发生锌缺乏，锌的补充十分重要。锌缺乏的临床现象基本不明显。严重缺乏时的症状可包括皮肤炎、生长迟缓、腹泻和精神障碍及传染病频发。

锌缺乏主要由于膳食中锌不足或者植酸过多、吸收不良（如肠道寄生虫和腹泻）造成。食物（如精制谷物和豆类）中植酸含量高会影响锌的吸收。铁和锌有竞争性作用，当铁大量存在时会减少锌的吸收。膳食中钙的含量高于1g/d，会抑制锌的吸收。与铁不同的是，锌的吸收不被酚类化合物抑制，也不被维生素C促进。

9.4.4　碘盐

碘（iodine，I）在人体内含量较少，主要存在于甲状腺中，其已明确的功能是参与甲状腺素的合成。

性状与性能：用于食品强化的碘有两种形式，一种是碘化物（iodide），另一种是碘酸盐（iodate）。通常用碘的钾盐，但也用钙盐或钠盐。碘化物较易被氧化损失，尤其是阳光直射、潮湿的环境、食盐中杂质的存在都会使氧化加剧。碘酸盐在水中的溶解性比碘化盐小，但其抗氧化能力较强，挥发性低，稳定性强，不需要添加稳定剂。常用碘强化剂的化学组成和碘含量见表9-5。

表9-5　常用碘强化剂的化学组成和碘含量

化合物	化学式	碘含量/%
碘化钙	CaI_2	86.5
碘酸钙	$Ca(IO_3)_2·6H_2O$	65.0
碘化钾	KI	76.5
碘酸钾	KIO_3	59.5
碘化钠	$NaI·2H_2O$	68.0
碘酸钠	$NaIO_3$	64.0

注：摘自WHO/FAO，Guidelines on food fortification with micronutrients，2006。

营养与安全：碘缺乏会导致许多功能异常，统称为"碘缺乏综合征（iodine deficiency disorders或iodine deficiency diseases）"，最明显的是甲状腺肿和呆小症，其他还包括甲状腺机能减退、生育能力降低、婴幼儿死亡率增加等。碘的摄入量非常少时，促甲状腺素（TSH）的分泌增加，将导致甲状腺增生肿大。碘严重缺乏如果发生在胎儿期至出生后三个月，会导致脑发育迟缓。

常用的碘强化剂碘酸钾被推荐作为许多食品尤其是食盐的强化剂。碘加入食盐中不会影响其感官性状，且食盐是日常食品。碘的最大耐受摄入量为1mg/d。

9.5　必需脂肪酸类营养强化剂

omega-3（ω-3或n-3）脂肪酸和omega-6（ω-6或n-6）脂肪酸都是多不饱和脂肪酸（polyunsaturated fatty acids，PUFA）。由于人体内的酶不能在距离羧基端超过9个碳的位置上添加双键，所以人体不能合成ω-3族和ω-6族脂肪酸，必须从膳食中获得，因此被称为必需脂肪酸（essential fatty acids，EFAs）。目前国家

允许在食品中强化的必需脂肪酸有亚麻酸、花生四烯酸、二十二碳六烯酸。

9.5.1　亚麻酸

α-亚麻酸（alpha linolenic acid，ALA），化学名全称为顺式-9,12,15-十八碳三烯酸（9,12,15-octadecatrienoic acid），18:3n-3。其化学结构式：

$$\text{HO}-\overset{\text{O}}{\underset{1}{\text{C}}}\!-\!\cdots$$

性状与性能：亚麻酸是含有三个双键、18个碳原子的多不饱和脂肪酸，为黄色油状液体。亚麻酸是ω-3族脂肪酸，在体内可转化为其他ω-3族脂肪酸。ω-3族脂肪酸含有三种主要的类型：α-亚麻酸，二十碳五烯酸（eicosapentaenoic acid，EPA），二十二碳六烯酸（docosahexaenoic acid，DHA）。在体内，ALA可转化成EPA，EPA再转化成DHA。EPA和DHA都是体内可以直接利用的形式。

γ-亚麻酸（gamma-linolenic acid，GLA），18:3n-6，是ω-6脂肪酸，化学名全称为顺式-6,9,12-十八碳三烯酸（6,9,12-octadecatrienoic acid）。γ-亚麻酸可由亚油酸在体内转化生成，在δ-6-去饱和酶（delta-6-desaturase）的作用下再生成花生四烯酸（arachidonic acid，AA）和/或二高γ-亚麻酸（dihomo-gamma-linolenic acid，DGLA）。γ-亚麻酸自然存在于一些植物油中。

营养与安全：亚麻酸富含于海洋动物脂肪中，主要产自深海鱼油。

9.5.2　亚油酸

亚油酸（linoleic acid），化学名全称为顺式-9,12-十八碳二烯酸（9,12-octadecadienoic acid），18:2n-6。其化学结构式：

$$\text{HO}-\overset{1}{\underset{\text{O}}{\text{C}}}\!-\!\cdots$$

性状与性能：亚油酸是含有两个双键、18个碳原子的多不饱和脂肪酸，为ω-6族脂肪酸。是合成花生四烯酸的前体。

营养与安全：亚油酸普遍存在于植物油中，一般植物油中含量为40%左右，也有的高达70%～85%，如红花籽油。葵花籽油、棉籽油、大豆油、玉米油、芝麻油中含量约为40%～50%。动物脂以及含油酸较多的植物油（如橄榄油、茶油、棕榈油等）中亚油酸的含量仅为10%左右。

在两种必需脂肪酸亚麻酸和亚油酸的基础上通过增加链的长度和形成双键，可以分别合成ω-3族和ω-6族脂肪酸。催化这两族脂肪酸延长碳链的延伸酶（elongase）和形成双键的去饱和酶（desaturase）是相同的，因此这两族脂肪酸在转化时会发生竞争作用。为了达到最好的健康促进效果，ω-3和ω-6脂肪酸的摄入或添加的最佳比例为1：1到1：4。

9.5.3　花生四烯酸

花生四烯酸（arachidonic acid，AA），化学名全称为顺式-5,8,11,14-二十碳四烯酸。其化学结构式：

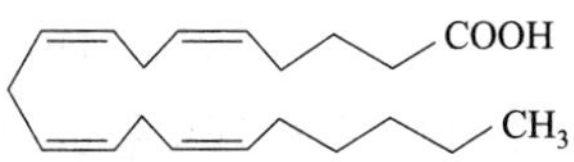

性状与性能：花生四烯酸属omega-6系列多不饱和脂肪酸。AA含量在40%以上的为淡黄色液体，25%以下一般为白色颗粒状结晶。无氧条件下热稳定性好（60℃，40d，过氧化值1.5，无臭）。溶于正己烷、乙醇等，微溶于37℃水中。AA的乙酯为无色透明液体。其熔点为-49.5℃。

营养与安全：花生四烯酸作为主要的与磷脂结合的结构脂类起着重要作用，是许多重要生理活性物质，如前列腺素E2、前列腺环素、血栓素、白细胞三烯等的直接前体。

在人体的脑和神经组织中，AA含量一般占总多不饱和脂肪酸的40%～50%，在神经末梢甚至高达70%。在正常人的血浆中，AA的含量也高达400mg/L。AA对婴幼儿的生长发育非常重要，FAO/WHO提出婴儿奶粉配方中需添加AA和DHA并给出了推荐量：AA为60mg/kg体重，DHA为40mg/kg体重。

9.5.4　二十二碳六烯酸

二十二碳六烯酸（docosahexaenoic acid，DHA）属于ω-3系列的多不饱和脂肪酸（PUFA），即从末端甲基数起第三个碳原子是双键的长链PUFA。DHA化学名全称为顺式-4,7,10,13,16,19-二十二碳六烯酸，分子简式$CH_3(CH_2CH{=}CH)_6CH_2CH_2COOH$。DHA的结构式为：

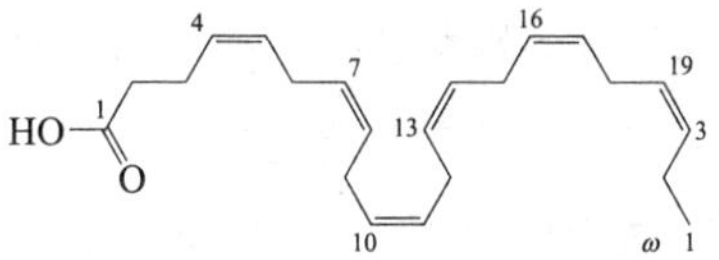

性状与性能：DHA含有6个双键，是高度不饱和脂肪酸。无色至淡黄色透明液体，纯品无臭无味。熔点44℃。在自然界主要存在于深海冷水鱼体内，鱼油中DHA含量在4%～40%之间。在人体内可由α-亚麻酸经去饱和酶作用转化而成。

营养与安全：DHA是构成脑磷脂的重要成分，DHA不足，会导致婴幼儿脑发育障碍，青少年智力低下，中老年脑神经过早退化。

📁 参考文献

[1]　EFSA（European Food Safety Authority）. Scientific Opinion on the essential composition of infant and follow-on formulae[J].EFSA Journal, 2014, 12(7): 3760.

[2]　Richardson D P. The addition of nutrients to foods[J]. Proceedings of the Nutrition Society, 1997, 56(3): 807-825.

[3]　WHO/FAO. Guidelines on food fortification with micronutrients[M].Geneva, Switzerland: WHO Press, 2006.

[4]　孙宝国. 食品添加剂 [M]. 2 版 . 北京: 化学工业出版社, 2013.

📝 总结

○　食品营养强化的原则

- 食品中添加营养强化剂要有明确的目的，是为了达到补足人体所需要的微量营养素，并保证特供食品中营养素组成的合理性。
- 与其他膳食能够提供的微量营养素含量相比，必需营养素的添加不能过量也不能不足。

- 食物中微量营养素的添加不应对其他营养素的生物利用产生不利影响。
- 食物中微量营养素的稳定性应该满足一般的包装、储藏、物流和使用的要求。
- 强化添加的微量营养素应该在食品中是可生物利用的。
- 强化添加的微量营养素不应导致食物产生不良变化（比如颜色、口感、风味、质地、烹饪属性），也不能不适度地缩短食品的货架期。
- 应该有合理的技术和加工设备来保证食物中营养强化有好的添加途径。
- 不应利用食品营养强化来误导和欺骗消费者。
- 微量营养素强化所导致的额外费用应该控制在能使消费者接受的物价水平。
- 应该有一套明确的方法来确定和控制食品中添加的微量营养素的含量。
- 应该遵循有关的法规和食品标准。

○ 食品微量营养素强化的方法
- 在原料或主要食物中添加，如面粉、谷类、饮用水、食盐等。凡是规定添加营养强化剂的食品以及具有其营养内容的强化，都可以使用这个方法，但食物和食品原料在加工和储藏过程中会有一定程度的损失。
- 在食品加工过程中添加，如在焙烤制品、婴儿食品、饮料、罐头食品等的配料加工过程中进行强化。这要求有适合微量营养素稳定的加工工艺，以保证食品营养素的稳定性。
- 在成品中加入，如在成品的最后工序加入，可减少强化剂在加工前原料的处理过程及加工中的破坏损失。奶粉类及一些救急食品都采用这种方法。
- 用生物学方法添加，如用生物作载体吸收携带微量营养素，生产富含微量营养素的生物制品供食用。例如富含亚麻酸的鸡蛋、锌乳等。
- 用物理方法添加，如把富含微量元素的材料制成饮食器具（饮具、茶杯等），缓慢向食物中释放微量元素。

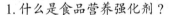

课后练习

题1~5答题思路　题6~10答题思路

1. 什么是食品营养强化剂？
2. 营养素缺乏，尤其是微量营养素缺乏会对机体产生哪些影响？
3. 为何要进行食品营养素强化？
4. 食品营养素强化需要遵循哪些原则？
5. 食品（微量）营养素强化的方法主要有哪些？
6. 常用的氨基酸类强化剂有哪些？各自有何作用？
7. 常用的水溶性维生素类强化剂有哪些？各自有何作用？
8. 常用的脂溶性维生素类强化剂有哪些？各自有何作用？
9. 常用的无机盐类强化剂有哪些？各自有何作用？
10. 常用的必需脂肪酸类强化剂有哪些？各自有何作用？

（www.cipedu.com.cn）